现 代 建 筑 装 饰 工 程 技 术 丛 书

现代建筑装饰工程学

Modern Architectural and Decorative Engineering

肖大凯 / 著

云南大学出版社
Yunnan University Press

图书在版编目（CIP）数据

现代建筑装饰工程学 / 肖大凯著. —昆明：云南大学出版社，2013
ISBN 978-7-5482-1524-0

Ⅰ. ①现… Ⅱ. ①肖… Ⅲ. ①建筑装饰—工程施工 Ⅳ. ①TU767

中国版本图书馆CIP数据核字（2013）第074855号

策划编辑：蔡红华　　责任校对：严永欢
责任编辑：蔡红华　　封面设计：刘　雨

现代建筑装饰工程技术丛书

现代建筑装饰工程学

Modern Architectural and Decorative Engineering

肖大凯 / 著

出版发行：云南大学出版社
印　　装：昆明市五华区教育委员会印刷厂
开　　本：889mm × 1194mm　1/16
印　　张：15.25
字　　数：400千
版　　次：2013年5月第1版
印　　次：2013年5月第1次印刷
书　　号：ISBN 978-7-5482-1524-0
定　　价：99.80元

社　　址：昆明市翠湖北路2号云南大学英华园内
邮　　编：650091
电　　话：（0871）65033244　65031071
网　　址：http://www. ynup. com
E-mail：market@ynup. com

前言

现代建筑装饰装修在我国是一个起步较晚的行业。随着国民经济的快速发展，现代装饰装修业已与建筑业并驾齐驱，已经成为经济发展的支柱型产业之一。随着该行业的发展，现已形成一支从事工程设计、工程造价、工程施工管理、工程质量监理，还包括施工工人在内的产业大军。可以说，装饰装修是时代发展的需要。为此，国内部分高校相继设置了与建筑装饰装修相关的装饰设计、装饰装修工程技术、装饰装修工程造价、装饰装修工程质量监理等人才培养的专业。社会上相关的专业技术培训机构也开展了与装饰装修工程相关的设计师、建造师（项目经理）、施工员、预算员、质监员等专业人员从业资格取证的培训，以及持证在岗技术人员的继续教育培训。笔者在建设管理部门培训中心和高校做兼职教师时了解到，目前国内尚没有一部较为专业、系统的有关装饰装修工程材料、装饰艺术造型结构、施工技术、工程质量及安全方面的适用教材问世，以供高校和专业技术培训机构教学之用。

有鉴于此，作者历经数年，奔赴各地对多个各种类型的装饰装修工程项目的施工现场进行了跟踪研究。研究结果表明，装饰装修工程除设计外，实际上是由30多个分项工程施工项目独立施工，而又相互交叉配合完成的产品或作品。而且，每个分项工程施工项目中的具体施工事项繁多、工程材料涉及非常宽泛，所以形成一套这方面的专业教材并非易事。这也是目前国内尚没有关于装饰装修工程材料、装饰艺术造型结构、施工工艺、工程质量及安全方面的适用教材问世的根本原因。装饰装修工程的分项工程施工项目，是根据装饰装修工程中不同的施工部位、不同的施工主材、不同的施工工艺或不同的装饰艺术造型结构等，而细分出的各种相对独立的施工事项。它是构成装饰装修工程的基本单元，也是工程量、工程造价计算的基本单元。作者通过对装饰装修工程施工中的单项施工项目分类、归纳研究，并以装饰装修工程施工中常用的、主要的30个分项工程施工项目的设计和施工过程为主要内容，进行了深入的、坚持不懈的探索与研究。然后以研究取得的数据资料为基础，结合高校兼职教学授课的经验，精耕细作，撰写出了《现代建筑装饰工程学》一书。可以说该书是国内第一部以装饰装修工程材料、装饰艺术造型结构、施工技术、工程质量及安全为主要内容的专著，是一部介绍21世纪装饰装修工程材料、装饰艺术造型结构、施工技术、施工质量的书籍。

《现代建筑装饰工程学》是针对高校装饰装修相关设计、装饰装修工程技术、工程造价专业人才的教育培养的需要“量身定制”编著的专业教材，对于高校教育培养适用型人才具有重要作用。该书同时又是装饰装修工程企业中设计师、建造师（项目经理）、施工员、预算员、质监员和装饰装修工程监理人员全面系统学习装饰装修工程专业知识的首选读本，同时还可以帮助广大工程建设业主、家装业主详细了解装饰装修工程的施工质量要求。书中内容翔实，可读性强；极具内容专业、图文并茂的工具书特点，方便阅读和查阅。

《现代建筑装饰工程学》共33章。详细介绍了装饰装修工程中常用的、主要的30项分项工程施工项目中所涉及的工程材料与施工技术；各种装饰艺术造型结构的解析；室内污染控制原理，以及工程设计与施工中关于节能、节电、节水、减排、污水排放、助残、消防、木材资源节约的要求等内容。设有装饰装修工程概论、工程材料专论章节，同时对装饰装修中的一些专业术语进行了较为规范的解释与定义。供读者全面、清晰、快速地了解装饰装修工程设计、工程材料与施工技术，以及装饰装修工程设计、工程材料、工程施工技术的未来发展趋势。

在装饰装修工程中，相同的工程项目或分项工程施工项目以及每一个美化装饰艺术造型结构等，可以有多种设计，可以采用多种材料施工制作，装饰设计手法各异，工程设计随意性强，没有定式；工程材料使用宽泛，施工技术繁杂、多变，书中难以"穷尽一切"。为了帮助读者了解书中的内容，笔者对有些施工项目或事项进行了相对性地划分或分类。并根据文字内容，插入了相对应的精选图片，以期帮助读者深入浅出、直观地读懂装饰装修工程的相关知识。书中的文字内容和图片的插入只能是抛砖引玉、举一反三，目的是引导和启迪读者由此及彼去探寻和钻研装饰装修工程的知识。

目 录

第一章 概 论

人们通常把现代建筑装饰工程称为装饰装修工程。现代建筑装饰装修工程的设计与施工，是在已经建成的建筑物（或称毛坯房）的天花板面、墙柱面、地面上进行的二次装饰设计与装饰施工。其中还包括室内照明、电器及线路；冷、热水管网，排水管网；室内通信、互联网网络、室内办公现代化网络、住宅建筑智能化网络等项目的配套设计安装与施工。装饰装修工程突出或强调的是室内外空间的装饰效果、舒适性与使用功能，目的是让人们能够生活在装饰美化后的、舒适的、室内各种工作与生活设施使用更便捷的环境中。人们在经过装饰装修的环境里居住、工作、学习以及进行其他活动，既是一种物质上的享受，又是一种精神上的满足。装饰装修是一个为人们创造美丽与舒适环境的行业。现代建筑装饰装修的概念在国人的脑海里普遍形成于大约 20 世纪 70 年代末，即对建筑房屋有进行二次投资装饰消费的意识。各种建筑物大量的装饰装修，特别是居民住宅进行室内装饰设计与施工的兴起，大约起始于 20 世纪 80 年代初。建筑装饰作为一个新型行业，是在国内的经济改革对外开放以后才开始逐渐形成的，相对于西方发达国家而言，是一个起步较晚的行业。但随着国民经济的快速发展、国力的增强、人们生活水平的提高，社会对装饰装修的需求量在不断地增大，工程量在成倍增长的同时，人们对装饰装修工程的设计与施工的要求或标准也在不断提高。装饰装修需求量的增大，也带动了现代建筑装饰装修工程材料的研发和工程材料生产产业的高速发展。装饰装修行业已经发展成为国民经济的支柱型产业，是一个吸纳从业人员较多的行业。因此，装饰装修是一个不可忽视的朝阳行业。

一、装饰装修

装饰装修，是指为了达到美化建筑物的室内外空间，增强建筑物室内的舒适性，使空间的功能更合理，使室内的各种生活、工作、学习等设施的使用更便捷，通过设计，采用各种装饰装修材料和装饰配饰品、装饰配套设施等，对建筑物内外进行的各种装饰处理的施工过程。在实际装饰装修工程设计与施工中，人们习惯于将公用建筑的装饰装修称为公装工程，将居民住宅的装饰装修称为家装工程。

公装工程，即对公用建筑进行装饰装修设计与施工的工程。在公装工程中，对商业经营场地的装饰装修设计与施工，又称之为商业公装。家装工程，即对居民住所进行的装饰装修设计与施工的工程。

现代装饰装修工程是建筑工程的延伸，其意义如同现代粮食种植与粮食食品一样。现代装饰装修工程与房屋建筑工程在工程设计、工程材料、工程施工技术、工程施工机械、工程施工管理等方面都有着本质上的区别，应是两个独立的行业。从理论上划分，应分别属于两个不同门类的学科。但是，由于装饰装修业与建筑业有着一定的关联，因此人们常常把装饰装修工程理解为房屋建筑工程施工中的一部分，习惯于把建筑工程的设计、工程施工、工程质量等的管理模式用于装饰装修工程的管理。包括装饰装修工程人才的教育与培养，也在使用建筑工程范畴的理论教材。这种现状应该说是个误区，是对装饰装修行业与建筑行业的一种混淆，不利于装饰装修行业的人才教育与培养，不利于社会对装饰装修行业的认可。随着国民经济的发展和人民生活水平的提高，对建筑装饰装修的需求量越来越多，对建筑装饰装修的消费投入越来越大。因此，只有加快对从事装饰装修工

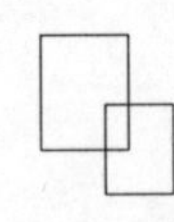

程设计、工程造价、工程施工、工程施工管理、工程质量监理等适用型人才的教育与培养，才能满足建筑装饰装修行业不断发展的需要。

二、公装工程与家装工程

公装工程与家装工程在工程设计、工程材料、工程施工，以及在工程施工质量的要求上没有本质上的区别。公装工程与家装工程的设计与施工，其宗旨都是要使人们的工作、学习以及其他活动，处于一个装饰美化后的舒适环境中，同时还要不断地满足人们对工作、学习、生活的环境的更高需求。公装工程与家装工程，它们只是投资规模的大小不同而已。家装工程的投资规模相对不大，在工程设计与施工中涉及的分项工程施工项目没有公装工程多；工程的施工作业面一般都不大。家装工程的设计相对于公装而言要简单一些，工程施工与工程施工组织管理的难度要相对的低一些。但由于家装业主更直接关注于工程的施工全过程，因此，家装工程的施工显得更精细，要求更高一些。公装工程中的商业经营场地的装饰装修设计与施工，特别是设计还具有挖掘最大商业价值，追求商业空间获得利润最大化的自然属性。

三、装饰装修工程的特性

根据对各种不同类型的装饰装修工程施工项目的长期跟踪研究，结果表明：在装饰装修工程中，相同的工程项目或分项工程施工项目，以及每一个美化装饰艺术造型结构等，可以进行各种不同的装饰方法设计，可以使用各种不同的材料制作施工，需要多种施工工艺或技术；工程的装饰手法各异，工程的装饰效果绚丽多彩。装饰装修工程中主要的、常用的分项工程施工项目多达 30 项，而且每个分项工程施工项目中又有着繁多的细分施工事项，工程材料、配套产品、配套设施及设备的使用涉及非常宽泛。

装饰装修工程除设计外，由若干分项工程施工项目施工构成。分项工程施工项目，即根据装饰装修工程中不同的施工部位、不同的施工工艺、不同的工程主材或装饰结构等而细分出来的，是各种相对独立的施工事项。分项工程施工项目是构成装饰装修工程的基本单元，是计算装饰装修工程量的基本单元，是构成装饰装修工程造价计算的基本单元。一般一个造价 100 万元以上的装饰装修工程，需要涉及 20 多项分项工程施工项目的施工才能完成，所用主、副工程材料成百上千种。施工中需要采用多种施工工艺、施工技术，需要由多个分项工程施工项目相对独立的施工，还需要前后配合或互相交叉才能完成。

因此，装饰装修工程具有装饰设计手法各异，装饰设计随意性强，没有定式；工程材料使用宽泛，施工技术繁杂、多变；工程施工需要手工操作、需要密集的劳动力来施工完成等特性。所以要求从事装饰装修工程设计、工程造价计算、工程施工技术管理、工程监理的人员，以及施工工人都要具备丰富的工程材料、施工技术、施工质量方面的专业知识。

四、装饰装修工程设计与施工

工程设计是装饰装修的灵魂。没有工程设计就没有装饰装修；没有优秀的工程设计就不可能有完美的装饰装修工程。装饰装修工程设计是智慧的体现，经过装饰装修施工完成的工程，是设计师智慧的结晶。当然，完美的装饰装修工程还必须依靠科学、规范的施工技术，以及质量合格的装饰装修工程材料来实施完成。最后呈现在人们眼中的，才是一件美化的产品或作品。

装饰装修工程的设计从施工角度看，主要是：

（1）装饰装修工程的主体装饰风格或整体装饰美化效果的设计。

（2）室内外空间各种不同使用功能区域划分或分隔布局的设计。

（3）装饰工程主要饰面材料的选择使用和设计。

（4）各种装饰艺术造型结构的设计与制作材料的选用；装饰细部结构点的制作或安装，以及各种装饰部位之间的连接与过渡处理等的设计。

（5）工程装饰照明灯具、配饰饰品、配套用品的选择设计（即软装饰设计）。

（6）做好室内装饰工程中电气线路；冷热水管网、排污管网；室内办公现代化网络、住宅建筑智能化网络等的统筹规划布置和辅助施工设计。

装饰装修工程施工细化设计，是指对各种装饰艺术造型结构、各个装饰部位之间的连接或过渡处理有详细的深化设计，施工设计图应完善；装饰艺术造型结构的局部或节点施工设计清晰易懂，结构制作与饰面材料使用标识明确；能满足工程施工的需要，不影响工程的施工，能有效指导或有利于工程施工顺利完成；能较准确地进行工程造价成本的驾驭控制。在实际装饰装修工程中，装饰设计师拥有的装饰装修工程材料、施工工艺、施工质量知识，对装饰艺术造型结构安全的了解，对工程造价的认知水平因人而异。一名优秀的装饰设计师，在装饰装修工程的设计中能娴熟地、完美地把控以上六个方面的设计；同时又能在工程施工中对施工队进行施工工艺的指导，完美地实现工程的装饰设计效果；有效地把控工程的施工质量，准确地控制工程的造价成本，这就是装饰装修工程设计的灵魂所在。对于缺乏装饰装修工程材料、施工工艺、施工质量、装饰艺术造型结构与安全、工程造价知识的设计师，往往很难对以上设计中的第四个设计进行有效地把控，即在设计时难以做到对各种装饰艺术造型结构的制作材料、制作安装，各个装饰部位之间的连接或过渡处理等有细化或完善的精细设计。包括对装饰艺术造型结构的制作、安装难以有具体的安全要求。这样所进行的设计就是一种粗放的设计，工程造价成本也是一种滚动式的。

室内装饰装修工程中水电工程、弱电工程等的施工设计，是装饰装修工程整体设计中必须统筹规划、不可或缺的设计事项。科学、合理、规范地做好室内水、电工程，室内办公现代化、住宅建筑智能化网络等弱电工程的设计，对提高、完善、增强建筑物室内工作与生活设施的使用功能具有重要体现的作用。室内电气线路、冷热水管网、排污管网、室内办公现代化、住宅建筑智能化网络的安装设计，一般是根据室内装饰设计的要求或在室内装饰设计方案确定的情况下进行的辅助安装设计。室内装饰设计有协调配合做好给排水，强弱电等工程施工设计的责任和义务。

装饰装修工程施工中，在施工图设计不完善、不详细或未深化设计的情况下，在施工过程中应对其工程设计中的不足或缺陷进行弥补或完善。施工过程中应严格按照装饰装修工程的施工技术规范施工；控制各个分项工程施工项目独立施工过程中的质量；控制各个分项工程施工项目前后配合施工或互相交叉施工中的质量；控制装饰艺术造型结构的制作与安装的安全性；控制工程材料消耗达到合理的耗量水平，并进行工程造价成本控制。

五、装饰装修工程的设计与施工应重视装饰艺术造型结构安全

装饰装修工程中各种装饰艺术造型结构设计繁杂，千奇百怪，装饰手法各异。到目前为止，没有一部完善、统一、适用的装饰装修工程设计规范或图例，对装饰装修工程的设计进行科学的规范。要编制一部科学的装饰装修工程设计规范或图例，是一项难度比较大的、艰巨的工作。装饰装修工程的设计与施工，是在建筑物的基体上进行的二次设计与施工，突出或强调的是室内外空间的装饰美化效果、舒适性，以及使用功能。由于每个室内装饰设计师对装饰艺术造型结构的理解或认知水平不一，致使装饰装修工程施工设计图中的结构安全要求参差不齐，有些甚至没有具体的结构安全要求，导致装饰装修工程中时有装饰艺术造型结构的质量问题出现或安全事故的发生。但装饰

装修工程与建筑工程一样，工程的设计与施工必须对人们的生命、财产安全负责。为了保证装饰装修工程的结构安全，在设计与施工两个阶段都要进行严格把关。装饰装修工程施工设计图中对装饰艺术造型结构安全有具体的设计要求或做法要求的，并符合有关施工技术规范或质量验收规范要求的，应严格按设计图施工。装饰装修工程施工设计图中对装饰艺术造型结构安全没有具体的设计要求或做法要求的，应在保证装饰设计效果的前提下，在工程施工时，按照装饰装修工程的有关施工技术规范或质量验收规范的要求，对装饰艺术造型结构安全进行有效的控制。

六、装饰装修工程施工需要推广科学、先进的施工技术，需要科学的施工管理

在装饰装修工程中，由于存在着各种不同的装饰艺术造型结构的设计，需要使用各种不同的工程材料制作，引出了许多不同的施工工艺和施工技术，导致装饰装修工程细划出了各种相对独立的分项工程施工项目或施工事项，使得装饰装修工程的施工工艺或技术繁杂而多变，施工需要多种手工操作方法来完成。在装饰装修行业中师傅带徒弟传授技术的传承方式沿袭至今。由于施工工人之间的技能水平差异很大，工程施工中工人的操作随意性大，干出来的活计效果也就千差万别。施工中不确定因素多，施工过程不稳定，工程施工质量缺乏有效保证。所以，在装饰装修工程的施工中应推广使用科学、先进、合理、严谨的施工技术操作规范，实施以施工流程、施工关键部位的技术操作技法、施工过程质量控制等为内容的施工技术规范。目前，装饰装修工程中主要的、常用的分项工程施工项目达30多项，而且每个分项工程施工项目中又包含着繁多的具体施工事项。装饰装修工程的施工内容虽然非常宽泛，且多以手工操作，但施工人员的操作技术还是有着较高技术含量的，有待于更深入的研究、总结提炼、提高。须对每个分项工程施工项目中先进、合理、严谨的施工流程、施工步骤、关键部位的技术操作手法进行研究、提炼，制订出科学、系统的，对装饰装修工程施工有明确的指导性、可操作性的技术规范。以科学的施工技术规范，对装饰装修工程的施工工人进行技能培训，包括对施工工人进行良好的工作责任心的教育培训，提高施工工人的技能水平与工作责任心的综合素质。改变装饰装修工程施工中师傅带徒弟传授技术的传承方式，改变施工工人施工中随意操作的传统陋习。使装饰装修工程的施工，按照科学的技术规范操作，推动装饰装修行业施工技术的进步。科学规范的施工技术与关键部位的操作技法，能有效地保障和提升装饰装修工程的施工质量。

由于装饰装修工程的特性，导致了装饰装修工程具有很强的综合性，装饰装修工程的施工组织管理事项包罗万象。因此装饰装修工程的施工组织管理也有着较深的学问，如何进一步提高装饰装修工程施工组织管理人员的专业素质与管理水平，探索创造科学有效地工程施工组织管理模式或管理体系，是一个需要不断地深入探索研究的课题。装饰装修工程材料的研发、生产与装饰装修工程整体施工技术水平的提升，也有着更高的科技含量，更是一座需要不断研究攀登的高峰。

七、装饰装修工程的设计、施工应注重工程的环保与节能

装饰装修工程设计与施工的从业人员，应具有较强的建筑节能、低碳、环保意识。装饰装修工程的设计、施工应使用国家推广的节能环保的新材料、新产品、新技术、新工艺，倡导实施建筑节能、节电、节水、减排、助残、节约木材资源的绿色工程设计理念。装饰装修工程中使用的材料成千上万种，工程施工又以各种大量的人造材料为主，在装饰装修工程的设计与施工中，应做到有效地避免有毒、有害物质限量释放超标的装饰材料在装饰装修工程中使用，严格控制室内的污染，有效地进行节

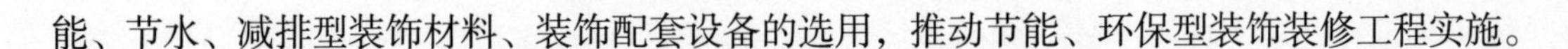

能、节水、减排型装饰材料、装饰配套设备的选用，推动节能、环保型装饰装修工程实施。

八、装饰装修工程材料应逐步向专业化生产、社会标准化配套方向发展

装饰装修工程的设计与施工，在工程材料方面需要创新意识。一个企业或行业长期依靠低廉的人工和劳动力密集型现场施工做工程，是很难有发展前途的。过去大量能满足装饰装修工程施工供给需要的、廉价的劳动力市场将一去不复返。从事装饰装修工程施工的劳动力资源逐渐减少，工程施工工人工资快速上涨的劳动力市场已经形成。一方面，装饰装修工程的设计与施工，应该走使用专业化工厂所生产配套的成品装饰材料或集成装饰材料施工的道路，逐步改变装饰装修工程施工以现场手工制作为主的传统施工模式，推动装饰装修工程材料向市场专业化生产、社会标准化配套施工的方向发展。通过传统施工模式的转变，减少施工现场有毒气体的排放和粉尘的产生，降低噪音，减少施工垃圾、废弃物的产生等，改善、净化施工工人的工作环境。同时，减少现场手工制作施工，逐步改变依靠劳动力密集型施工的状况，降低工程现场施工的人工成本。另一方面，随着装饰装修工程材料或工程配套产品的工厂化生产技术的成熟与推广，工厂化生产的成品或集成装饰工程材料与产品，如成套室内装饰门、成品隔断、成品装饰线条、木质类复合装饰饰面板材、电脑拼花石材及瓷砖等，与装饰装修工程施工已形成了配套供给关系。由于配套供给，装饰装修工程施工现场的手工制作施工明显减少；施工现场粉尘的产生和有毒气体的排放明显减少；施工噪音明显降低；施工垃圾、废弃物的产生明显减少。有些工程已经基本淘汰了施工现场油漆喷涂施工作业，使污染严重的人工施工环境有了很大的改善。油漆涂装等的施工项目的施工质量，装饰效果已有变革性的提升。

九、装饰装修工程应建立科学、完善，具有可操作性的施工质量验收评判标准

装饰装修工程需要由多个分项工程施工项目相对独立施工，又是需要前后配合或互相交叉施工，采用多种工艺或技术施工而完成的工程。装饰装修工程由各种分项工程施工项目构成，分项工程施工项目是构成装饰装修工程的基本单元，所以各种分项工程施工项目的施工质量，以及分项工程施工项目之间交叉、配合的施工质量至关重要。装饰装修工程是一项综合性非常强的施工工程，施工事项及工程材料涉及面广，施工内容宽泛。目前对装饰装修工程中主要的、常用的分项工程施工项目，在工程材料质量、装饰艺术造型结构安全、施工制作质量；装饰美化效果及使用功能的设计；室内污染控制；建筑节能、节电、节水、减排、木材资源节约、助残等方面没有较完整的、具有可操作性的工程施工质量合格验收评判标准。应加快研究编制出科学、完整，具有可操作性的装饰装修工程施工质量合格验收评判标准或验收规范。一个科学、全面、统一（公装、家装统一合用），具有可操作性的装饰装修工程施工质量验收标准或规范，可使装饰装修工程的施工质量验收更加科学、规范，为装饰装修工程的质量提供保障，同时，推动装饰装修工程施工、工程材料生产的技术进步，推动装饰装修行业健康、有序、和谐地向前发展。装饰装修行业的技术进步，也必将带来良好的经济效益和社会综合效益。

装饰装修工程的设计与施工呈现给人们的，应该是一个能使室内外空间环境美化、舒适；室内空间的使用功能与各种设施的使用合理；节能、节电、节水、低排放、室内无污染、环保；装饰艺术造型结构安全、施工质量优良的工程。装饰装修工程应该是对人们的生命、财产安全负责的工程，让人们的工作、学习以及其他活动，处在低碳、环保、舒适的绿色环境之中。

第二章　装饰装修行业中的术语

装饰装修行业中的术语很多，由于我国幅员辽阔，方言较多，故行业术语的定义宜规范统一。对术语进行规范表述与定义，有助于从业者在工作中的交流。通过研究，本书对装饰装修行业中的一些常用的、主要的专业术语进行了较为规范的表述与定义，为装饰装修工程的商务洽谈、设计、施工、装饰工程材料采购中的交流与沟通，以及司法鉴定等提供便利；最大限度地减少装饰装修工程中的交流或沟通时的歧义理解障碍。对专业术语进行规范表述与定义，还可使装饰装修工程施工设计图上的标注、工程预算列项、工程施工项目中的有关文字表述等更简化、方便、准确。将装饰装修中的一些专用术语集中汇编在一起，通过对装饰装修专用术语的学习了解，会有利于读者对书中有关章节内容的理解。关于装饰装修行业中专业术语的定义与解释，还有待进一步地进行研究规范和更准确的定义。

一、装饰装修工程通用类术语

1. 装饰装修

装饰装修：为了达到美化建筑物的室内外空间、增强建筑物室内的舒适性，使空间的功能更合理，使室内各种设施的使用更便捷等，通过装饰设计，采用各种装饰装修材料和装饰配饰品、装饰配套设施等，对建筑物内外进行的各种处理的施工过程。

2. 公装工程

公装工程：对公用建筑进行的装饰装修设计与施工。

3. 家装工程

家装工程：对公民住所进行的装饰装修设计与施工。

4. 装饰装修分项工程施工项目

装饰装修分项工程施工项目：又称装饰装修单向工程施工项目，即根据装饰装修工程中不同的施工部位、不同的施工主材、不同的施工工艺或不同的装饰艺术造型结构而细分出的各种相对独立的施工事项。它是构成装饰装修工程的基本单元。

5. 施工水平基准线

施工水平基准线：施工前在室内墙、柱面上 500 ~ 1 500mm 高处用水平仪或红外线水平测试仪找出的，并用墨线标出的水平线。它是各个施工项目上下或高低设置水平的参照标准线。如地坪找平、地面装饰层的厚度，室内空间层高的设置（天棚的安装高度），墙裙装饰线、挂镜线、门窗安装高度，开关插座安装预留孔位的高度等，都以基准线作为标高基准。

6. 施工放线

施工放线：又称工程放线，即根据装饰工程施工图，将室内各个房间或不同功能区域的分隔、天棚上的各种装饰艺术造型等，在地面上测量并用墨线标示出的具体分隔位置线或装饰天棚艺术造型图案的位置线及图案。包括墙、柱面上装饰艺术造型部位的位置线及图案。简言之，将施工图放大复制到地面或墙面上的过程，称之为施工放线。

7. 装饰基体

装饰基体：指装饰装修工程中建筑物的天花板、梁、墙、柱，混凝土地面、楼板。

8. 装饰基层

装饰基层：为了装饰美化层的覆盖或固定，直接安装在基体上的，用木质材料、金属材料等制作的过渡结构层。包括天花板、梁、墙、柱面，混凝土地面、楼板。

9. 装饰面层

装饰面层：将大芯板、纤维板、密度板、胶合板（夹板）、石膏板等板材，安装在装饰基层结构上或装饰艺术造型骨架上，将其基层结构或装饰艺术造型骨架覆盖封闭后形成的，供各种饰面板镶贴饰面、墙纸裱糊饰面、油漆或涂料饰面等的过渡层。

10. 装饰饰面

装饰饰面：为达到装饰设计美化效果，在制作安装的装饰艺术造型骨架结构封闭后形成的面层上，或在其他装饰基层上，再次使用各种饰面材料进行的饰面处理，主要包括：各种木质饰面板、各种防火板、塑料板、铝塑板，玻璃、有机玻璃板，不锈钢、黄（紫）铜、铝合金、彩钢等金属板的使用；各种装饰贴面膜的镶贴等；各种布料及无纺布、人造革、皮革等的软包饰面；墙纸、金箔的裱糊、裱贴；油漆、涂料涂装；以及墙、柱、地面瓷砖、天然石材、人造石材等的镶贴或铺贴饰面，综合俗称装饰饰面。

11. 装饰基层材料

装饰基层材料：用于各种装饰艺术造型骨架制作或艺术装饰造型骨架面层，以及用于饰面层安装过渡或打底基层制作的材料。

12. 装饰饰面材料

装饰饰面材料：用于各种装饰面或装饰部位覆盖美化的材料。

13. 工程主材

工程主材：装饰装修中起主要作用的、价值相对较高的基层材料、饰面材料。

14. 工程辅材

工程辅材：在装饰艺术造型制作中各种起辅助制作、安装、固定作用的，用于基层打底或找平作用的，具有各种隔音、隔热等作用的，价值较低的材料。

15. 装饰艺术造型

装饰艺术造型：装饰装修工程中，人们为了追求最好的装饰效果或体现个性、特色，在装饰装修中设计出各种各样的，用各种结构材料和饰面材料制作出的装饰艺术造型结构件。这些结构件主要用作于对天棚、墙、柱面的装饰。

16. 规格板

规格板：又称整块板，即装饰装修工程设计规定的板块尺寸，或指定使用的尺寸规格板块。

17. 非规格板

非规格板：又称非整块板，即根据装饰部位饰面收边或收尾的实际情况需要，将石材、瓷砖、吊顶方板、地板等装饰板块材料，加工成小于或大于设计规格尺寸的板块，包括设计选用指定的尺寸规格大小不统一的板块。

18. 隐蔽工程

隐蔽工程：为了装饰面层板或饰面板的过渡安装、固定，用木质材料、轻钢龙骨或型钢等材料制作的，安装在天花板、墙柱、地面上的，被装饰饰面后隐蔽起来的各种装饰艺术造型支撑骨架或装饰艺术基层结构。包括不宜外露而先行预埋或隐藏敷设的强弱电线电缆、电器元件的安装底盒；

预埋或隐藏安装的给水管、排污管，以及地面防水层等，简称隐蔽工程。

19. 木栓预埋

木栓预埋：在砖砌基体上或混凝土基体上用冲击电钻钻出孔洞，孔洞的直径一般为8mm，孔洞的深度一般在60mm以内，再将直径10mm的圆木或方木硬性锤击挤压嵌入孔中，形成具有含钉力的木塞子，供各种装饰基层结构或板块等在装饰部位的基体上安装钉固的方法。

二、天棚装饰工程术语

1. 天花板

天花板：室内空间顶上的楼板，即混凝土楼板，或钢质楼板、木质楼板。

2. 装饰天棚

装饰天棚：又称装饰顶、装饰天花，即吊装在楼板下将楼板隐蔽，并具有装饰美化效果的结构层。天棚装饰为建筑物室内的重要装饰部位。

3. 上人型轻钢龙骨天棚架

上人型轻钢龙骨天棚架：能同时承载几名维修人员，在天棚上进行有关设施的维修作业，而装饰天棚面不受损坏的天棚架构。

4. 天棚检修口

天棚检修口：供装饰天棚、强弱电、通风、空调、消防工程等检修维修人员，进入天棚内施工操作，在装饰天棚上预留制作的出入口。天棚检修口由洞口、活动门组成。

5. 平　顶

平顶：没有叠级或没有艺术造型的平面装饰天棚，简称平顶或平滑顶。

6. 叠级艺术造型顶

叠级艺术造型顶：以室内设计层高标志线为基础，向上或向下做成的叠级造型装饰顶，包括其他各种形状或图案的叠级艺术装饰天棚。

7. 井格式装饰顶

井格式装饰顶：以室内空间设计层高为基准面，将天棚做成井格状或类似于井格状，井格中饰面层向上凹进，在基础层高面中形成方形格状或长方形格状的装饰天棚。

8. 弧拱顶

弧拱顶：以室内空间设计层高标志线为基础，由两面向上起拱做成的、有一定跨度的弧形或拱形天棚。

9. 穹　顶

穹顶：以室内空间设计层高标志线为基础，由四面或多面向上起拱做成的一个球形及多个球形组成的或多个小型弧形顶组成的造型天棚。

10. 倒置式艺术造型顶

倒置式艺术造型顶：以室内空间设计层高为基准面，天棚装饰艺术造型结构向下垂吊，凸出室内空间基准层高面的，其造型结构具有倒置悬挂视觉的特殊形式装饰艺术顶。

11. 织物面料悬挂装饰顶

织物面料悬挂装饰顶：将各种纤维织物面料或无纺面料，悬挂固定在透光天棚或平顶天棚下，或天棚叠级造型部位，利用织物面料飘浮在空中形成下坠弧形，并配以灯光或自然光而成的装饰美化天棚。

12. 浮搁式顶

浮搁式顶：又称明龙骨顶，即用专用的金属“⊥”型托翼龙骨，在主龙骨下吊装成方格天棚架，再将无机轻质材料注模成型，或用金属薄板冲压成型的方板，直接搁置在天棚架方格内组装成的龙骨托翼外露，并形成缝格条横竖平直的、无叠级的平顶天棚。

13. 格栅顶

格栅顶：将室内空间顶上的楼板，用油漆或涂料先进行色彩喷涂处理，再用木板、有机玻璃、金属等方板或条板，以及木方、金属方管、金属槽板、塑料管等材料作为格栅条，用格栅条制作成条格状的或类似条格状的格栅吊装成的装饰天棚。即格栅饰面后形成天花板不明显外露的室内装饰天棚。

三、墙、柱面装饰工程术语

1. 镶贴装饰饰面

镶贴装饰饰面：用各种木质类饰面板、玻璃、马赛克、各种金属板、铝塑板、有机玻璃板、三聚氰胺板等饰面板块，在墙面、柱面、天棚面上进行的镶拼粘贴装饰施工。包括用瓷砖、石材板块在墙、柱面上的镶拼粘贴装饰施工。

2. 金属网挂面水泥砂浆抹灰面

金属网挂面水泥砂浆抹灰面：在型钢骨架墙体上、埃特板或零星木基层墙面上满挂金属网，再进行水泥砂浆抹面做成的抹灰面。包括在钢板楼地面上安装金属网后，进行水泥砂浆地面垫层而形成的水泥砂浆面。

3. 石材钢挂装饰

石材钢挂装饰：以型钢为龙骨，安装在墙、柱面上形成纵、横向钢龙骨架。再用金属挂件将石材板块一片片挂装在钢龙骨架上，形成石材装饰饰面的施工方法。由于施工不用水泥砂浆，干法作业，又称为石材干挂。

4. 软包装饰

软包装饰：以木质板材做底板，用各种花色纺织布料、丝绸锦缎、无纺布料、人造革或皮革等面料将木质底板包裹，面料与木质底板之间内衬海绵做成的软包装饰板块件，再相拼安装在装饰基层上，形成柔软、饱满、立体感强的装饰面。

5. 硬包装饰

硬包装饰：相对软包装饰而言，以木质板材、塑料管等材料做底板，用各种花色布料、丝绸锦缎、无纺布料、人造革或皮革等面料直接将底板包裹成平板或弧形等形状的装饰件，再相拼安装在装饰基层上，形成板块接缝线条清晰，立体感强的装饰面。

四、装饰隔断工程术语

1. 轻质材料装饰隔断

轻质材料装饰隔断：用专用的隔断轻钢龙骨、GRC 墙板、石膏空心隔墙板，或玻璃、木质、塑料等轻质材料制作成的，将室内空间分隔成独立的或相对独立的房间，并进行装饰美化的非承重隔墙。

2. 室内装饰玻璃隔断

室内装饰玻璃隔断：又称室内玻璃装饰隔墙，即将玻璃板块安装固定于四周框架中或安装固定于天棚和地面沟槽中而成透明或透光的、具有装饰性的非承重隔墙。

3. 室外门洞式装饰玻璃橱窗

室外门洞式装饰玻璃橱窗：又称装饰橱窗玻璃墙，即在建筑物临街面的房屋开间门洞中，用透明玻璃做成的、具有商品展示功能或对建筑室内外起着装饰美化作用的、非承重的玻璃围挡墙。

4. 独立钢架金属驳接件支撑固定玻璃板块装饰橱窗玻璃墙

独立钢架金属驳接件支撑固定玻璃板块装饰橱窗玻璃墙：在建筑物的临街面处，以金属型钢制作成独立钢架，再以金属驳接件支撑穿过玻璃孔，将玻璃板块固定而成的、透明的，具有商品展示功能或对建筑室内外起着装饰美化作用的非承重玻璃围挡墙。

5. 装饰低隔断

装饰低隔断：一般指高在0.8～1.8m以内，用木质材料或其他材料制作成的，对室内活动区域进行简单的或象征性的隔挡围栏，主要对室内空间起着装饰作用的分隔形式。

6. 装饰格栅隔断

装饰格栅隔断：用木条板、木方、玻璃柱、金属管等材料制作成的格栅条格状或类似于条格状的、上触装饰天棚下触装饰地面安装的、具有双面通透装饰美化效果的、主要对室内空间起着装饰作用的分隔形式。

五、地面装饰工程术语

1. 地面找平

地面找平：又称找平层，即对水平高低差较大或凹凸不平的混凝土楼地面，用水泥砂浆进行补抹，并搓平收光，使地面达到无水平高低差、平整，满足地面装饰施工基本要求的处理方法。

2. 室内地面回填垫高

室内地面回填垫高：因卫生间蹲坑安装、厨师料理间的地面排污明沟等特殊地面需要抬升，而使用轻质混凝土（一般使用陶粒骨料水泥砂浆混凝土）进行的室内地面升高施工。室内地面回填垫高，属零星土建施工。

3. 铺贴装饰饰面

铺贴装饰饰面：用地砖（瓷砖）、天然石材、人造石材等使用水泥砂浆或胶粘剂，对室内地面、楼梯踏步面等进行的平铺粘贴装饰施工。包括窗台板、各种柜类的石材台面板的平铺粘贴装饰施工。

4. 干铺法

干铺法：在混凝土硬化的楼地面上先用水泥、沙子拌和土进行铺垫，铺垫层铺平拍打夯实，在铺垫层上再将瓷砖或石材板块用水泥砂浆进行铺粘贴接的施工方法。

5. 架空木地板安装

架空木地板安装：先在楼板或地面上安装好木龙骨架基层，再将实木地板铺装在木龙骨架上，使实木地板与楼板或地面之间形成架空的安装方法。

6. 非架空木地板安装

非架空木地板安装：地板安装不使用木龙骨架，将木地板直接铺装在平整光洁的楼板或地面上，以木地板的板边企口咬合连接铺装的方法。

六、油漆涂料装饰工程术语

1. 涂　装

涂装：为达到或提高装饰美化效果，在水泥砂浆抹灰基层面或石膏板面上进行的各种油漆、涂料喷涂饰面施工。包括木质面上进行的油漆涂刷饰面装饰施工。

2. 满刮腻子

满刮腻子：又称满批腻子，即在装饰基层上一处不漏地刮上腻子进行打底，并将其基层底色覆盖，通过打磨砂光使其基层面达到平整的施工方法。

七、装饰线条工程术语

1. 装饰线条

装饰线条：用于各种基层结构、装饰艺术造型结构上的阳角、阴角、平面的接缝或接口，以及板边的收口、压边；两种饰面材料之间、不同的颜色材料之间的连接或过渡接缝等进行覆盖或嵌入美化装饰的各种条形饰面材料。包括各种装饰饰面板块拼接安装时，板块之间的离缝沟槽装饰线，以及在镶贴木质饰面上或其他材质饰面板上镂刻出的沟槽装饰线。

2. 阳　角

阳角：不同方向的墙体之间形成的凸出直角构成的垂直线，方柱的四角垂直线；天棚叠级角、方梁凸出角的水平横向线；以及其他结构形成的凸出直角构成的水平横向线、垂直线。

3. 阴　角

阴角：天棚与墙、柱、横梁之间，不同方向的墙体之间，墙面与地面之间形成的凹进直角构成的垂直线与水平横向线，以及其他结构形成的凹进直角构成的水平横向线、垂直线。

4. 阳角装饰线、阴角装饰线

阳角装饰线：以装饰线条的凹进角，对阳角部位进行覆盖饰面装饰的线条，简称阳角线；

阴角装饰线：以装饰线条的凸出角，对阴角部位进行覆盖饰面装饰的线条，简称阴角线。

5. 挂镜线

挂镜线：一般安装在离天棚面 300mm 上下的墙面上，用于增强墙面的装饰效果，或用于墙柱面上下两种不同的颜色或不同材质的饰面材料之间的，连接过渡与接缝收口的覆盖美化装饰线条。

6. 墙裙线

墙裙线：又称腰线，即一般安装在离地面 1 000mm 上下的墙面上，用于增强墙面的装饰效果，或用于墙柱面上下两种不同的颜色，或不同材质饰面材料之间的连接过渡或接缝收口的覆盖美化装饰线条。

7. 门窗套装饰线

门窗套装饰线：安装在门、窗套与墙体的连接接缝处，将其接缝覆盖隐蔽的装饰美化线条。

8. 踢脚线

踢脚线：又称地脚线、踢脚板。安装在墙脚上，凸出墙面，将地面与墙面的阴角接缝隐蔽装饰美化的线条。

9. 挡水线

挡水线：一般指安装在楼梯踏步面外侧边缘上的线条。在清洗楼梯时起着阻挡污水不流向楼梯踏步外侧作用的线条。

10. 离缝装饰线

离缝装饰线：除马赛克以外的，各种饰面板镶贴或铺贴时，板块之间预留一定的宽度形成沟槽，以沟槽使饰面板块之间形成立体的离缝分隔线。离缝装饰线分为沟槽专用填缝材料填缝装饰线和离缝沟槽外露装饰线。

11. 镂刻沟槽装饰线

镂刻沟槽装饰线：在镶贴的木质饰面板上或其他材质饰面板上，用机械镂刻出宽度一致、深浅一致的，平直光滑的线槽，使板块具有立体分格装饰效果的装饰线。

12. **密缝板块安装**

密缝板块安装：各种装饰板块材料饰面镶贴拼接安装时，板块之间不预留间隙，以材料板块之间平直的板边相拼接形成整齐线缝的施工方法，俗称密缝板块安装。包括地面瓷砖、石材铺贴施工。

13. **勾　缝**

勾缝：又称填缝，即马赛克、瓷砖、石材装饰板块材料在墙柱面镶贴、地面铺贴时，板块之间的缝隙用专用的填缝剂（勾缝剂）或水泥砂浆，将缝隙填满补平的施工方法。

八、装饰门、窗工程术语

1. **门头装饰**

门头装饰：对建筑物出入口处门的外部进行的各种装饰艺术造型结构的设计与施工。

2. **门头店招**

门头店招：店铺门上部的店名招牌，或建筑物外立面门头上的店名美术或美化字。

3. **门　柳**

门柳：门扇关闭后门扇边缘与门框或门套的接触面。门柳在施工制作中俗称裁柳。

4. **隐形窗帘盒**

隐形窗帘盒：窗帘盒体设置在天棚内，盒体不外露的窗帘盒。

九、装饰柜工程术语

1. **吧　台**

吧台：随酒吧一起而来的舶来词。在酒吧中供客人在台前交谈饮酒、搁置酒杯的服务台。在实际的装饰装修工程设计与施工中，已泛指各种酒吧、茶室、娱乐经营场所等的接待前台或服务台、收银柜台等。

2. **帽　柜**

帽柜：又称吧台吊帽，即是一种特殊的装饰柜类，主要用于装饰和营造特殊的氛围，安装在酒吧、娱乐场所、宾馆等的吧台或服务台的上部，与吧台或服务台对应配套，供安装照明灯具或高脚酒杯倒置悬挂等的装饰结构件。

十、特殊石材类术语

1. **破色镶边石（包括瓷砖）**

破色镶边石：又称破色走边石、波达线（音）。一般在距室内四周墙脚300mm左右的地面上，或作为室内地面分隔区域的分隔线来镶嵌的与地面主要饰面石材颜色不同的条形石材，在装饰地面上形成破色（不同的色彩）线条。用以增加地面装饰美化效果的条形石材装饰线。

2. **加厚边石材**

加厚边石材：为了增强石材板块边缘的强度和装饰效果，在石材板块边缘的底面，粘贴一条宽度约30mm的条形石材或半圆状条形石材，使石材板块端面呈现类似于L形或P形状。加厚边石材主要用于各种台板面、窗台板，以及楼梯踏步面、台阶面。

3. **门槛石**

门槛石：铺贴在门洞处，起着房内与房外地面装饰分隔作用，长度同土建预留门洞宽度一致、宽度同门套宽度一致的石材板块。

4. **水磨石**

水磨石：以水泥为胶凝材料，一般以粒径 8～15mm 的矾石（一种白色石子）为骨料，掺入沙子，根据设计要求加入无机色料，加水搅拌成彩色水泥混凝土，再将混凝土铺设在硬化的混凝土楼板上抹平振捣密实，通过混凝土标准龄期养护硬化后，经研磨抛光制成的人造石地面、楼梯台阶、台板，或制成用于其他饰面的水磨石板块材料。

5. **粗犷面石材**

粗犷面石材：实际装饰装修工程设计与施工中俗称的文化石、蘑菇石、毛面石、凸包石等。用天然石材或人造石加工成的，板块规格尺寸一般较小，底面较平整、装饰面凹凸不平，板边尺寸规格整齐或不规则的块料石材。粗犷面石材主要用于墙裙、柱面、背景墙等小面积部位装饰。装饰面呈现的是自然粗犷、凹凸不平、厚薄不一，具有厚实感的装饰效果。

6. **天然砂岩**

天然砂岩：俗称红石岩，即一种质地较松软，装饰面不宜加工成镜面，颜色多为赤色或浅咖啡色的；规格板底面加工平整、板边整齐、板块尺寸规格相对较小的；表面凹凸不平、紊乱而有序、自然粗犷而不粗糙的；主要用于墙、柱面等小面积部位镶贴装饰饰面，装饰面呈现自然风化雕蚀之自然装饰效果的风化石片。

7. **人造砂岩**

人造砂岩：新开发出来的一种新型饰面装饰材料。人造砂岩一般由金色海滩沙子以环氧树脂为胶凝材料拌和成浆料，根据设计需要板块的规格尺寸及纹饰或花形图案做出模具，再将浆料注入模具中制成的仿天然砂岩的人造石材板块或花饰件。

十一、成品材料、集成材料类术语

1. **金属龙骨**

金属龙骨：用镀锌薄板、铝板、不锈钢板等板材冲压或拉伸加工而成的，用于装饰天棚、装饰隔断做骨架的各种金属型材。镀锌薄板加工成的龙骨又称为轻钢龙骨。

2. **木质类胶合饰面饰板**

木质胶合饰面饰板：结构为三夹胶合板，由底层板、芯板、面板组成。底层板、芯板使用普通圆木旋切的薄板，面板为木质结实、木材剖面纹理漂亮，且易旋切或刨制的树种旋切或刨制的薄板，底层板、芯板、面板经胶合而成的板材。

3. **木质类复合饰面板**

木质类复合饰面板：又称为免漆装饰板、挂墙板，即一般以中密度板等为基层板，以木质结实、木材剖面纹理漂亮，且易旋切或刨制的树种原木加工成的实木皮，以及各种防火板（三聚氰胺板），包括其他装饰贴膜等，经粘贴复合或胶粘复合后经机械压成的单面型饰面板或双面型饰面板。实木皮复合饰面板还须经油漆涂装后才成为成品板材。

4. **集成吊顶材料**

集成吊顶材料：根据设计要求，以工厂化的方式按标准批量生产的、各种材质的、到装饰装修工程工地后不用再做油漆或裱糊等饰面处理的，仅通过施工现场安装就能组装成各种装饰天棚的结构件。

5. **成品装饰材料**

成品装饰材料：装饰装修工程施工需要的材料或产品到现场后，不用再进行人工锯刨加工或其他机械加工，不用再做油漆或裱糊及其他镶贴饰面处理的装饰材料或产品。例如：成套门、成品线条、成品隔断等。

6. 成品安装

成品安装：装饰装修工程施工需要的材料或产品到现场后，不用再进行人工锯刨或其他机械加工，不用再做油漆或裱糊、镶贴饰面处理，只进行材料或产品安装与调试的操作施工。例如：成品线条、成套门、成品隔断等的安装与调试。

7. 装饰装修工程配套用品

装饰装修工程配套用品：通过工程的配饰设计，在装饰装修工程竣工后为进一步装饰美化室内环境而悬挂安装各种字画等艺术品、装饰物品、窗帘等；各种摆设装饰品、可移动的装饰照明灯具等后续配套装饰品，以及为工程选配的各种家具等用品。

十二、电气工程术语

1. 室内明装照明灯具

室内明装照明灯具：对室内明装的各种照明灯具，如吊灯、吸顶灯、射灯、灯带，以及嵌入式格栅灯（又称盆灯）、嵌入式筒灯、嵌入式射灯等灯具的安装。

2. 室内隐蔽安装照明灯具

室内隐蔽安装照明灯具：通过天然石材、玻璃、有机玻璃、透光膜，以及其他人造透光片等隐藏安装发光光源、灯具，如在各种隐形灯槽中的、发光天棚中的、发光墙中的、发光柱中的、灯箱中的灯管、灯带、LED 光源等的安装，包括隐藏在灯槽中漫射发光光源或照明灯具的安装。

3. 强弱电施工

强电施工：室内供电电缆、电线敷设，配电箱、电源控制开关安装与调试，照明灯具安装，照明开关、电源插座等电器元件的安装与测试，舞美艺术灯光及控制系统的安装与调试等的施工。弱电施工：室内视频、通信、音响、电脑网络、监控录像设施、办公自动化、消防安全报警系统、智能建筑化等的网络线路敷设、设施的安装与调试等的施工。综合二者的施工简称强弱电工程或称强弱电施工。

第三章 装饰装修工程施工前期准备事项

装饰装修工程施工前期准备，即在装饰装修工程开工前，为保障工程顺利、安全施工，保证施工质量，根据装饰装修工程施工的需要而进行的各种具体的准备工作。装饰装修工程施工前期准备工作很重要，准备工作做得扎实到位是保证施工项目顺利实施的前提。一个装饰装修工程项目中标，施工合同签订，或商务洽谈施工合同签订；业主的工程款按工程合同的约定支付到位；施工项目报建许可完毕；工程设计技术要求交底基本完成；大部分工程主材或工程主要配套产品或配饰设施经确认（建设方确认或设计人员确认）；项目现场施工队伍组建集结完成，施工机械、设备配备完成；施工组织方案编制完成；按照施工合同约定现场施工基本条件具备验收移交完成，应立即按照确定的施工组织方案进行装饰装修工程项目的组织施工。

根据对装饰装修工程施工过程的研究，工程项目施工前期的施工准备工作事项主要包括：装饰装修工程项目施工现场管理、施工队伍的组建集结；装饰装修工程施工组织方案的编制；工程施工基本条件验收；安全文明施工准备；施工现场清理和拆除；施工基准水平线测量划定、室内设计布置分隔测量放线；小砌体砌筑或特殊地面垫高回填；施工脚手架的搭设等。

装饰装修工程项目的施工流程大致如下：施工现场清理和拆除→施工基准线、室内房间或活动区域分隔线的测量放线→小砌体砌筑或特殊室内地面垫高回填（零星土建施工项目）→电线电器（强、弱电）敷设安装→给排水管网安装→楼地面的防水防潮处理施工→天棚装饰施工→墙、柱面装饰施工→地面装饰施工→门窗套装饰施工→卫生洁具安装→照明灯具、电器安装→整体工程保洁、整体工程质量自检自查验收合格（同时编制完成工程竣工验收资料）→向建设方（俗称甲方）提交工程质量竣工验收报告（包括验收不合格整改复验）→办理工程竣工移交建设方手续。其中，施工现场清理和拆除，施工基准线、室内房间或活动区域分隔线的测量放线，小砌体砌筑或特殊室内地面垫高回填等工作量不大，是装饰装修工程项目施工流程前端的一些零星工作事项，必须在施工的前期先行完成，所以它们应属于施工前期准备的工作事项。

一、装饰装修工程项目施工管理组、施工队伍的组建

通常大型的、规范的装饰装修工程施工项目工程部的人员编制配备，一般由项目经理（建造师）、项目经理助理、工程技术负责人、施工员、质监员、安监员、材料员组成。项目经理助理、施工员、质检员、安监员、材料员等人员的组成，一般根据工程的实际情况配备或调整。技术管理人员一般可持有双证上岗资格证，如施工员持有质监员上岗资格证或安监员上岗资格证。项目经理应有施工企业法人代表的授权委托书（一定范围的授权），负责装饰装修工程项目的施工现场管理。施工班组应根据工程中的各种分项施工项目的具体情况组建配备，施工人员的数量根据工程的实际情况随时增减调配。

二、装饰装修工程施工组织方案的编制

装饰装修工程开工前应做好有关的施工组织管理方案、工程进度计划等的编制，主要内容包

括：编制工程施工组织方案；编制工程施工技术方案；编制工程施工进度计划；编制工程材料采购计划，包括建设方提供材料的供给计划；以及编制紧急安全突发情况的处置预案等。工程的施工组织管理方案、进度计划等的编制工作不可忽视。装饰装修工程开工前做好科学、完善、详细的工程施工组织管理方案的编制，做好工程施工进度计划等的编制，对工程的施工质量、安全、进度有着重要的作用。

三、工程施工基本条件验收

工程施工基本条件验收，是指进行工程施工的一些必备条件验收。在实际的施工中有些工程由于某种原因，在施工合同签订后施工现场并不具备基本的施工条件。若不具备施工条件的工程强行施工，其施工质量、工期是没有保障的。所以，装饰装修工程开工前应进行工程现场施工基本条件的检查验收，促使施工基本条件欠缺的工程建设方尽快完善。不具备基本施工条件的工程，一般应以施工场地的验收移交完成之日起计算工程的施工周期。装饰装修工程施工基本条件验收的内容主要包括以下四项：

（1）“三通”。即路通、电通、水通。路通，各种装饰材料能运进工程施工现场；电通、水通，即电源、水源接通，应能满足或保证工程施工的需要。

（2）建筑物屋面防水应完成。屋面雨水渗漏，是装饰装修工程施工中的大忌。

（3）新的建筑一楼室内泥土地面的水泥混凝土硬化，室内地面不硬化是不能进行室内墙、地面施工的。

（4）旧的装饰装修改造项目的室内物品转移搬空等。

四、安全文明施工准备

安全文明施工的准备有以下一些方面：

（1）工程开工前应对上岗的施工人员进行工程概况和施工技术的明确说明。

（2）对整个工程施工过程中的安全隐患、污染、噪音扰民等危险源进行评估，对紧急安全突发情况应有紧急处置预案或处置方法。对工程的安全隐患、污染、噪音扰民等危险源的评估情况，应对全体施工人员进行明确说明，包括安全法规的宣传。

（3）安排好现场施工管理办公地点、施工机具与施工材料的存放间等。工程开工前如果室内有条件的要安排好，并安装好门窗，室内无条件的应在室外临时搭建。

（4）施工现场应配备洁净饮水设施，保证施工人员饮用洁净水，建好施工人员临时如厕设施。配备应对轻微外伤的包扎处理等医疗用品。体现装饰装修工程施工管理的人性化。

（5）工程施工电源、用水线管的安装、接通。电源、水源应根据工程施工的需要，将施工用电源电缆、水管布放到施工作业面。施工现场临时用电应实行三相五线（TN－S 专用保护地线）和三级配电系统。施工照明电线、照明灯具应悬挂安装，高度不得低于 2.5m。施工机械的供电应使用电缆，电缆布放整齐有序、安全。施工电器取电插座或开关的设置，应能满足施工现场总需要量的要求，保障工程顺利施工。供水管无破裂、不渗漏。

（6）施工现场应配备必要数量的消防灭火器材。对于易燃易爆及有毒物品，如油漆、溶剂、氧气、乙炔气等应设置单独存放地点，远离火源，确保安全。

（7）对预见有可能发生危险的地方应悬挂安全提示牌或警告标志牌。对未安装栏杆扶手的楼梯及凌空平台处、电梯井处、管道井处、落地窗洞口等处，应设置高度不低于 1 200mm 的临时护栏，并有足够的强度。对施工场地应实施外围围挡封闭施工。

(8) 施工现场应多处悬挂有关施工安全、施工质量的宣传标语或标牌，在施工现场营造重视安全、重视质量的施工氛围。

(9) 关于施工安全、施工质量、工程材料等的各项管理制度；施工许可证、工程进度计划、工程质量及安全检查情况等，应制成标牌整齐地悬挂于墙上，予以规范、公示。

(10) 施工管理人员、施工人员应持证上岗。现场管理人员、施工人员应统一着装或穿工作服，佩戴工号牌上岗。为施工作业人员配备安全帽，高空施工作业人员还应配备安全带。其他特殊劳动防护用品要及时发放到位。材料用电锯锯切时应佩戴护目镜。

(11) 项目施工期间，施工企业应为施工现场管理人员、施工人员购买意外伤害保险，为管理人员、施工人员提供人身安全保障。

五、施工场地的清理和拆除

装饰装修工程无论在新建建筑内施工，还是进行旧工程改造施工，设计师为了追求较好的装饰效果，或为保证工程施工顺利完成，少不了各种部位的拆除或整改。施工前应对施工场地进行全面检查与清理，清除垃圾或拆除影响施工的其他物体或结构。装饰装修工程场地中的拆除或整改施工前一定要先行断电、断水，即截断总电源开关的输出电源线，关闭供水总阀。装饰装修工程施工中一般涉及拆除或整改的事项主要有：

(1) 非承重墙的拆除或非承重墙上掏开门、窗洞口，封堵原有门窗洞口；

(2) 装饰装修改造或翻新工程中，各种旧的装饰造型结构、旧的门窗等的拆除；

(3) 墙面、柱面、地面瓷砖等饰面物的更新铲除；

(4) 旧的空调、通风管道、消防系统的改造或更新拆除；

(5) 旧的电线、电器拆除；

(6) 旧的冷热供水管网、排污管网管道的改造拆除等。

建筑装饰装修工程施工，常常会涉及房屋承重结构的改变或增加荷载，以及房屋使用功能的改变等。特别是涉及房屋安全结构的改变时，针对这类改造拆除施工，施工企业一定要按照《中华人民共和国建筑法》或有关的法规规定的程序进行。如房屋安全结构的改变应报建筑物的原设计机构，拿出改变设计方案后再进行拆除改造。建筑物改造拆除应请具备相应资质的拆除施工队施工。严禁在装饰装修工程的设计方案中或施工中擅自改变或损坏建筑的主体结构、承重结构或主要使用功能，以确保建筑物的安全。杜绝盲目违法拆除施工，更不可野蛮拆除施工。如在装饰装修施工中对建筑装饰装修工程施工中常见的损坏，或改变建筑的主体、承重结构的行为是必须进行有效控制或杜绝发生的。见图 3－1 至图3－3。

图 3－1　结构梁上打孔穿越安装排污管

图 3－2　为做造型打掉结构柱与剪力墙

装饰装修工程施工中的拆除施工，在工程设计图中是无法表示的，它是工程设计图以外的施工事项和工程量，但施工中的拆除作业，是装饰装修工程直接产生工程费用的一个部分。由于装饰装修工程施工中的拆除作业具有较大的变数，各种结构拆除即灭失，不再存有，有些拆除施工项目或事项，施工前很难准确计算其工作量，施工企业在拆除施工中，所以要详细记录（能做拍照、录像记录更好），变更增加的部分应及时请业主方有关人员签字予以确认。施工中要科学合理地利用拆除材料的再生价值，做到物尽其用，节约资源，降低工程成本。施工拆除会产生大量的建筑垃圾，包括施工过程中的垃圾，施工中要及时处理好施工垃圾的现场堆放，并按照当地政府的有关要求进行外运处置。由于装饰装修工程的施工现场一般都不宽敞，施工空间环境有限，所以施工现场的拆除和施工过程中产生的垃圾的及时清理和规范处置，是体现工程安全文明施工的重要环节。

图 3－3　排污管安装无设计随意打穿楼板使得混凝土楼板千疮百孔

六、施工基准水平线、室内平面设计布置分隔线测量放线

装饰装修工程施工开始之前，进行施工基准线、室内房间或不同功能区域的分隔放线是必需的。工程施工放线的工作量虽然不大，但很重要，不能忽视，必须认真、准确无误地完成。

1. 施工基准水平放线

施工基准水平线可在室内墙、柱面上距地面 500～1 500mm 的高处，用水平仪或红外线水平测试仪找出施工基准水平线，并用墨线标出。每个装饰装修建筑物的室内地面由于各种原因，地面的水平一般都会存在一些偏差或差异。新的装饰装修设计方案中，各个室内地面的装饰高度或空间层高，也不一定在同一个水平高度。因此，施工前必须划定施工基准水平线。施工基准水平的墨迹标志线应清晰，因为它是各个施工项目的上下或高低设置水平的参照标准。如地面找平、地面装饰层的高度，天棚的安装高度，墙裙装饰线、挂镜线的安装高度，门窗的安装高度，开关插座安装预留孔位的高度等，都要以基准线作为安装水平标高基准。

2. 室内平面设计布置实地放线

通俗地讲，室内平面设计布置实地放线就是将装饰装修工程施工设计图放大复制到施工作业面上，即根据地面布置设计图，将各个室内房间或不同功能区域，在地面上用墨线进行分隔放线标示，包括门套、墙柱面装饰造型或装饰基层的凸出位置的定位线等。室内装饰天棚设计图中的各种天棚的装饰艺术造型等，也应在各个房间的地面或不同功能区域地面的分隔线内放线定位，标出具体的安装位置或图案。室内分隔地面标志放线有利于各个工种进行准确的定位施工。

3. 装饰装修工程施工现场实地放线

装饰装修工程施工现场实地放线，具有对工程施工设计图与实际建筑物的核对作用。可以有效地从中发现设计中的问题，如设计前的测绘尺寸误差、设计中其他不合理的地方、缺陷等问题，从而有利于工程的进一步细化或深化设计。若施工单位现场实地放线中发现问题，应及时反馈设计单位或设计师修改，以减少施工中由于设计测绘尺寸误差、设计不合理或设计缺陷等引起的施工变更损失，以利于工程顺利施工。

七、室内小砌体砌筑、室内特殊地面回填垫高

室内小砌体砌筑，是指室内排污明沟、水池、门窗洞口等的砌筑或修补，以及地面回填垫高的围挡框墙的砌筑，或其他零星墙体等的砌筑。室内地面回填垫高，是指特殊地面使用轻质混凝土（一般使用陶粒骨料水泥混凝土）的回填垫高，如室内放映厅、多媒体教室台阶地面、卫生间蹲坑安装、厨师料理间的地面排污明沟等特殊地面的需要而进行地面抬升的零星土建施工。室内小砌体砌筑或特殊地面回填垫高都属于装饰装修工程施工的前期准备工作，为保障工程顺利施工、保障施工质量而必须先行完成的施工事项。装饰装修工程中因地面排污明沟等特殊要求导致地面抬高，及排污明沟的做法见图3－4。

图3－4　室内因地面排污明沟等特殊要求致地面抬高及排污明沟的做法

室内楼板地面砖砌体砌筑，以及室内楼板地面回填垫高的施工，必须考虑楼板的荷载安全，严禁使用建筑垃圾回填垫高。门窗洞口的砌筑应使用混凝土钢筋预制件或现浇过梁，或焊制钢架过梁砌筑。其他零星墙体的砌筑，在墙体砖缝中应加压拉结钢筋，增加或提高墙体的强度。零星砖砌体砌筑，应使用水泥砂浆砌筑，砖砌墙体应垂直，墙面应用水泥砂浆抹面、搓抹平整。装饰艺术造型墙体或其他装饰艺术造型砌体砌筑，应符合设计要求。

八、施工脚手架

装饰装修工程中的高空施工作业，需要使用施工脚手架。工程施工脚手架可以使用小径原木条搭设、楠竹搭设、钢管搭设。工程施工使用脚手架所发生的费用，是装饰装修工程直接费中的组成部分。为保证施工安全，装饰装修工程施工应使用钢管脚手架。竹、木脚手架有许多弱点，如可燃烧、在室外易朽蚀、架体强度不高、不适宜重复使用等。国内有些省、市已明令禁止在建筑或装饰装修工程施工中使用竹、木脚手架。

墙、柱面施工搭设的脚手架，用于室外施工的称为外脚手架，用于室内施工的称为里脚手架。墙、柱面施工脚手架应使用双排结构搭投。脚手架由立杆、横杆、护杆、拉杆、斜撑、脚手板、提升井架、平台（栈道）、安全围网组成。建筑物二层及以上高度的施工作业，应使用双排脚手架。高层建筑物墙面装饰施工脚手架的搭设，以及特殊需要离地搭设的外脚手架，应严格按照国家有关建筑工程施工脚手架的规范搭设。

天棚装饰施工搭设的脚手架称之为满堂脚手架，满堂脚手架由立杆、横杆、脚手板、平台组成。天棚装饰造型结构复杂、施工难度较高、施工面积较大，高度在4 200mm及以上的天棚装饰施

工，应搭设满堂脚手架施工。

在实际施工中，不一定所有的装饰装修工程项目在施工时都需要搭设脚手架。但如遇到需要搭设脚手架施工的装饰装修工程，应挑选有专业资质的企业进行脚手架租赁，根据装饰装修工程施工的具体要求搭设，并在工程施工前搭设好。施工脚手架的搭设，必须满足工程施工的需要，保证工程顺利施工，确保安全施工。

九、其他施工准备

1. 玻璃幕墙与楼层板之间的封闭处理

设计为玻璃幕墙装饰的建筑物一般都没有围挡墙，玻璃幕墙起着装饰建筑物外立面作用的同时，又起到围挡墙的作用。由于玻璃幕墙龙骨架的安装，使幕墙玻璃板块与楼层板之间会产生一定的距离，一般在200~250mm之间，即幕墙玻璃板块与楼层板边缘之间形成的空洞。楼层板边缘与玻璃幕墙之间的空洞必须封闭，如不封闭，室内各楼层之间就形成了一个通风道。但有些玻璃幕墙装饰建筑竣工后，对幕墙玻璃板块与楼层板边缘之间形成的空洞未进行统一封闭处理，这对施工准备工作是不利的。

在玻璃幕墙装饰的建筑物的室内进行装饰装修施工时，幕墙玻璃板块与楼层板边缘之间形成的空洞未进行封闭处理的，施工前必须用阻燃材料对地面的空洞进行封闭，一般宜用钢板、石膏板或埃特板等阻燃材料做隔板，填充防火棉或其他防火隔热材料进行封闭。待封闭后再进行楼层地面的装饰饰面施工。玻璃幕墙与楼层板之间的空洞封闭处理，严禁使用易燃或可燃材料。

2. 做好室内消防、空调、通风、通信等配套施工项目的协调与沟通

装饰装修工程中一般都要涉及室内消防、空调、通风、安监、网络或通信等配套项目的施工。由于消防、空调、通风、安监、通信、互联网、建筑智能化网络等的管、线及设备、设施，须隐蔽安装在装饰天棚内或墙体内，所以必须先行施工安装完成。在装饰天棚龙骨架封板隐蔽前，应完成水压试验及各种测试、调试等工作。

装饰装修工程开工前，施工方应与工程建设方，或具有施工资质并已承接室内消防、空调、通风、安监、通信或其他网络等配套施工项目的施工企业进行协调与沟通，以保证配套施工项目在装饰装修工程施工进度计划的时期内完成。装饰装修工程企业在施工中应给配套施工项目的施工企业提供方便，如：电源、水源、检修口、空调冷凝水出口等的预留。室内消防、空调、通风、安监、通信或其他网络等的配套项目，如不能在装饰装修工程施工计划进度的时期内完成，将严重影响装饰装修工程的施工进度或施工质量，乃至装饰效果。装饰装修工程施工企业应及时对室内消防、空调、通风、安监、网络或通信等配套项目施工作业时留下的墙洞、天棚孔洞等部位的修补。室内消防、空调、通风、安监、通信或其他网络等配套项目施工的企业，应适当向装饰装修施工企业缴纳施工配合费，进行经济补偿。

第四章 室内装饰天棚工程

装饰天棚，又称装饰顶、装饰天花板，即吊装在楼板下将楼板隐蔽，对室内空间进行美化的装饰结构层。装饰天棚由轻金属龙骨架、龙骨架面层板、面层板经乳胶漆或其他饰面材料饰面构成。天棚装饰为建筑物室内的重要装饰部位，室内空间美化天棚的装饰艺术结构形式设计最为繁杂，没有定式。室内选择不同的天棚装饰形式或方法，可以获得不同的空间感觉。天棚的美化装饰艺术形式的设计，取决于室内空间的使用功能和美感的要求；天棚的装饰水准，则取决于装饰工程设计所选用的材料及装饰施工技术。

天棚装饰的主要作用，是对室内上部空间的外露楼板、各种外露管道（排污管、消防管、通风管等）、强弱电的敷设线路等进行的封闭或隐藏，使天花板面规整；是对照明灯具、消防喷淋头、烟感器、通风口、空调室内机、检修口等的安装进行协调统一设计，美观布置；通过各种装饰艺术造型结构、各种饰面装饰材料或各种花饰进行饰面装饰，配以照明灯光或装饰灯具等，达到装饰美化室内空间的效果。

一、室内装饰天棚的种类

室内装饰天棚的特点：室内装饰天棚可以设计成各种各样的美化装饰艺术造型结构形式，装饰结构形式可简可繁，天棚装饰艺术造型可以使用各种材质的装饰材料制作。室内装饰天棚的装饰形式或方法虽然繁多，但还是有其内在的分类。本书按照装饰天棚的制作材料或结构、按照装饰效果对室内装饰天棚进行相对的分类，有助于读者对室内装饰天棚的结构、制作材料、施工工艺，以及装饰效果进行全面的了解。

1. 按面层材料划分的室内装饰天棚种类

（1）石膏板装饰天棚，是指以石膏板作面层板（包括埃特板、密度板面层板），石膏板面上再以各种饰面材料进行饰面后形成的室内装饰天棚。石膏板、埃特板天棚多以乳胶漆饰面装饰。

（2）扣板装饰天棚，是指用长条状的板块相扣连接形成的装饰天棚。扣板天棚有其特点，除木扣板外不再用油漆、涂料等材料进行饰面处理。用于天棚饰面装饰的扣板，主要有塑料扣板、木质扣板，铝合金冲压油漆饰面扣板、不锈钢冲压成型金属扣板等。以上扣板的扣接企口结构基本相同。

（3）浮搁板装饰天棚，是指用专用的“⊥”型托翼龙骨，在主龙骨下吊装成方格天棚架，再将无机轻质材料注模成型的，具有吸音功能的矿棉板、石膏板、木丝水泥板，或金属薄板冲压成型的方板等板块（板块规格一般为600mm×600mm、600mm×1200mm）直接搁置在天棚架方格内，组装成龙骨托翼外露的室内装饰平顶天棚。由于龙骨托翼外露形成横竖平直的方格状分格条，所以又称明龙骨天棚或明龙骨顶。

（4）卡式金属扣板装饰天棚，是指用铝合金、不锈钢等金属薄板冲压成折边凹槽板（常用的板块规格为300mm×300mm、300mm×450mm、600mm×600mm、600mm×1200mm），再将凹槽板嵌入三角形卡式龙骨内形成拼块饰面的室内装饰平顶天棚。

（5）格栅装饰天棚。天棚格栅可用木板、有机玻璃、金属等条板，以及木方、金属方管、金属槽板、塑料管等材料制作，包括轻钢副龙骨都可作为格栅条。在天棚龙骨架下将格栅材料吊装成条格状或类似条格状的天棚装饰面，形成天花板不明显外露的特殊装饰结构天棚。格栅装饰天棚的特点，在吊装前一般要根据设计要求先将室内空间顶上的楼板用深色涂料或油漆进行色彩弱化喷涂，进行基调色彩统一处理后再吊装装饰格栅。

（6）玻璃采光装饰天棚。玻璃采光装饰天棚一般使用各种型钢、方管、矩形管，或铝合金矩形管做天棚骨架，天棚骨架多呈井格状外露。采光装饰天棚多以玻璃做覆盖采光，其主要用于建筑物的顶层、室内天井部位的采光装饰，或用作大型建筑外伸屋檐、门头部位的采光棚或雨棚装饰。

需要注意的是，扣板装饰天棚、浮搁板装饰天棚、卡式金属扣板装饰天棚、格栅装饰天棚等，由于材料的结构特殊，只适宜制作结构简单的平顶装饰天棚，不适宜制作成复杂的叠级造型或其他艺术造型结构的装饰天棚。玻璃采光装饰天棚适宜制作成平顶装饰天棚或弧形装饰天棚。

2. 按装饰艺术造型结构划分的室内装饰天棚种类

（1）平顶装饰天棚，即没有叠级或没有装饰艺术造型的平面装饰天棚。平顶装饰天棚主要有：石膏板面层乳胶漆饰面平顶天棚；木扣板、塑料扣板、金属扣板等饰面平顶天棚；矿棉浮搁板、石膏浮搁板、木丝水泥浮搁板等饰面平顶天棚；卡式金属扣板饰面平顶天棚；格栅装饰平顶天棚；等等。装饰装修工程中常见的不同结构的装饰平顶天棚见图 4－1 至图 4－6。

图 4－1　轻钢龙骨架石膏板面层装饰平顶

图 4－2　实木扣板、无色透明漆饰面装饰平顶

图 4－3　600mm × 600mm 浮搁式矿棉板装饰平顶

图 4－4　600mm × 600mm 卡式铝合金扣板装饰平顶

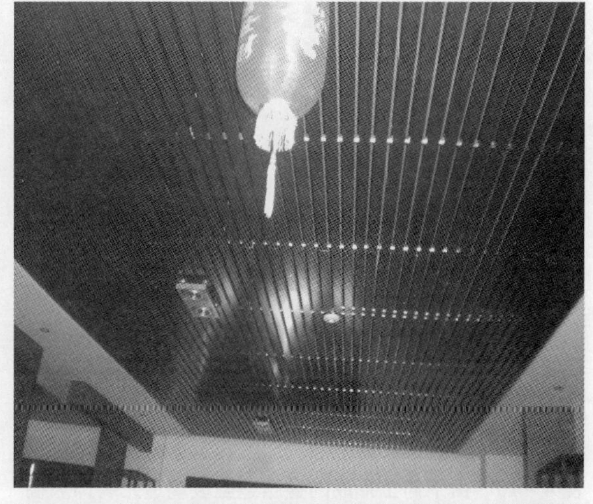

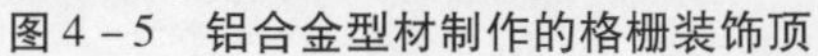

图 4-5 铝合金型材制作的格栅装饰顶　　图 4-6 以卡式金属副龙骨为格栅条吊装的格栅装饰顶

（2）叠级艺术造型装饰顶，是指以室内设计层高标志线为基准，向上或向下做成的各种叠级造型，及各种装饰艺术形状或图案的装饰天棚。装饰装修工程中常见的各种叠级艺术造型装饰顶见图 4-7 至图 4-11。

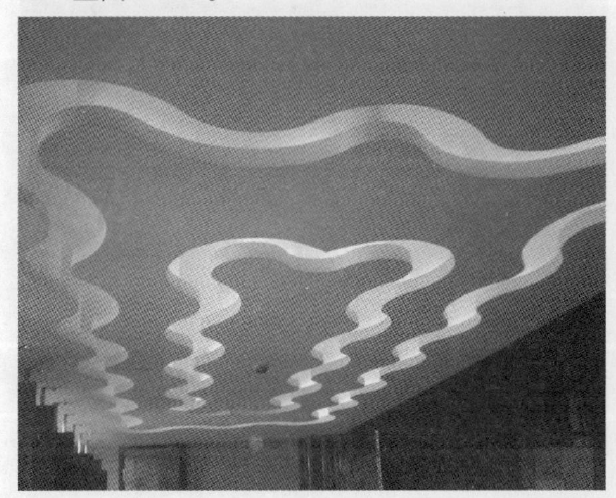

图 4-7 由下向上形成的叠级灯槽造型装饰天棚

图 4-8 由上向下形成的叠级造型装饰天棚

图 4-9 由下向上形成的叠级造型装饰天棚

图 4－10　由下向上形成的叠级造型玻璃透光装饰天棚

图 4－11　由下向上形成的叠级造型玻璃镶贴装饰天棚

（3）井格式装饰顶，是指以室内空间设计层高为基准面，将天棚做成各种方格造型状，方格中的饰面层向上凹进，在基础层高基准面中形成井格状的装饰艺术天棚。装饰装修工程中常见的各种井格式透光装饰顶见图 4－12、图 4－13。

图 4－12　井格状印花玻璃透光装饰天棚

图 4－13　井格状木格花饰板装饰透光天棚

（4）弧拱顶，是指以室内空间设计层高标志线为基准，由两面向上起拱做成的，有一定跨度的弧形或拱形装饰天棚。装饰装修工程中常见的弧、拱装饰顶见图 4－14、图 4－15。

图 4－14　施工中的实木板饰面装饰弧形顶

图 4－15　铝合金型材制作的拱形造型装饰顶

（5）穹顶，是指以一个室内空间设计层高标志线为基础向上起拱，将天棚做成一个圆形或由四面或多面向上起拱做成的一个圆形，以及多个圆形，或多个小型弧形顶组成的造型天棚。装饰装修工程中常见的各种装饰穹顶见图 4 – 16、图 4 – 17。

图 4 – 16　施工中的单个造型装饰穹顶图

4 – 17　施工中的多个小型弧形造型组成的装饰穹顶

（6）倒置式艺术造型装饰顶，是指以室内空间设计基础层高向下垂吊，凸出室内空间基础层高面的装饰艺术造型结构，其造型结构具有倒置悬挂视觉的特殊艺术形式的装饰顶。装饰装修工程中常见的各种倒置式艺术造型装饰顶见图 4 – 18、图 4 – 19。

图 4 – 18　多级倒置式艺术造型装饰顶

图 4 – 19　具有倒置悬挂视觉的艺术造型装饰顶

（7）织物面料悬挂装饰顶，是指将各种纤维织物面料或无纺面料悬挂固定在透光装饰天棚或平顶天棚下，或天棚叠级造型部位，利用织物面料飘浮在空中形成下坠弧形，并配以灯光或自然光而成的装饰天棚。装饰装修工程中常见的各种织物面料悬挂装饰顶见图 4 – 20 至图 4 – 22。

图 4 – 20　织物面料悬挂透光可收折的装饰顶

图 4 – 21　织物面料悬挂透光装饰顶

图 4－22　不透光织物面料悬挂装饰顶

二、装饰天棚轻钢龙骨架安装

装饰天棚轻钢龙骨架的组装部件有：金属吊杆、主龙骨、副龙骨以及龙骨连接件。吊杆与主龙骨为螺栓连接；主龙骨与副龙骨呈卡式结构连接；主龙骨、副龙骨的延长由专用龙骨连接件连接。天棚轻钢龙骨架通过在混凝土楼板下打孔预置的膨胀螺杆悬吊组装而成，也可以与混凝土楼板浇筑时的预埋件连接安装。装饰天棚轻钢龙骨架在钢质楼板下吊装，一般采用吊筋与钢质楼板焊接连接安装。装饰天棚轻钢龙骨架在其他特殊无楼板的屋顶下安装，一般的做法是先在屋顶下制作钢架，在钢架下安装吊杆后，再吊装轻钢龙骨架；跨度较大的屋顶下的钢架宜设置钢架柱，以防止装饰天棚架下垂变形，影响施工质量或装饰效果。

装饰天棚轻钢龙骨架安装时应选用符合国家标准的产品。施工时应查验轻钢龙骨材料的厚度、吊杆的直径，挑除弯曲或扭曲变形的、表面锈蚀的材料。还应对全丝吊杆的韧性进行检测，常用的、最简便的检测方法，即用双手将全丝吊杆弯折 180°，弯折处应无裂纹或不断裂。

需要注意的是，全丝吊筋由普通圆钢经拉拔机冷拉拔调直调圆后进行搓丝加工，非标劣质的圆钢经冷拉拔调直调圆加工时容易导致材质变脆、韧性下降，容易断裂。在天棚架安装施工时必须做吊杆的弯折试验，进行质量检验，保证工程的施工质量。同时，装饰天棚金属龙骨架吊装前应对室内空间顶上天花板面进行清理。新建建筑内的工程应清除楼板及梁上遗留的模板及外露的废弃钢筋头、杂丝等；旧的改造或更新工程应拆除旧的装饰天棚、楼板及梁上的废弃结构、废旧强弱电线与线管等。

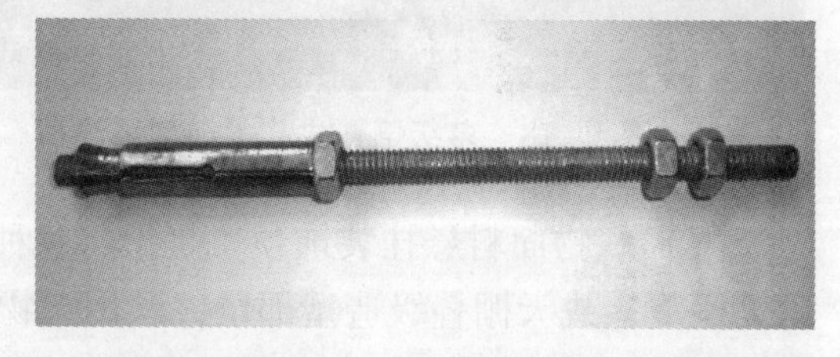

图 4－23　Φ8mm 全丝吊杆组装结构

1. 天棚装饰轻钢龙骨架吊杆安装

（1）装饰天棚轻钢龙骨架金属吊杆又称吊筋。装饰天棚吊装使用的吊杆，由全丝金属吊杆、螺母、膨胀管、膨胀螺母配套组合而成。吊杆由普通圆钢经冷拉拔调直调圆后，再经螺纹搓丝机加工成全丝吊杆。常见的有直径为 8mm、10mm、12mm 的吊杆，其中，直径为 8mm 的吊杆是装饰装修工程中的主流规格。金属吊杆一般 3 000mm 长，定尺生产，质量好的吊杆及配套件经镀锌处理永不锈蚀。用于装饰天棚轻钢龙骨架吊装的吊杆结构组合件，见图 4－23、图 4－24。

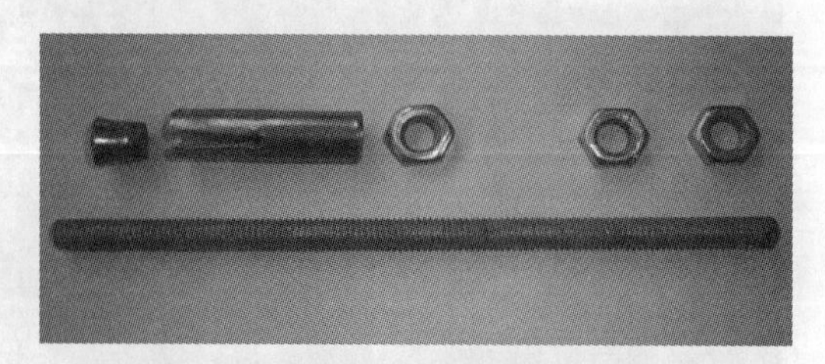

图 4－24　从左至右：膨胀螺母、膨胀管、螺帽、全丝吊杆

（2）装饰天棚轻钢龙骨架吊杆安装点位弹线。室内混凝土楼板下的装饰天棚吊装，应在建筑物的楼板浇筑时预埋或预置入可供室内装饰天棚吊装的吊筋或其他吊件上吊装。但由于建筑设计与装饰设计的衔接，或土建施工技术，或其他原因，建筑物的混凝土楼板在土建施工浇注时，一般都没有预埋或预置入可供室内装饰天棚吊装的吊筋或其他吊件。目前，在建筑物混凝土楼板下后续的室内装饰天棚吊装施工中，都是在混凝土楼板下打孔，采用后置预埋膨胀螺栓的施工技术安装装饰天棚的吊装吊筋。

室内装饰天棚吊杆安装前，应以室内水平基准线划定室内空间设计层高水平线和室内天花板上的纵横中心线。吊杆安装点位弹线，一般由天花板的中心线向两边分别弹出吊杆安装点、线位，俗称放线。放线应拉通线弹墨线，放线墨迹应清晰。预埋吊杆的纵横间距不得超过800mm，因为间距过大，主龙骨的间距也就变大，副龙骨的纵向跨度变大，安装面层板负载后副龙骨容易下坠变形，导致天棚装饰面不平而影响装饰效果。

装饰天棚结构悬挂重量设计较轻的，轻钢龙骨架吊杆的纵、横向间距不大于800mm，吊杆直径不小于8mm；装饰天棚结构悬挂重量达到30kg/m² 及以上的，轻钢龙骨架吊杆的纵、横向间距不大于600mm；装饰天棚面悬挂重量达到50kg/m² 及以上的，吊杆的纵、横向间距不大于600mm，吊杆的直径不宜小于10mm，以保证装饰天棚结构悬挂荷载安全。主龙骨端头长度距墙面的距离大于300mm时应增加吊杆。局部特殊结构的装饰艺术造型天棚的吊杆安装，应根据造型结构的实际情况安装，但安装间距不得大于800mm，或使用膨胀螺栓吊装。装饰装修工程中常见的装饰天棚吊杆安装拉通线弹墨放线，及吊杆安装间距见图4－25、图4－26。

图4－25　混凝土楼板天棚吊杆安装弹线

图4－26　混凝土楼板下800mm×800mm间距天棚吊杆安装

（3）混凝土楼板下装饰天棚吊杆预埋安装。预埋吊杆的孔径尺寸为膨胀螺帽的大头直径＋2mm；预埋孔的深度尺寸为膨胀管的长度＋膨胀螺帽的长度＋10mm。电锤冲击钻固定于打孔支架上打孔，打孔时应设置孔深定位栓，严格控制吊杆安装孔的深度。吊杆预埋孔洞应垂直正圆、不偏不斜，使膨胀管在孔中能有效地被压缩变形以膨胀在孔洞内，让吊杆有足够的拉拔力，能有效承挂天棚的吊装荷载。

装饰天棚吊装施工应选用镀锌防锈型全丝、无弯曲的吊杆安装。吊杆的使用长度应根据隐蔽空间的高度尺寸计算，确定使用长度。吊杆应集中定点、专用机台、定尺、专人负责下料。吊杆预埋锁紧螺母应加垫金属垫圈锁紧，吊杆应不偏不斜、不弯曲、膨胀管不得外露。非混凝土结构楼板下的天棚吊杆安装，应按照设计要求或根据实际情况安装吊筋，但要保证悬挂结构荷载安全。装饰装修工程中常见的混凝土结构楼板下的吊杆安装，电锤打孔孔深控制定位栓，见图4－27、图4－28。

图4－27　混凝土楼板下的吊杆安装

图4－28　吊杆预埋安装电锤打孔

（4）装饰天棚轻钢龙骨架吊装吊杆与主龙骨的连接。吊杆穿入主龙骨的孔中，龙骨架调平调直后使用双螺母上下紧固。紧固后的吊杆丝头不长于20mm，见图4－29。

图4－29　吊杆与主龙骨的连接及吊杆丝头留置长度

2. 装饰天棚轻钢龙骨架安装

（1）装饰天棚轻钢龙骨。目前，市场上供装饰天棚使用的轻钢龙骨用镀锌薄板加工而成，主龙骨与副龙骨之间为卡式连接结构，俗称卡式龙骨。卡式龙骨是经过多次改进、优化形成的新型龙骨，具有结构简单、组合安装方便、连接牢固安全、棚架校平调直方便等优点。装饰天棚轻钢龙骨架组装件包括：主龙骨、副龙骨、收边龙骨，及主、副龙骨延长连接附件。主龙骨外观呈U形、副龙骨外观呈C形，生产定尺长度一般3 000mm。主龙骨加工材料的厚度一般在0.8mm左右，副龙骨加工材料的厚度一般在0.5mm左右，这一厚度配合可满足一般装饰天棚的需要。常用的龙骨规格：主龙骨为38型（龙骨高度38mm）；副龙骨为40型（龙骨宽度40mm）。目前，装饰装修工程中使用的新型卡式天棚装饰龙骨的连接结构和已淘汰的老式轻钢龙骨连接结构见图4－30、图4－31。

图4－30　卡式龙骨的连接结构

图4－31　淘汰的老式轻钢龙骨连接结构

（2）装饰天棚轻钢龙骨架安装。装饰轻钢龙骨天棚架吊装应选用镀锌防锈型的轻钢龙骨，不得使用锈蚀、弯曲变形的轻钢龙骨。一般天棚装饰结构悬挂重量较轻的，天棚骨架的主龙骨的间距不得大于800mm、副龙骨间距不大于400mm，天棚装饰结构悬挂重量达到30kg/m^{2}及以上的，天棚骨架的主龙骨的间距不得大于600mm、副龙骨间距不大于300mm。天棚装饰结构悬挂重量达到50kg/m^{2}及以上的，天棚骨架的主龙骨的间距不得大于600mm，应使用厚度在1mm及以上的主龙骨，副龙骨间距不大于200mm。主龙骨的延长应使用龙骨连接件连接，副龙骨可用龙骨连接件或使用长度不短于150mm木条板镶衬连接，镶衬连接处应以自攻螺钉或枪钉固定。主副龙骨的接头不得横向线状整齐排列，而应错开安装。

天棚龙骨架沿墙可用专用轻钢收边龙骨或木龙骨安装收边。现有的“凵”型专用轻钢收边龙骨，不便于安装和天棚龙骨架边缘的调平调直，有待于改进，实际施工中大多使用木龙骨收边。木龙骨安装方便，木龙骨收边又便于天棚龙骨架边缘的调平校直，可使用40型射枪钉直接钉固于墙、柱面上，射钉间距不宜大于180mm。装饰天棚轻钢龙骨架收边木龙骨的规格不宜小于25mm×25mm，并涂刷防火涂料做阻燃处理。

（注：射枪钉，即以空气压缩机的压缩高压空气作为动力源，通过气流推动射钉枪的活塞撞针射出的钉，俗称射钉或枪钉。射枪钉可以在水泥混凝土基体上、木质基层上射钉安装固定各种金属薄板或木质板块，以及木质装饰艺术造型骨架结构的制作。射枪钉有用于木质材料结构件制作的钉，俗称木枪钉；有用于在水泥混凝土基体上钉固安装的钢钉，俗称水泥枪钉。根据钉固安装的材料不同，射枪钉有多种长度的、不同的直径规格型号，射枪钉的长度一般以“mm”标示，如30型即钉长30mm。使用射枪钉是装饰装修工程施工中各种木质结构件制作及结构件在基体上安装的主要施工方法。）

装饰天棚轻钢龙骨架安装好后，应拉通线或用红外线水平仪进行整体校平。龙骨架校平合格后锁紧吊筋螺母固定。凸出于龙骨架平面的吊杆丝头应用角磨机切割平整，丝头留置长度不大于20mm（见图4－29）。严禁将吊杆丝头套入钢管内弯折于主龙骨槽内，或作反复弯折折断处理，以保证龙骨架的平整度或有利于以后的维修等。装饰天棚轻钢龙骨架吊装常见的木龙骨收边的做法、轻钢龙骨架平整度红外线水平仪调校见图4－32、图4－33。

图4－32　轻钢龙骨架安装木龙骨收边的做法

图4－33　施工人员在使用红外线水平仪对整体棚架进行校平固定

（3）装饰天棚中的大型灯具、空调室内机、音箱安装。装饰装修工程中的大型灯具、空调室内机、音箱等，严格禁止直接安装悬挂于轻钢龙骨天棚架上。应在轻钢龙骨架面层板安装封闭前，另行做好独立安装的支、吊架。独立支、吊架安装主要是为预防空调、音箱运行时的震动影响，避免空调维修、大型灯具的维修、保洁时造成装饰天棚的损坏；防止可能脱落伤人的事故发生。轻钢龙骨天棚架吊装时还应兼顾嵌入式灯具的安装、消防喷淋头与天棚主副龙骨的错位。应避免嵌入式灯具、消防喷淋头、通风口等安装时切断天棚龙骨架的主、副龙骨。

（4）装饰装修工程中禁止使用全木龙骨吊装装饰天棚架。现有的天棚轻钢龙骨，除装饰艺术造型复杂部位的天棚骨架外，完全可以满足各种平面装饰天棚的安装要求，且天棚轻钢龙骨是不可燃烧的，金属废料又是可回收再利用的材料。从有利于林业资源的保护，节约木材资源，有效保护生态环境，有效防止室内火灾事故的发生等方面来看，在装饰装修工程的设计与施工中应严格禁止使用全木龙骨制作装饰天棚骨架。

三、各种装饰艺术天棚造型骨架的制作安装

装饰艺术造型天棚是室内空间装饰的一种主要的装饰形式或装饰技法，是装饰装修工程设计中的首选。装饰装修工程中使用装饰艺术造型天棚的设计最为广泛，且设计的种类多种多样，装饰艺术造型天棚的做法也多种多样，难以穷尽。如遇设计奇特、怪异的艺术造型天棚结构，应根据实际情况确定具体的施工方法；吸音要求较高的影厅的吸音天棚骨架应按照设计要求制作。下面对一些主要的、常见的装饰艺术造型天棚骨架的制作材料、结构制作与安装方法进行介绍。

1. 装饰平顶天棚轻钢龙骨架的吊装

装饰平顶轻钢龙骨架的吊装做法较为简单，跨度 10m 及以上的平顶天棚架，宜在中心点适当按 10‰ ~ 15‰上提起拱，以消除平顶面中间下垂视觉差。装饰装修工程施工中常见的装饰平顶轻钢龙骨架的吊装见图 4 – 34。

图 4 – 34　饰面悬挂重量较轻的、不供维修人员进入的平顶装饰天棚轻钢龙骨架的结构及安装方法

2. 叠级艺术造型装饰天棚木质骨架的制作安装

叠级艺术造型装饰天棚的骨架制作安装，应根据工程施工设计图的标注尺寸、结构形状，先在地面确定安装定位点，进行放线或描绘出实际尺寸的图案墨线，再用线坠将图案定位点复制到天花板上，计算好艺术造型结构吊装部位所需吊筋的长度。根据造型结构的实际情况或悬挂重量安装吊筋。天棚叠级艺术造型结构可用大芯板、密度板或木龙骨在地面上做出设计标注尺寸的叠级艺术造型骨架。多个同一规格或大小的叠级艺术造型骨架可在地面上进行复制。叠级艺术造型骨架吊装应以造型骨架的最低面（包括预留造型骨架面层板、饰面板的厚度）的高度，计算室内空间的设计层高，即与室内空间的设计层高标志线为同一高度，叠级部分伸向上部空间。造型骨架悬挂安装定位后通过吊杆螺栓进行吊装高度调平，并与周边平面龙骨架衔接固定牢固，成为装饰天棚骨架整体，再根据设计要求进行后续的骨架面层、饰面施工。较重的天棚造型骨架四周应加装吊筋或使用专用的挂件及连接板加固吊装。木质造型骨架应涂刷防火涂料做防火阻燃处理。装饰装修工程中常见的

装饰叠级造型天棚骨架的基本做法、吊装连接方法、常用的材料、造型结构等见图 4 - 35 至图4 - 43。

图 4 - 35　在设计的叠级艺术造型装饰天棚对应的地面上描绘出设计的叠级艺术造型骨架并标注尺寸的图案

图 4 - 36　已做出设计标注尺寸的叠级艺术装饰天棚的造型骨架

图 4 - 37　装饰艺术造型天棚骨架与吊筋连接的吊装方法

图 4 - 38　多个同一的装饰艺术造型天棚骨架在地面复制制作

图 4 - 39　装饰艺术造型天棚骨架安装后造型骨架与平顶骨架部分应连接成为整体

图 4－40 一个叠级艺术造型密度板骨架、石膏板面层、乳胶漆饰面天棚的做法及装饰效果

图 4－41　多层叠级艺术造型密度板骨架、石膏板面层、乳胶漆饰面装饰天棚的做法及装饰效果

图 4－42　以大芯板、密度板制作的艺术叠级造型天棚骨架，人造砂岩透光花饰装饰饰面及天棚轻钢龙骨架石膏板面层，乳胶漆饰面装饰天棚的做法及装饰效果

图 4－43　艺术叠级造型大芯板骨架、石膏板面层，白色乳胶漆、密度板花饰、金箔饰面天棚的做法及装饰效果

3. **井格式造型装饰天棚骨架的制作安装**

井格式造型装饰天棚骨架的制作安装，应根据工程施工设计图的标注尺寸、结构形状在地面确定安装定位点后，再进行放线，标出设计标注尺寸的图案墨线，用线坠将图案定位点复制到天花板上，或直接在天花板上放出标注尺寸的图案墨线。计算好井格式艺术造型结构吊装部位所需吊筋的长度，根据造型结构的实际情况或悬挂重量安装吊筋，再将在地面制作好的井格式造型装饰顶木质骨架坯体吊装到楼板下。井格式造型天棚骨架的制作方法：制作井格式造型天棚骨架通常设计使用木方结构制作，但木方并非需要实木方。一般用大芯板、密度板的锯切条板，或木龙骨钉框用薄型密度板或胶合板面层，白乳胶胶粘，枪钉钉固做成中空的仿木方坯，再使用仿木方坯制作成井格式造型天棚骨架坯体。

井格式造型天棚骨架吊装，应以造型骨架最低面（包括预留造型骨架的饰面板的厚度）来计算室内空间的设计层高，即与室内空间的设计层高标志线为同一高度。井格中的结构部分伸向上部隐蔽空间，形成凹状井格。造型天棚骨架安装定位后通过吊杆螺栓进行吊装高度调平，较重的造型骨架四周应加装吊筋或使用专用挂件与连接板加固吊装。造型天棚骨架应与周边平面龙骨架衔接固定牢固，成为装饰天棚骨架整体。再进行井格方块中的凹进面的饰面板镶贴基层制作，或制作好人造石材透光板、透光玻璃、木格花饰板块等的安装基层板或档口。档口又称止口，即在木框的四周内用小型木方条钉制成凸出的棱条，能托住板块四周板边的止口。挖好预留照明或发光灯具的安装孔，或制作好安装基座。井格式造型天棚木质造型骨架、木质基层板应涂刷防火涂料做防火阻燃处理。

最后根据设计要求进行井格式造型天棚骨架坯体的饰面处理，以及井格中的装饰饰面层的镶贴或油漆涂装施工，或井格中人造石材透光板、透光玻璃、木格花饰板块的安装。装饰装修工程中常见的井格式造型装饰天棚骨架结构、所用材料、基本做法、吊装方法见图4-44、图4-45。

图4-44　斗状木格花饰透光井格式装饰顶造型骨架的做法及装饰效果

图4-45　木格花井格式装饰顶造型骨架的做法及装饰效果

4. 弧、拱造型装饰天棚骨架的制作安装

弧、拱形装饰顶造型骨架的制作安装，应根据工程施工设计图的标注尺寸、结构形状在地面确定安装定位点，进行放线标出设计标注尺寸的图案墨线。弧、拱顶制作应以室内空间设计层高标志线为基础在室内两边墙面向上起拱制作，设计在平顶天棚面中间制作的，以四周的平顶天棚面向上起拱制作。弧形顶应根据弧度的要求，可用大芯板或密度板锯成造型基层弧形龙骨和纵向平直龙骨，横向弧形龙骨与纵向平直龙骨之间使用射枪钉连接成弧形状造型骨架。弧形龙骨的宽度与安装间隔距离应根据装饰结构的大小或总重量而定。但弧形龙骨的宽度不宜小于100mm，间隔距离不宜大于300mm，板材的厚度不小于12mm。纵向平直龙骨可以制作成窄板条，安装间距根据实际情况设置，应保证结构安全。吊筋根据造型骨架结构的总重量（包括面层板、饰面板等重量）设置安装，使用专用挂件与连接板加固吊装。造型骨架与周边平面龙骨架应衔接固定牢固，成为装饰天棚骨架整体。弧形造型骨架宜用实木板条、三夹板、五夹板、薄型密度板、石膏板等锯切成条做面层板。木质造型骨架、木质面层板底面应涂刷防火涂料做阻燃处理。拱形装饰顶的制作相对简单，与弧形顶的做法基本相似，可以木方、金属方管和矩形管、铝合金型材等多种材料制作。装饰装修工程中常见的弧形、拱形造型装饰顶骨架的结构，常用的制作材料、基本做法见图4－14、图4－15。

5. 穹顶造形装饰天棚骨架的制作安装

装饰穹顶造型骨架的制作安装，应根据工程施工设计图的标注尺寸、结构形状在地面确定安装定位点，进行放线，标出设计标注尺寸的图案墨线。穹顶的设计有多种，如一个室内空间中制作一个大型穹顶结构或制作多个小型穹顶组合成的穹顶结构，无论哪种结构制作，一般都以室内空间设计层高标志线为基础，以穹顶的中心点向上起拱制作骨架。装饰穹顶造型骨架可用大芯板或密度板锯成穹顶造型基层纵向弓形龙骨，弓形龙骨的宽度与安装间隔距离，应根据装饰结构的大小或总重量而定。但弓形龙骨的宽度不宜小于100mm，安装间隔不宜大于200mm，板材的厚度不小于12mm。穹顶的圆形横向龙骨可用实大芯板、密度板锯切拉条制作，龙骨的规格尺寸、安装间距，应根据实际情况设置，保证结构安全。

穹顶造型装饰天棚的吊筋安装，应根据造型骨架结构的总重量（包括面层板、饰面板等重量）设置安装，使用专用挂件与连接板加固吊装，穹顶天棚造型骨架应与周边的平顶龙骨架衔接固定牢固，并成为装饰天棚骨架整体。穹顶造型骨架可用石膏板、三夹板、五夹板、薄型密度板等锯切成条做面层板。木质造型骨架、木质面层板底面应涂刷防火涂料，做防火阻燃处理。装饰装修工程中常见的穹顶造型装饰顶骨架的结构，骨架的制作材料、基本做法，穹顶造型骨架面层做法，见图4－16、图4－17、图4－46、图4－47。

图4－46　大型穹顶艺术装饰造型木龙骨架的做法

图4－47　小型穹顶艺术装饰造型木龙骨架的做法

6. 倒置式艺术造型装饰天棚骨架的制作安装

倒置式艺术造型装饰天棚骨架，是以室内空间设计基础层高做出向下伸延的特殊艺术装饰造型结构，大多是用于大厅或接待前厅的上部空间装饰。由于倒置式艺术造型装饰天棚受到室内空间的限制，装饰工程设计中使用倒置式艺术造型装饰天棚时，应充分考虑室内空间的层高。倒置式艺术造型装饰天棚造型最低部位的室内高度不宜低于2 400mm，可在一个室内空间中以单个造型或多个组合造型制作进行天棚装饰，其骨架可用型钢、木龙骨、大芯板、密度板等做造型基层骨架。

倒置式艺术造型装饰天棚骨架的制作方案，应根据工程施工设计图的标注尺寸、结构形状在地面确定安装定位点，进行放线或描绘出设计标注尺寸的图案墨线，用线坠将图案定位点复制到天花板上。吊装时，应计算好艺术造型结构吊装部位所需吊筋的长度，根据造型结构的实际情况或悬挂重量安装吊筋。悬挂重量较轻的可用吊筋安装，以主、副龙骨做承重悬挂支架。悬挂重量较大的应制作专用金属骨架直接吊装在混凝土楼板下，使用膨胀螺栓安装。木质造型骨架使用专用挂件与吊筋加固安装，保证结构和悬挂荷载安全。倒置式艺术造型装饰天棚骨架可用薄型的胶合板、密度板、石膏板等做面层板。施工中装饰天棚骨架饰面材料的选用应根据设计要求进行。木质造型骨架、木质面层板底面应涂刷防火涂料，做防火阻燃处理。装饰装修工程中的倒置式艺术造型装饰天棚骨架的制作、安装及装饰效果见图4－18、图4－19、图4－48、图4－49。

图4－48 具有倒置悬挂视觉的艺术造型装饰天棚的制作安装方法：先用角钢焊接制作成骨架，骨架使用大芯板面层，再在面层板上用金属网挂面后做成水泥砂浆抹灰面，最后用红砖切片镶贴饰面，装饰成倒置式艺术造型的装饰天棚

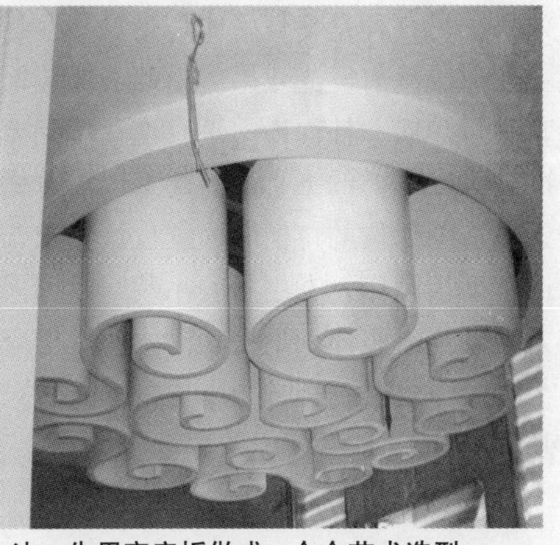

图4－49 具有倒置悬挂视觉的艺术造型装饰天棚的制作安装方法：先用密度板做成一个个艺术造型安装单件，后制作专用天棚吊装支架，再将艺术造型单件组合吊装成倒置式艺术造型的装饰天棚

四、隐形窗帘盒、装饰天棚灯槽、装饰天棚检修口的制作安装

1. 隐形窗帘盒的制作安装

室内隐形窗帘盒装饰效果简洁、明快，结构简单，制作也简单。室内设计为隐形窗帘盒的，在天棚轻钢龙骨架吊装时应同时做好隐形窗帘盒。工程施工设计图中，一般对窗帘盒只有简单的部位或长度标注，没有具体宽度、深度尺寸要求，也没有具体的结构及做法提示。隐形窗帘盒的槽口宽度一般在200～210mm、深度在180～190mm为好。隐形窗帘盒可用大芯板、密度板、胶合板夹板（五厘板、九厘板）等做盒体。窗帘盒体应安装固定在窗楣墙体上，盒体外侧应与装饰天棚轻钢龙骨架连接成整体，窗帘盒体的安装高度应与天棚的收边龙骨高度一致。木质隐形窗帘盒体应涂刷防火涂料做防火阻燃处理。隐形窗帘盒的色调一般与天棚面的色调一致，如果为乳胶漆饰面的装饰天棚，应在木质窗帘盒体内铺装一层石膏板，做过渡层后再涂装乳胶漆。天棚设计为其他材料饰面的，按设计要求或相关施工工艺施工。装饰装修工程中常见隐形窗帘盒的制作材料、盒体结构、制作方法见图4－50、图4－51。

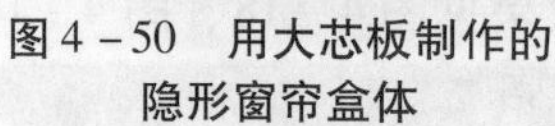

图4－50　用大芯板制作的隐形窗帘盒体

图4－51　安装石膏板过渡面层后的隐形窗帘盒

2. 装饰天棚灯槽的制作安装

装饰天棚中的灯槽，是装饰艺术天棚的一种装饰造型结构。灯槽本身没有艺术造型美感，主要配合灯光而形成装饰艺术美化效果。装饰天棚中的线条状光源照明、隐蔽光源照明、漫射打光照明等，都要靠灯槽实现。灯槽在装饰天棚的设计中无所不在，是一种使用非常广泛的设计装饰艺术造型结构。天棚装饰灯槽有沿墙灯槽和天棚装饰艺术造型部位中设置灯槽两种形式。沿墙灯槽，是指沿室内墙壁做出的供照明灯具或发光灯具安装的凹槽。天棚装饰艺术造型部位的灯槽，是指在天棚装饰艺术造型结构中供照明灯具或发光灯具安装的灯槽或叠级凹槽。灯槽的发光效果有两种：一种是槽口外露灯槽，即在灯槽顶部嵌入安装点光源灯具，向下照射发光或照明，形成线条状光源照明效果；另一种是将灯管或灯带隐藏在灯槽中通过透光板照明、发光，或将灯管、灯带隐藏在灯槽的一侧形成漫射发光效果。沿墙天棚装饰灯槽制作前，应对墙面以及凸出墙面的柱面进行横向水平平直测量。墙、柱面横向平直度达不到要求，又无法修整的，应以装饰天棚边缘缘口的通线平直度为准，确定灯槽的平直度。严禁以沿着横向平直度达不到要求的墙、柱面为基准制作灯槽。装饰艺术天棚造型部位的灯槽应根据设计要求，在装饰艺术造型天棚制作时制作好灯槽。灯槽可使用大芯板或密度板制作，专用吊筋吊装。沿墙天棚装饰灯槽靠墙一侧，应固定于墙体上，灯槽骨架应与天棚龙骨架连成整体，不松动。木质灯槽应涂刷防火涂料，做防火阻燃处理。灯槽的结构、饰面的做法与隐形窗帘盒体基本相同。装饰装修工程中常见的装饰天棚灯槽的制作材料、结构与做法见图4－52至图4－57。

图 4－52 沿墙、柱装饰灯槽的结构及用大芯板的做法

图 4－53 沿墙装饰灯槽的结构及用大芯板的做法

图 4－54 已完成的装饰天棚沿墙面槽口外露灯槽

图 4－55 已完成的以槽口外露灯槽叠级的装饰天棚

图 4－56 装饰天棚艺术造型部位中灯槽的结构及做法

图 4－57 装饰天棚艺术造型部位中灯槽的结构及做法

3. 装饰天棚检修口的制作安装

天棚检修口主要是供强弱电、通风、空调、消防等工程检修人员进入天棚隐蔽空间内进行检修或维护的出入口。由于天棚检修口的制作工作量不大，在设计或施工中不被重视，忽视其施工质量。施工设计图中更少见对其检修口有具体的做法或要求。但制作质量低劣的天棚检修口也会影响装饰天棚工程的质量，影响天棚的装饰效果。装饰天棚吊装时，应根据实际情况或设计要求制作相应的检修口。检修口的边长不宜大于400mm，宜设置在靠近墙角或墙柱角处。装饰天棚施工中检修口及检修口的活动门有两种做法：

（1）现场检修口及活动门制作安装。现场活动门检修口应使用夹角不小于40型角钢的钢材焊接制作成出入口的方框架，框架的四角用金属吊筋直接吊装在楼板下，出入口方框架底面与天棚龙骨架之间进行连接固定成为整体。检修口金属框架应涂刷防锈漆做防锈处理。检修口的活动门宜用装饰天棚面层使用的材料制作，再在检修口的边缘内用木条制作出沿口托翼或用线条在洞口处镶框收边托住活动门，检修口活动门的托翼宽度不宜小于15mm。活动门盖住检修口后，四周应紧密，不外露缝隙。检修口的结构应牢固，能有效地承载出入检修维修人员的重量。检修口活动门的色彩宜与天棚面的色彩一致。施工现场天棚检修口及活动门的制作安装见图4－58、图4－59。（2）购买铝制专用的检修口活动门成品安装。成品检修口框架必须使用金属吊筋吊装，框架与天棚骨架应连接成整体。装饰天棚专用成品检修口活动门与安装见图4－60、图4－61。

图4－58　角钢焊接制作成的天棚检修出入口方框架及吊装

图4－59　现场制作的天棚检修口活动门

图4－60　铝合金制专用成品检修口的安装

图4－61　铝合金制专用成品检修口的外观

五、装饰天棚轻钢龙骨架面层板安装

1. 装饰天棚轻钢龙骨架面层常用的主要板材

装饰天棚轻钢龙骨架、装饰艺术天棚造型骨架面层常用的板材主要有纸面石膏板、纤维水泥板（俗称埃特板）、密度板、木质胶合板等。

（1）石膏板。装饰装修工程中使用的石膏板，为双面复合纸石膏板，是以石膏粉为主要原料，掺入纤维、外加剂（发泡剂、缓凝剂等）和适量轻质填料，加水拌和成料浆，浇注在行进中的纸面上，板坯成型后再覆上面层纸，形成双面复合纸石膏板。石膏料浆经过凝固形成芯板，烘干后使芯板与护面纸牢固地结合在一起成纸面石膏板，经切断而成规格板。石膏板具有质轻、热胀冷缩的稳定性好、便于安装、不燃烧、价格低，与乳胶漆黏合性好等优点。石膏板在装饰装修工程施工中被广泛用作装饰天棚轻钢龙骨架、装饰隔断轻钢龙骨架的面层板。石膏板分为普通型石膏板、防水型石膏板。普通型板可以满足各种装饰天棚和装饰隔断的需要。主流规格板块尺寸为 2 440mm × 1 200mm × 10mm（一般实际厚度 9.5mm）。

（2）埃特板，是一种纤维增强硅酸盐板材。其主要原材料为水泥、植物纤维和矿物质，经流浆法高温蒸压而成。埃特板具有多种厚度及密度，主流规格板块为尺寸为 2 440mm × 1 200mm × 10mm，是一种不含石棉及其他有害物质的环保材料。埃特板具有强度高、耐候性好，不可燃烧、防潮、耐水、隔音效果好、安装快捷等优点，其主要用作室内环境较潮湿的装饰天棚轻钢龙骨架的面层板、室内轻钢龙骨架隔断的面层板等。埃特板是仅次于石膏板用量的装饰基层结构材料。

（3）大芯板、密度板、木质胶合板等，在第十二章中详细介绍。

2. 平顶装饰天棚轻钢龙骨架石膏板、埃特板、密度板面层安装

装饰平顶天棚轻钢龙骨架宜使用纸面石膏板面层，应选用放射性元素限量释放达标的板材，不得使用断裂、纸皮脱落或鼓包、板芯破碎的板材。平顶天棚轻钢龙骨架安装时应尽量使用整块石膏板安装。安装时应双人托举在龙骨架下，调整板块间隙后临时固定，固定后在其表面弹出被隐蔽副龙骨的标志线，也可在安装前根据副龙骨的间距对应计算弹出标志线。纸面石膏板面层安装应用防锈钻尾自攻螺钉钉固。螺钉旋入时紧握电钻不晃动，防止螺钉偏斜旋转搅碎板芯，造成石膏板面鼓包隆起。2 440mm × 1 200mm × 10mm 规格的纸面石膏板板块，安装使用的螺钉量数不得少于 50 颗/块、纵向间距不大于 150mm，钉距应均匀。钉帽沉入板面 2 ~ 3mm，以利腻子批嵌填平钉眼。石膏板块安装拼接宜预留 4 ~ 5mm 缝隙，以利腻子批嵌填缝。石膏板对接接缝无轻钢龙骨固定的部位，即石膏板块的横向接缝处，应在接缝处的上面加装木质板块或石膏板板块连接加固，避免面层板块拼接缝处下垂或开裂，降低施工质量。

室内环境较潮湿的房间，天棚龙骨架宜使用防水石膏板或埃特板做面层板。设计使用木质类饰面板或玻璃、油漆、软包件等饰面的装饰天棚，宜使用密度板或其他木质人造板材做天棚龙骨架的面层板。装饰天棚轻钢龙骨架埃特板、密度板面层安装与石膏板安装及要求基本相同。

3. 叠级艺术造型天棚、倒置式艺术造型天棚，弧拱形、穹顶造型天棚骨架面层板安装

各种装饰天棚造型基层骨架面层，应根据设计要求或施工难度，可选用大芯板、石膏板、胶合板、密度板等进行艺术造型基层骨架面层。石膏板面层与造型基层骨架，宜使用钻尾自攻螺钉连接安装；木质类面层板在木质造型骨架上面层，应涂刷白乳胶、射钉钉固安装。艺术造型基层骨架面层板安装不得造成艺术造型结构变形或变样，保证天棚艺术造型符合设计要求。装饰艺术造型天棚的基层骨架面层板安装的方法，与平顶天棚轻钢龙骨架石膏板、埃特板、密度板面层安装及要求基本相同。

4. 天棚龙骨架面层封板安装应与照明灯具、消防喷淋头等的安装协调统一

天棚龙骨架面层封板安装时应注意照明灯具、消防喷淋头、烟感器、通风口、空调室内机、检修口的美观和协调统一。做到横平竖直或点位均匀布置美观。严禁擅自改动消防管网或移动消防喷淋头。

金属卡式凹槽板饰面天棚、浮搁板饰面天棚，嵌入式灯具等的预留安装孔，安装灯具的板块应专人、集中使用专用的机械钻好圆形嵌入式灯具安装孔，或加工好方形嵌入式灯具安装孔后，再将板块安装到天棚架上，以保证嵌入式灯具的安装质量。

石膏等板材类装饰天棚龙骨架面层封板安装完成后，在面层板固定螺钉被腻子或饰面板镶贴覆盖前，纵横龙骨安装位显示时，及时通知电气施工人员，根据照明灯具安装的设计要求做好吸顶灯的安装位，或挖好嵌入式灯具等的预留安装孔。掏挖灯具安装孔时严禁伤及天棚龙骨架或艺术造型骨架。石膏板等板材类装饰天棚嵌入式灯具的安装孔、消防喷淋头等，如在主、副龙骨下，应调整灯孔位，或卸下面层板后调整主、副龙骨的安装位置，进行龙骨调整安装。装饰装修工程施工中常见的石膏板等板材类装饰天棚嵌入式灯具的预留安装孔掏挖、消防喷淋头安装与天棚龙骨的让位调整见图4－62至图4－65。

图4－62　正确的嵌入式灯具的预留安装孔

图4－63　嵌入式灯具安装预留孔的掏挖伤及天棚龙骨架

图4－64　副龙骨影响到消防喷淋头安装被锯断

图4－65　副龙骨锯断后在旁边加装一根副龙骨

5. 装饰天棚面层板上的各种后续装饰饰面施工

天棚轻钢龙骨架面层板安装完成后，面层板上还需进行各种后续装饰饰面，如乳胶漆等涂装饰面，各种木质饰面板、玻璃、马赛克、不锈钢等金属饰面板镶贴饰面，软包件、雕刻花饰安装饰面，墙纸裱糊、金银箔裱贴饰面等后续施工。以上各种材料的装饰饰面施工，分别按本书中相关章节的施工工艺或施工技术实施。

六、织物面料悬挂装饰天棚安装

织物面料悬挂装饰顶一般安装在平顶天棚下，或天棚叠级造型部位，或采光玻璃天棚下。织物面料悬挂装饰顶的悬挂面料选用、裁剪、缝制及悬挂安装应根据设计要求进行。大面积悬挂顶不宜用小块布料拼接缝制而成。悬挂或悬吊装置（悬挂杆或悬挂绳）应直接安装固定在天棚的主龙骨或天棚骨架上。透光悬挂装饰顶安装前应先安装好照明灯具，照明灯具与悬挂物的距离不得小于300mm，宜用冷光光源发光或照明。

织物面料悬挂装饰顶一般做法有三种：

（1）自然光通过悬挂织物面料形成透光装饰效果。悬挂顶可放开，也可折叠合拢。

(2) 照明灯具在上，通过悬挂织物面料形成透光或照明的装饰效果。

(3) 不透光，只取软面织物面料悬挂形成的饰面装饰效果。

装饰装修工程中常见的织物面料悬挂装饰顶见图4－20至图4－22。

七、企口扣板装饰天棚饰面安装

企口扣板装饰天棚饰面安装前，应在调校平整的天棚龙骨架的副龙骨凹槽内镶嵌木条做成扣板安装基层，再用金属钉钉入木条基层将扣板固定。木扣板、塑料扣板宜使用射钉，不锈钢、铝合金扣板宜使用小型号沉头螺钉钉固，钉距不宜大于500mm。企口扣板组装成的无叠级平面装饰天棚，扣板板块应相扣紧密，扣接板缝宽窄一致。塑料扣板、铝合金等金属扣板一般为6 000mm定尺生产，塑料扣板、铝合金等金属扣板不宜加长连接安装，板块加长连接，接缝难以达到紧密、平整、吻合的要求，影响装饰效果。企口扣板适宜小面积的室内天棚装饰。扣板装饰天棚阴角应使用配套的阴角线条收边压缝，配套的专用阴角线条安装，见本章第八节，或按设计要求进行装饰收边处理。装饰装修工程中常见的塑料扣板装饰顶及塑料扣板见图4－66、图4－67，木扣板装饰天棚见图4－2。

图4－66 塑料扣板装饰平顶天棚

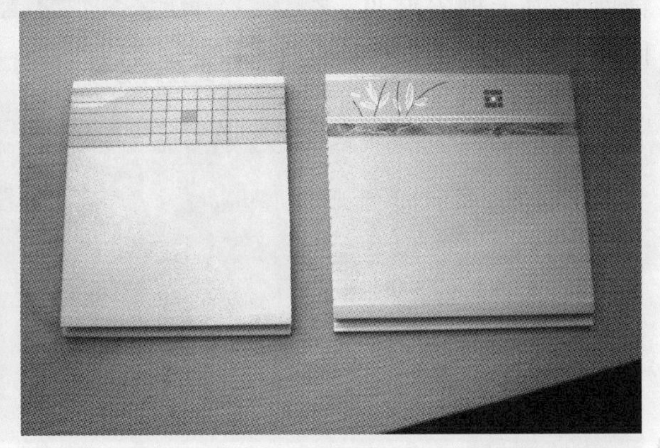

图4－67 带有印花图案的塑料扣板

八、卡式龙骨金属凹槽板装饰天棚安装

铝合金、不锈钢等金属凹槽扣板，是通过机械冲压拉伸折边而成的。质量好的扣板，厚度在0.8mm及以上。铝合金扣板多为烤漆面，不锈钢扣板一般为镜面或哑光面。金属凹槽扣板的主流规格主要有1 200mm×600mm、600mm×600mm、600mm×300mm、300mm×300mm。前两种规格板块多用于会议室、办公室、展览大厅、商场、库房等面积较大的室内天棚装饰。后两种规格板块适宜小面积的室内天棚装饰，如卫生间、厨房等室内天棚装饰。方形金属凹槽扣板配有专用的“[”型主龙骨（由于龙骨的端面呈“[”型）、三角卡式龙骨、专用的天棚阴角装饰收边线条。

金属凹槽扣板安装，先吊装“[”型主龙骨，“[”型主龙骨的安装间距不宜大于800mm，再将三角卡式龙骨按照扣板的宽度呈横向用专业的连接件安装固定在“[”型主龙骨下。三角卡式龙骨与“[”型主龙骨组装成装饰天棚龙骨架。三角卡式龙骨之间的延长连接接头应锯切平直光滑后连接，三角卡式龙骨不得扭曲、变形安装。天棚金属龙骨架安装后应进行整体调平调直固定，再将方形或长方形凹槽扣板卡入三角卡式龙骨内组装成无叠级平面装饰天棚。整块板排在中间，收尾非整块板应排在一边。非整块板的锯切不得造成板块扭曲变形，裁锯边应整齐、平直。（注：整块板，即规格板；非整块板，即非规格板，见第二章。）

卡式龙骨金属凹槽板装饰天棚阴角线安装。天棚阴角装饰边缝收边时，有特殊设计要求的按设计要求装饰处理，无设计要求的应使用配套的专用阴角线条压缝收边。专用收边压缝线条应在扣板饰面安装前，龙骨架吊装时按照室内层高水平线在室内墙面上将专用收边压缝线条安装好。专用收边线条可使用热熔胶等快干型胶黏结固定，或用射钉固定安装，具体的安装方法应根据安装基层的实际情况而定。扣板放置在收边线条上后应抠开收边线条上的锁片压紧扣板板边。扣板饰面安装后应再次进行饰面板块的横平竖直及平整度的调整。装饰装修工程中常见的三角卡式龙骨、方形金属凹槽扣板及饰面平顶天棚安装见图4－68至图4－70。

图4－68　三角形卡式金属龙骨

图4－69　600mm×600mm铝合金扣板背面的冲压折边凹槽

图4－70　铝合金凹槽扣板卡入三角形龙骨内组装成无叠级平顶天棚的安装施工

九、浮搁式方板装饰天棚安装

浮搁式方板的规格一般比较大，多用于会议室、办公室、展览大厅、商场、库房等面积较大的室内天棚装饰，不适于小面积的室内天棚装饰，如小包间、客房、卫生间等的室内天棚装饰。在装饰装修工程中浮搁式天棚饰面板主要使用无机轻质材料注模成型的石膏板、矿棉板等板块，使用铝合金、不锈钢薄板冲压成型板块的并不多。浮搁板块的主流规格为600mm×600mm、1 200mm×600mm及以上规格板。浮搁式饰面板天棚安装时，饰面板块的品种及规格尺寸应根据设计要求选用，有吸音要求还应选用具有吸音功能的板块。吸音板见第十二章中各种吸音饰面板介绍。

浮搁式方板装饰天棚饰面安装，先吊装“[”型主龙骨，“[”型主龙骨的安装间距不宜大于800mm，“[”型主龙骨与之间吊杆使用专用的吊挂件连接安装成主龙骨架，再将“⊥”型露底龙骨以纵横向方安装在“[”型主龙骨上，形成浮搁式方板搁置方框。“⊥”型露底龙骨与“[”型主龙骨使用专用的吊挂件连接安装。“⊥”型纵向龙骨的定尺长度约为3 000mm。“⊥”型纵向龙骨的延长连接应对接吻合、平整，锁紧连接锁片。横向“⊥”型龙骨与浮搁板的宽度相配套生产，以短节定尺生产，"⊥"型横向龙骨与"⊥"型纵向龙骨对接应吻合、平整，对接后锁紧连接锁片。

浮搁式方板安装为，整块板排在中间，收尾非整块板应排在一边。龙骨架安装后进行整体棚架拉线调平校直后，再将浮搁式方板直接搁置在"⊥"型露底龙骨的托翼上，组装成龙骨托翼外露的无叠级平面装饰天棚。饰面板搁置龙骨架方格内后应进行调整，使板块四边与龙骨框架接触紧密后再安装下一片浮搁式方板。收尾非整块板应使用平整、不扭曲变形的整块板下料改制，块板下料锯切应平直。龙骨托翼、浮搁方板应有足够的硬度，浮搁方板与龙骨托翼的重叠搭接不小于6mm，板块安装应平整，板块与龙骨托翼之间无缝隙，不得有板块坠脱变形。

天棚阴角有设计要求的按设计要求收边处理，无设计要求的应使用配套的专用阴角线收边压缝。浮搁式方板装饰天棚收边线条的安装与卡式龙骨金属凹槽板装饰天棚阴角的安装基本相同，应参照卡式龙骨金属凹槽板装饰天棚阴角线的安装方法，具体见本章卡式龙骨金属凹槽板装饰天棚阴角线的安装。

装饰装修工程中常见的浮搁式方板、浮搁式方板饰面平顶龙骨架及饰面板安装见图4－71、图4－72。

图4－71　600mm×600mm 天棚装饰矿棉浮搁式方板的正反面

图4－72　"⊥"型露底龙骨1 200mm×600mm矿棉浮搁式板天棚安装

十、格栅装饰天棚安装

1. 格栅装饰天棚

格栅装饰天棚是一种较为特殊的装饰形式，室内装饰效果给人一种空旷的感受。格栅装饰天棚适宜大型商场、大型超市、购物中心、酒楼、餐馆、机场候机楼、候车室等的室内层高较高、空间较大的天棚装饰。在格栅装饰天棚饰面安装前，一般要对室内空间顶上的楼板用深色油漆或涂料（一般使用有色乳胶漆）先进行色彩喷涂弱化或色调统一处理。格栅装饰天棚的设计非常多元化，可以局部点缀造型设计，可以满铺室内天花面装饰设计等。制作材料多样化，可以木板、木方，有机玻璃板，塑料条板、塑料槽板、塑料半圆管、塑料方管，金属方管、金属矩形管，薄型彩钢槽板，铝槽板等材料制作格栅条，包括轻钢副龙骨也可作为格栅条使用。格栅装饰天棚的装饰效果除所使用的工程材料外，与格栅条的制作外形设计，以及格栅条的间隔间距设计也有着重要关系，当然也包括施工质量。

2. 装饰格栅条制作

装饰格栅条制作应按照设计要求的规格、型号选用相适应的成品格栅条材料，或按照设计要求的材质、外形、尺寸规格现场下料制作好格栅条，再将格栅条安装到装饰基层上吊装成条格状或类似于条格状的装饰天棚，或直接做成格栅天棚框架后吊装。方管、圆管、槽板格栅条延长连接安装时，接缝处应内衬专用的连接件或内衬短木条相接，保证接缝处平直、紧密美观。格栅条板延长安装，连接锯切面应锯切平整，接缝应对接紧密后安装固定，保证接缝处平直、紧密美观。格栅条的安装间距应按照设计要求计算排列，均分应精确，计算排列时应排除消防喷淋头等设施与格栅条的重叠，尽量避免截断格栅条而影响装饰效果。格栅条的饰面处理，包括室内空间顶上楼板的色彩喷涂弱化或色调统一处理，应严格按照设计要求进行。

3. **格栅装饰天棚安装**

格栅装饰天棚安装一般应根据格栅条的设计情况确定安装方法。设计以木板、木方，有机玻璃板，塑料条板、槽板、半圆管、方管，金属方管、矩形管等材料制作成的格栅条安装，宜使用装饰天棚轻钢龙骨架做安装基层，安装基层调校平直后固定，再将格栅条安装到天棚轻钢龙骨架的主龙骨上或副龙骨上。格栅条固定后应再次进行装饰天棚面的平直度调校。如设计以轻钢副龙骨作为格栅条的安装则更简单，只是根据设计要求增加副龙骨的安装密度即可。格栅条与轻钢龙骨架之间的连接固定方法，应根据格栅条的材质及规格尺寸，以及格栅条的安装间距而定。成品格栅条材料一般都配有专用的吊装龙骨和格栅条安装连接件供施工使用。

格栅装饰天棚，设计为格栅条制作成格栅框架装饰饰面的（格栅框架见图 4 – 73），可使用吊筋直接将格栅框架吊装在楼板下，吊筋的安装数量应根据装饰天棚的悬挂重量确定。但吊筋横竖间距不宜大于 800mm。格栅框架装饰面应调平后固定。格栅装饰顶天棚面与墙面的阴角处一般不需要用线条收边。

装饰装修工程中以格栅作为天棚点缀装饰造型的制作安装见图 4 – 73、图 4 – 74，其他格栅装饰天棚见图 4 – 5、图 4 – 6。

图 4 – 73　楼板色彩喷涂弱化处理以格栅作为天棚点缀装饰造型的装饰天棚

图 4 – 74　楼板色彩喷涂弱化处理以格栅作为天棚点缀装饰造型的装饰天棚

十一、扣板、浮搁式方板、悬挂织物面料、格栅顶型材的保护

各种扣板、浮搁式方板、悬挂织物面料、格栅装饰天棚的型材等材料，都属成品材料，一般不再作色调饰面处理。在材料的储存保管、搬运或施工安装时应注意加强成品材料的保护，不得污损或伤及装饰面，也不宜进行修补而影响装饰效果。

十二、玻璃采光装饰天棚制作安装

1. 玻璃采光装饰天棚骨架的制作安装

玻璃采光装饰天棚一般安装在建筑物的顶层、天井部位，或用作大型建筑外伸屋檐或门头部位的采光装饰天棚等。玻璃采光装饰天棚兼有采光和避雨之功能，同时，还要承受大风的风压，承受暴雨的冲刷，承受大雪的覆盖重压等外力的影响，故玻璃采光装饰天棚的结构安全尤其重要。玻璃采光装饰天棚制作必须认真进行计算设计，严格按图纸的设计要求施工。玻璃采光装饰天棚可以各种结构形式设计制作，如多边形顶、四边椎体形顶、弧拱顶、井格式顶等，装饰装修工程中大型的玻璃采光装饰天棚以井格式顶设计最为普遍。井格式玻璃采光装饰天棚的骨架一般呈井格状外露，骨架一般采用各种型钢、铝合金型材设计、制作。玻璃采光装饰天棚骨架制作材料的规格型号、大小的选用，必须根据天棚的横向跨度尺寸确定，因为横向跨度骨架为主要受力结构件。玻璃采光装饰天棚制作安装，严禁截断横向跨度骨架制作成方框井格。大跨度建筑物的玻璃采光装饰天棚的钢架，宜采用钢管制作成网架结构。玻璃采光装饰天棚设计使用型钢做骨架的，宜使用矩形管或方管焊接制作安装。天棚骨架玻璃镶贴面的焊缝应打磨光滑，钢质骨架应多次涂刷防锈漆。型钢天棚骨架油漆饰面宜使用氟碳漆或硝基漆，或用不锈钢等有色金属板、铝塑板镶贴饰面，不宜采用木质类饰面板饰面。玻璃采光装饰天棚设计使用铝合金型材做骨架，宜选用玻璃幕墙矩形管型材制作。但横向铝合金型材骨架严禁以短节拼接制作骨架框架。采光天棚骨架宜整体制作安装，不宜分成多个小框架制作组合安装。井格状分格设计尺寸不宜大于1.5m²，即每片玻璃板块的设计使用面积不宜大于1.5m²，以保证玻璃板块的强度和安全性。

在实际装饰装修工程中，玻璃采光装饰天棚多为平顶设计制作安装。平顶天棚骨架的设计或制作安装时宜设置一定的斜坡度，或设计成坡面顶，以利于雨水的快速排泄。玻璃采光装饰天棚的安装，天棚的重量应作用于建筑的主体承重结构柱或结构梁上，并与之相连接安装。玻璃采光装饰天棚的设计或安装宜配合建筑土建施工设置预留出安装锚固件。无土建施工设置预留安装锚固件的，应采用后置锚固螺栓的方法连接安装，即采用后置化学锚固螺栓安装。化学锚固螺栓安装见第十章幕墙钢龙骨架后置锚固螺栓预埋安装。大型建筑物外伸跨度尺寸较大的透光雨棚屋檐，或门头部位的玻璃采光装饰天棚，应在天棚的外伸边缘处设置承重柱，或使用斜拉杆安装，以保证外伸玻璃采光装饰天棚的结构安全。装饰装修工程中常见的屋顶玻璃采光装饰天棚骨架的制作安装，见图4－75、图4－76。

图4－75 金属矩形管焊接制作的大跨度的屋顶采光天棚架

图4－76 工字钢、矩形管焊接制作的天井采光天棚架

2. 玻璃采光顶玻璃饰面安装

安装在建筑物的顶层、天井部位的玻璃采光装饰天棚，或用作大型建筑外伸屋檐、门头部位的玻璃采光装饰天棚，可用玻璃、阳光板［注：pc 阳光板以聚碳酸酯为主要原料生产制造。阳光板又称卡不隆（音）板，是一种中空结构的塑料透光板材。阳光板的厚度由中空结构决定，中空结构的层数越多，强度越高。阳光板是一种高强度、透光、隔音、节能的新型优质装饰材料］或其他透光板饰面。

平顶玻璃采光装饰天棚饰面。由于平顶玻璃采光装饰天棚要承受大风的风压、承受暴雨的冲刷、承受大雪的覆盖重压等外力影响，故平顶玻璃采光装饰天棚应使用钢化玻璃、夹层玻璃等安全玻璃饰面。钢化玻璃的厚度不宜小于 12mm、夹层玻璃的厚度不宜小于 16mm，玻璃板块面积不宜大于 $1.5m^2$。玻璃饰面采光顶的玻璃板块与金属天棚架之间，宜使用高强度双面泡沫结构胶柔性黏结安装，玻璃板块边缘的黏结面宽度不宜小于 30mm。玻璃板边黏结面应满涂结构胶黏结，不得有漏涂。玻璃饰面采光顶的玻璃板块与金属天棚架之间，也可使用金属驳接件支撑固定玻璃板块（金属驳接件见第六章图 6－20、图 6－21、图 6－22）。玻璃板块饰面安装，板块之间应预留 8～10mm 的伸缩缝，伸缩缝内应进行结构胶填充清缝密闭，结构胶填缝应均匀饱满。

弧形玻璃采光装饰天棚饰面，宜使用钢化玻璃或阳光板饰面。弧形采光装饰天棚设计使用钢化玻璃饰面的，应根据弧形采光天棚的骨架弧度取模后进行弧形钢化玻璃加工制作，钢化玻璃的厚度不宜小于 12mm。钢化玻璃弧形采光装饰天棚饰面，不宜采用金属驳接件安装。优质的阳光板有较好的装饰性、耐候性，具有良好的韧性且质量轻，较适宜弧形采光装饰天棚的制作。阳光板有多种颜色和厚度供选用，比玻璃的价格低。但阳光板的透明度、装饰效果不如玻璃。弧形采光装饰天棚，如用阳光板饰面，板材的厚度不宜小于 16mm。阳光板饰面安装可用玻璃结构胶或双面结构胶黏结，或使用不锈钢螺钉安装固定于天棚的骨架上。阳光板饰面安装，板块之间应适当留置10mm 以内的接缝，以利于玻璃结构胶填缝密闭防止雨水渗漏。板块接缝防水胶填缝密闭后，接缝处还应加装不锈钢或铝合金等金属压条覆盖固定。

建筑物的顶层、室内天井部位的采光装饰天棚在设计或施工时，对天棚檐口的密闭或封堵往往被忽视。采光装饰天棚的檐口必须有可行的密闭或封堵的方案，施工中应进行有效天棚檐口的密闭或封堵，阻隔雨、雪或风沙进入室内。装饰装修工程中常见的室内屋顶玻璃采光装饰天棚、门头外伸屋檐玻璃采光装饰雨棚见图 4－77、图 4－78。

图 4－77　建筑物内天井型钢骨架玻璃采光装饰天棚

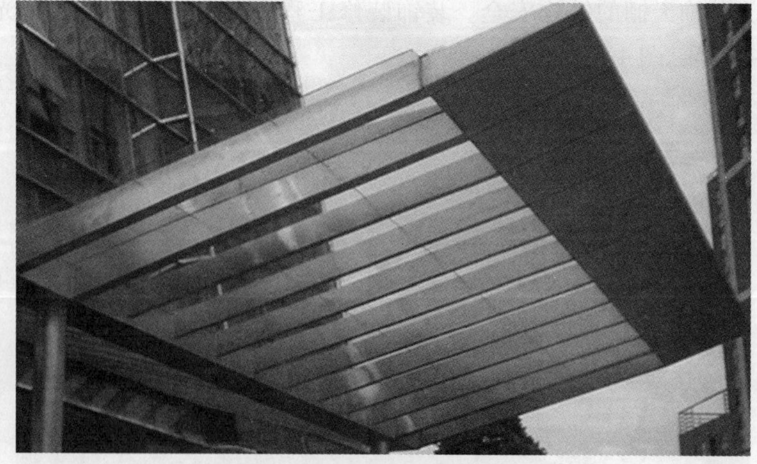

图 4－78　门头外伸式型钢骨架玻璃采光装饰棚

第五章 轻质材料装饰隔断工程

轻质材料装饰隔断，是指用各种轻质材料制作成的，将室内空间分隔成独立或相对独立的房间，并进行装饰美化的非承重隔墙。装饰装修工程中轻质材料装饰隔断的种类有：轻钢骨架石膏板面层或其他板材面层隔断；GRC 墙板隔断、石膏空心隔墙板隔断；以木质材料做骨架，用各种饰面板饰面的装饰隔断；玻璃隔断、玻璃砖砌筑隔断（见第六章）；铝合金骨架玻璃成品隔断、塑钢骨架玻璃成品隔断（见第六章）；用木条板、木方、金属方管等材料制作的装饰格栅隔断（见第七章）；雕刻花饰隔断（见第十六章）；以及其他人造木质、塑料等成品隔断，如办公低隔断、卫生间隔断等。（注：铝合金骨架玻璃成品隔断，人造木质板材、塑料等成品隔断的安装，一般在工程的后期安装，不需要其他施工配合，而且安装简单。）轻质材料装饰隔断主要用于宾馆、餐厅酒楼、写字楼、办公楼、商场商铺、歌厅等装饰工程中各种独立或相对独立的房间分隔。

以轻钢龙骨为骨架的石膏板面层或其他木质板面层隔断，GRC 墙板隔断、石膏空心隔墙板隔断，由于具有隔断墙体的质量轻、占用室内空间小，制作、安装简便，阻燃、环保、节能等优点，在装饰装修工程的设计中使用极为广泛，也是装饰装修工程中常见的、主要的施工项目。本章主要介绍以轻钢龙骨为骨架的石膏板面层或其他木质板面层隔断，GRC 墙板隔断、石膏空心隔墙板隔断的施工。以上所述其他轻质材料类装饰隔断的施工分别在其他相关章节中介绍。

从有利于林业资源的保护，节约木材资源，保护环境，有效地防止室内火灾事故的发生等方面考虑，在装饰装修工程设计、施工中应严禁使用全木龙骨制作隔断骨架。同时，为了有效保护耕地、节约土地资源，装饰工程中还应严禁使用黏土烧制的砖砌筑隔断墙体。（注：黏土烧制砖属国家明令禁止生产和使用的建筑材料。）

一、轻质材料装饰隔断定位安装放线

轻质材料装饰隔断适宜在混凝土硬化的地面或楼板上安装，安装前应按照平面设计图对室内空间的分隔进行测量放线，即在混凝土地面或楼板上，以隔断墙厚度的中心计算，用红外线水平仪在房间或其他各种功能空间区域的地面放出分隔线，弹出隔断地面施工墨线，划定隔断安装位，并将地面分隔线引到墙面、楼板或梁的底部后，再弹出隔断在墙面、楼板或梁上的安装墨线。隔断安装应避开消防喷淋头。隔断安装部位的墙、地面凹凸不平的地方，应用水泥砂浆修补平整。

二、轻钢龙骨架隔断安装

1. 轻钢龙骨隔断

轻钢龙骨隔断的骨架由竖龙骨、横向边框龙骨（又称天地龙骨）、横撑龙骨（又称穿心龙骨）、横撑龙骨安装连接附件组合安装而成。轻钢隔断龙骨用镀锌薄板加工而成，竖龙骨外观为“C”型，边框龙骨外观为“凵”型，生产长度一般定尺 3 000mm，加工材料的厚度在 0.8mm 及以下，

0.8mm 厚度的龙骨基本可满足一般装饰隔断的需要。轻钢隔断龙骨的规格有 100 型、75 型两种，100mm、75mm 指竖龙骨的宽度。3 000mm 及以上高度的隔断应使用 100 型的隔断龙骨。施工安装使用的隔断龙骨的品种、规格应符合设计要求，严禁使用锈蚀、扭曲变形的轻钢龙骨。装饰装修工程施工中常用的轻钢龙骨隔断架组合安装件见图 5－1、图 5－2。

图 5－1　从左至右为竖龙骨、边框龙骨、横撑龙骨、横撑龙骨锁片

图 5－2　从左至右为竖龙骨、边框龙骨、横撑龙骨（截断图）

2. 轻钢龙骨隔断架边框龙骨安装

轻钢龙骨隔断架边框龙骨安装，应先按照室内地面隔断线将边框龙骨与室内楼板或地面连接固定（沿地安装的称沿地龙骨，在楼板下安装的称沿顶龙骨）。沿墙一般用竖龙骨插入天地龙骨后与墙面或柱面连接固定。边框龙骨可采用预埋木栓的方法或使用射枪钉与主体结构连接固定。

木栓预埋安装（木栓预埋安装见第二章）：应根据所弹的位置线打孔塞入木栓，木栓间距不大于 500 mm。再以木栓中心划出横线，以明示木栓的位置。木栓预埋的深度：混凝土墙体不小于 50mm，砖砌墙体不小于 70mm。木栓应塞紧不松动，将钢钉穿过边框龙骨钉入木栓内固定。

射枪钉固定安装：将射钉穿过边框龙骨射入混凝土墙体内或砖砌墙体内固定，射钉的射入深度不小于 30mm，间距不大于 150mm。

沿地龙骨与地接触面，宜铺填橡皮条或塑料泡沫条，进行防潮垫隔。轻钢龙骨隔断架上部不触及楼板安装固定时，在天棚龙骨架未吊装前，隔断架上槛龙骨应制作斜向龙骨支撑安装。斜向龙骨支撑的开间不得小于 800mm，稳固支撑的间距不大于 1 500mm，以保证轻钢龙骨隔断架的稳定，不出现左右摇晃。稳固支撑可用木龙骨或角钢、金属方管钢制作，木支撑应涂刷防火涂料做防火阻燃处理。天棚龙骨架吊装时应与隔断龙骨架连接成为整体。装饰装修工程中常见的轻钢龙骨架隔断上槛龙骨使用横、斜向龙骨支撑的做法见图 5－3。

（1）为钢质楼板下的隔断龙骨架安装

（2）为混凝土楼板下的龙骨架安装

图 5－3　不触及楼板的轻钢龙骨隔断架安装

3. 轻钢龙骨隔断架竖龙骨安装

轻钢龙骨隔断架竖龙骨安装是将竖龙骨插入边框龙骨（沿地龙骨、沿顶龙骨）槽内固定，竖龙骨与边框龙骨可采用自攻螺钉固定或使用专用冲压工具铆固连接固定。竖龙骨的翼缘朝向面层板安装方向，竖龙骨之间穿入横撑龙骨，横撑龙骨使用连接锁卡件紧固固定。2 500 ~ 4 000mm 高的隔断龙骨架安装，其横贯穿心龙骨不少于两道。一般隔断竖龙骨之间的间距不大于400mm，隔断面装饰造型复杂、悬挂重量较大的，竖龙骨间距不大于300mm。圆、曲面隔断安装，应根据圆、曲面的要求将沿地、沿顶龙骨锯切成锯齿形，将其弧成圆、曲面造型后固定在地面和顶面上，宜按较小的间距（一般为150mm）排立安装竖龙骨，以增加隔断墙体强度，也有利于圆、曲面面层板安装。装饰装修工程中常见的轻钢龙骨隔断架骨架竖龙骨安装见图5－4。

图5－4 轻钢龙骨隔断架骨架竖龙骨安装

4. 轻钢龙骨隔断骨架中门框洞的做法

轻钢龙骨隔断架中的门框洞视龙骨类型有多种做法，可采用木条板填入竖龙骨以及门框上部横向横梁龙骨凹槽内，加强龙骨强度后与木门框连接的做法；也可另行将两侧木方向上延长插入沿顶龙骨内后，固定于沿顶龙骨和竖龙骨上做成门框洞；还可根据实际情况采用其他做法。但门框洞必须制作牢固，能有效承载门扇的重量。

5. 轻钢龙骨隔断架安装应进行整体平整度、垂直度调校和隔音隔热处理

轻钢龙骨隔断架安装完成后，在面层板安装前，应进行整体平整度、垂直度调校。轻钢龙骨架中强、弱电线管应按照工程电气施工设计图布放敷设完成。轻钢龙骨隔断架中应填入隔音、保温材料进行隔音、保温处理。隔音、保温材料的填充（填充材料可使用玻璃纤维或岩棉等）应厚薄均匀、密实，填入的填充物应适当固定，不漏填。

6. 轻钢龙骨隔断架面层板安装

轻钢龙骨隔断架可用纸面石膏板、埃特板、各种人造板做轻钢龙骨隔断架的面层板（人造板在第十二章介绍）。在实际工程中轻钢龙骨隔断架多以纸面石膏板做面层板，普通纸面石膏板可以满足一般装饰隔断的要求。但普通石膏板防水性较差，环境潮湿房间内的隔断，应使用防水石膏板或埃特板做面层板，如卫生间的隔断、排污水管的隐蔽包管等宜用埃特板做面层板。面层板与轻钢龙骨隔断架应采用防锈钻尾自攻螺钉铆固，螺钉帽应旋入板内低于板面2 ~ 3mm，用钉量不少于18颗/m^2。石膏板面层板块之间应预留3 ~4mm的缝隙，以利石膏腻子填缝，防止乳胶漆涂装后板块的拼缝开裂。隔断石膏板面层基层适于乳胶漆、墙纸、金银箔等装饰饰面。轻钢龙骨架隔断，如设计使用各种木质饰面板、防火板、玻璃、铝塑板、不锈钢等金属板，以及硬、软包或雕刻花饰等饰面时，应使用大芯板或密度板等木质板材做轻钢龙骨架面层板。隔断骨架体内的木质板材隐蔽面应涂刷防火涂料，做防火阻燃处理。环境潮湿房间内的隔断，使用瓷砖、瓷质马赛克和水泥砂浆镶贴饰面的，应用埃特板做面层板。轻钢龙骨架隔断不宜使用质量较重、大规格的瓷砖、石材镶贴饰面。装饰装修工程中常见的轻钢龙骨隔断架石膏板、人造板面层安装施工见图5－5、图5－6。

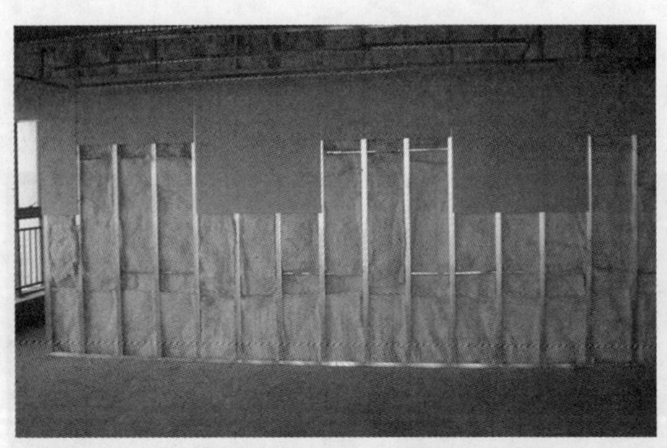

图 5-5　轻钢龙骨架内填隔音棉石膏板面层隔断

图 5-6 圆、曲面轻钢龙骨架九厘板面层隔断

三、GRC 墙板、石膏空心隔墙板隔断安装

GRC 墙板是一种新型的复合材料，以水泥为胶结材料，以玻璃纤维或塑料纤维网等作为增强材料，并掺入各种适宜的轻质材料构成基材。通过立模浇铸、挤出等工艺制成的新型无机复合板材，GRC 墙板料还可以制成各种装饰花饰件，以及 GRC 装饰线条等。GRC 墙板具有质量轻、强度高、隔音、隔热、耐水、不可燃烧、不危害人体健康、施工安装简便等优点。石膏空心隔墙板（石膏空心隔墙板的生产及性能，见第十六章中石膏花饰制作部分）隔断的安装与 GRC 墙板隔断的安装工艺基本相同，石膏空心隔墙板隔断的安装按照 GRC 墙板隔断的安装工艺执行。

1. GRC 墙板隔断安装

GRC 墙板与地面、墙面、天花板的连接应按照安装分隔墨线，先行安装好专用金属卡槽件，金属卡槽件的安装间距不得大于400mm。卡槽件应经镀锌处理，厚度不得小于2.5mm，卡槽深度不小于50mm。卡槽件可采用预埋木栓或射钉与主体结构连接固定。GRC 墙板宜上触天花板、下触地面安装。不触及天花板安装的应制作钢架支撑安装。大面积的 GRC 墙板隔断安装，必须使用夹角为50 型及以上角钢制作支撑安装。墙板与墙板之间拼接时，板边的凹凸槽应对接紧密，调校好平整度、垂直度后固定。圆、曲面隔断墙体，宜将 GRC 墙板块锯切加工成窄条形的专用板块安装。GRC 墙板隔断安装，严禁使用断裂、破碎的板块或小碎块拼凑安装。板块接缝处表面应挂装金属网或专用高强度尼龙抗裂布网。抗裂网的挂装宽度不得小于150mm。抗裂网可用专用胶粘剂黏结或钢钉固定，抗裂网挂装面应用水泥砂浆或 GRC 墙板专用黏结浆料嵌缝抹平。装饰装修工程施工中常见的 GRC 墙板隔断上触天花板的金属卡槽件安装及墙板安装见图 5-7、图 5-8；GRC 墙板隔断不触及天花板安装的钢架支撑制作安装及墙板安装见图 5-9。

图 5-7　GRC 墙板上触天花板安装，天花板上金属卡槽的安装方法

图 5-8　GRC 墙板插入金属卡槽的安装方法

图 5－9 GRC 墙板不触及天花板的钢架支撑制作安装及墙板安装

2. GRC 墙板隔断中门洞的做法

GRC 墙板隔断门洞上部应设置钢架过梁，或以 GRC 墙板横向安装做过梁。以 GRC 墙板横向安装做过梁的，应在两侧 GRC 墙板中切口后，将过梁板两端插入两侧 GRC 墙板内。过梁板插入长度不得小于 120mm，用金属卡件或木楔固定调校平整后再使用专用胶粘浆料黏结牢固。接缝处应挂金属网或高强度尼龙抗裂布网，使用水泥砂浆嵌缝抹平黏结或专用胶粘浆料嵌缝黏结牢固。GRC 墙板隔断安装完成后，隔断中的强、弱电线应及时敷设到位。装饰装修工程中施工中常见的以 GRC 墙板横向安装做过梁 GRC 墙板隔断门洞的做法见图 5－10。

图 5－10 以 GRC 墙板横向安装在隔断中做门洞过梁的做法

四、轻钢龙骨架隔断、GRC 墙板隔断装饰饰面

（1）轻钢龙骨隔断架面层板安装后，或 GRC 墙板隔断在饰面装饰施工前，应弹线划定强、弱电开关插座的安装位。强、弱电开关插座安装孔应套割方正，孔内边缘切割整齐，多个平行安装高度应一致，间隔间距排列整齐，底盒安装牢固。

（2）轻钢龙骨架隔断、GRC 墙板隔断，可以多种装饰饰面材料进行装饰。轻钢龙骨隔断架、GRC 墙板隔断饰面装饰常用的方法主要有乳胶漆饰面；各种木质饰面板镶贴、油漆饰面；防火板镶贴饰面；玻璃、不锈钢等金属饰面板镶贴饰面；马赛克镶贴饰面；墙纸、金银箔裱糊粘贴饰面；软包或雕刻花饰等装饰饰面。GRC 墙板隔断还可以瓷砖、石材镶贴饰面。具体的装饰饰面施工应根据设计要求进行。以上各种材料的喷涂或涂刷、镶贴、裱糊粘贴、安装装饰饰面施工，以及施工前对隔断墙面基层的处理施工，分别按本书中相应章节所述施工工艺执行。

第六章　室内装饰玻璃隔断、室外装饰玻璃墙、玻璃砖砌筑工程

室内玻璃隔断，是指装饰装修工程中为进行室内房间装饰分隔，以玻璃为主要材料制作的、各种结构形式的装饰分隔墙。室外玻璃墙主要指室外橱窗装饰玻璃墙，室外橱窗装饰玻璃墙大致可划分为两种结构形式：一种是建筑室外临街面的窗洞式装饰玻璃橱窗，简称玻璃橱窗；另一种是独立钢架金属驳接件支撑固定玻璃板块装饰橱窗玻璃墙（有的称之为玻璃幕墙，在本书中以结构命名）。室内装饰玻璃隔断、室外窗洞式装饰玻璃橱窗墙、独立钢架金属驳接件支撑固定玻璃板块装饰橱窗玻璃墙，装饰效果明亮简洁、现代、洋气，装饰效果彰显档次；占用室内外空间小；施工制作过程中产生的废弃物少。但结构安全性能要求较高，施工质量要求较高，是工程造价相对较高的施工项目。独立钢架金属驳接件支撑固定玻璃板块装饰橱窗玻璃墙的施工难度相对较大。各种室内装饰玻璃隔断、室外装饰玻璃橱窗墙在装饰装修工程的设计中使用比较广泛，是装饰装修工程施工中常见的、主要的施工项目，特别是室内装饰玻璃隔断。

装饰装修工程中的玻璃砖砌筑，主要指室外装饰玻璃砖墙和室内装饰玻璃砖隔断的砌筑施工。室外装饰玻璃砖墙与室内玻璃砖装饰隔断没有严格意义上的区别，但为了便于读者了解而进行相对性的划分。玻璃砖在装饰装修工程中的设计使用不是很广泛。因此，玻璃砖在装饰装修工程中的砌筑施工不多。

一、室内装饰玻璃隔断、室外装饰玻璃橱窗的种类

装饰装修工程中的室内装饰玻璃隔断、室外橱窗装饰玻璃墙，由于使用功能不同，安装部位不同，装饰效果不同，结构或外观可以多样设计，可使用多种材料结合玻璃制作，多种施工方法制作、安装。因此，装饰装修工程中装饰玻璃隔断、装饰玻璃墙的设计与制作方法也就多种多样。有关室内玻璃隔断、室外玻璃墙制作使用的玻璃在第十七章中介绍。

1. 室内装饰玻璃隔断的种类

（1）从制作结构分：有明框架玻璃隔断，落地式玻璃隔断（隐框），木雕花框玻璃隔断，木格框玻璃隔断，型钢框格玻璃隔断，不锈钢框格玻璃隔断、铝合金框格玻璃隔断等，包括各种成品铝合金、塑钢框架玻璃隔断。

（2）从装饰玻璃外观分：有透明玻璃隔断、不透明磨砂玻璃隔断、磨花玻璃隔断、漆膜玻璃隔断、印花玻璃隔断等。

（3）从使用功能分：有室内房间或室内活动区域分隔隔断、背景装饰隔断、室内淋浴室玻璃隔断（又称淋浴屏）、金融网点营业柜台防弹玻璃隔断等。

装饰装修工程中常见的室内装饰玻璃隔断见图 6 – 1 至图 6 – 10。

图6-1 木质框架木质板饰面半透明玻璃隔断

图6-2 木质框架不锈钢饰面夹层玻璃隔断

图6-3 木质框架木质板饰面印花玻璃背景装饰隔断

图6-4 室内隐框落地式磨砂钢化玻璃隔断

图6-5 实木雕花框架油漆饰面磨花玻璃隔断

图6-6 木质框格油漆饰面磨砂玻璃隔断

图6-7 施工中的矩形管框格油漆饰面透明玻璃隔断

图6-8 室内淋浴室玻璃隔断

图 6－9　卫生间室内淋浴间玻璃隔断（俗称淋浴屏）

图 6－10　银行金融营业柜台防弹玻璃隔断

2. 室外橱窗装饰玻璃墙的种类

室外橱窗装饰玻璃墙的作用或功能比较单一。其特点是透明、采光，主要作用是用于装饰建筑的外观装饰或用于商品展示，也具有建筑物室外围挡墙的功能。室外玻璃装饰墙从制作结构分，有窗洞式玻璃橱窗、落地式玻璃橱窗、独立钢架金属驳接件支撑固定玻璃板块装饰橱窗玻璃墙（也有称点式连接玻璃墙）。

装饰装修工程中常见的室外装饰玻璃墙见图 6－11 至图 6－14。

图 6－11　窗洞式玻璃橱窗

图 6－12　高级酒店的具有观光功能的室外落地式装饰玻璃橱窗墙

图 6－13　大型商场的具有商品展示功能的室外落地式玻璃橱窗墙

图 6－14 独立钢架金属驳接件支撑固定钢化玻璃板块装饰橱窗玻璃墙

二、室内装饰玻璃隔断、室外装饰玻璃橱窗制作安装

1. 室内框架式装饰玻璃隔断框架、室外窗洞式玻璃橱窗框架制作安装

室内装饰玻璃隔断框架应按照设计要求制作安装，根据施工放线先确定框架底部地梁的安装位。长度或面积不大的玻璃隔断四周框架，可用 12mm 及以上厚度的大芯板或密度板锯切成条板做成框架木方后，再做成隔断框架；长度或面积较大的隔断，上部框梁宜用方管、矩形管或角钢等型钢焊接制作。室内玻璃隔断框架立柱的间距不宜大于 6 000mm；框架两端的立柱、框架上下梁的宽度和厚度规格尺寸不得小于 180mm；框架中间立柱的宽度不得小于 120mm，厚度不得小于 90mm。型钢隔断框骨架宜用大芯板或密度板面层。型钢焊接制作的骨架应涂刷防锈漆做防锈处理。型钢骨架木质板材面层，应使用钻尾螺钉固定，螺钉间距不大于 150mm，面层板的厚度不宜小于 12mm。

隔断框架制作时应预留出玻璃板块安装沟槽。隔断框架地梁、立柱上的沟槽深度一般不宜小于 25mm，框架上部框梁上的沟槽深度不宜小于 50mm。通过上下沟槽的不同深度尺寸产生玻璃板块安装调节间隙，使玻璃板块可顺利插入安装。隔断框架沟槽的制作宽度为玻璃板块的厚度 +8 ~ 10mm，以利玻璃板块安装时调平调直。玻璃板块高度 2 000mm 及以下玻璃隔断框架制作时，可以不制作玻璃板块安装沟槽，隔断框架制作好后在框架上用不小于 18mm × 18mm 的实木方钉装档口，形成玻璃板块安装固定的沟槽。玻璃安装沟槽应平直、宽度一致，沟槽的底部应平整。

室内装饰玻璃隔断框架触及天棚面安装的，上部框梁应与楼板或装饰天棚骨架连接成整体；不触及天棚面结构的隔断，其立柱应触及装饰天棚骨架或楼板安装。

实木雕花框架玻璃隔断安装可不用另行制作框架安装，但实木雕花框架的框架料不得小于 60mm × 80mm（净料尺寸），隔断框架应上触装饰天棚骨架、下触装饰地面安装固定。装饰装修工程中常见的室内玻璃隔断框架及沟槽的做法见图 6－15、图 6－16。

图 6－15 室内房间玻璃隔断木质框架及沟槽的做法

图 6－16 室内长廊玻璃隔断木质框架及沟槽的做法

金融网点营业柜台的防弹玻璃

隔断制作，应用方管、矩形管或角钢等小型型钢焊接制作隔断框架骨架，框架立柱的间距不宜大于1 600mm。由于金融网点营业柜台防弹玻璃隔断的结构、功能特殊，隔断框架下部底框不用制作玻璃板块安装沟槽。防弹玻璃隔断应在两旁立柱钢骨架制作时留出玻璃板块安装沟槽，上框架上可不做玻璃板块安装沟槽，但两旁立柱的沟槽槽深不得小于60mm。金融网点营业柜台的防弹玻璃隔断框架安装时，框架立柱必须上触天棚轻钢龙骨架安装，下部穿越柜台板与柜体接触安装。防弹玻璃隔断钢骨架可用大芯板、密度板等木质板包裹面层，按照室内房间玻璃装饰隔断的制作方法施工。防弹玻璃隔断见图6-10。

2. 室内落地式玻璃隔断、室外落地式橱窗玻璃墙框架制作安装

室内落地式玻璃隔断、室外落地式橱窗玻璃墙的结构特点为，上触装饰天棚骨架、下触装饰地面安装。玻璃板块直至两旁的墙体或柱体收边安装，中间不设置立柱。由于落地式玻璃隔断的高度一般较高，玻璃板块尺寸规格较大，隔断的面积也较大，所以室内落地式玻璃隔断或室外落地式橱窗玻璃墙安装时，应使用方管、矩形管或角钢等型钢制作独立上部安装沟槽框架，或使用轧制的玻璃墙专用沟槽型钢制作上部安装沟槽框架。独立的上部安装沟槽框架可固定于楼板下或与装饰天棚骨架连接成整体。地面沟槽一般可结合地面石材或瓷砖铺贴时预留出安装沟槽，或在石材、瓷砖铺装装饰地面上用石材切割机切割出安装沟槽。玻璃隔断两侧的墙体或柱体上的沟槽应根据设计情况，可参照上部沟槽或地面沟槽的制作方法制作。设计为使用地枕安装的落地式玻璃隔断、落地式橱窗玻璃墙，由于玻璃底边不直接落在地面，底部安装沟槽可按照有框玻璃隔断框架的做法制作。（注：地枕又称地梁，落地式玻璃隔断的地枕可在地面上用砖砌，或木质材料制作，或型钢等制作成供玻璃板块安装的基座，基座高度一般在300mm以下、宽度在180mm以下。）落地式玻璃隔断、落地式橱窗玻璃墙的高度一般在3 000mm及以上，由于玻璃板块尺寸规格较大，上部沟槽骨架制作应能有效地保证结构安全，沟槽的深度不宜小于80mm，底部沟槽的深度不宜小于50mm。通过上下沟槽的不同深度尺寸产生安装调节间隙，使玻璃板块可插入安装和调整。

室内淋浴室玻璃隔断的设计多为落地式结构（室内淋浴室玻璃隔断见图6-9），宜按照室内落地式玻璃隔断的方法制作安装。装饰装修工程中常见的室内落地式玻璃隔断、室外落地式橱窗玻璃墙沟槽的做法见图6-17、图6-18。

图6-17　室内落地式玻璃隔断安装沟槽的做法

图6-18　室外落地式玻璃橱窗隔断金属框架沟槽的做法

3. 室内装饰玻璃隔断、室外装饰橱窗玻璃制作安装

（1）室内玻璃隔断高度在2 200mm以内的，玻璃厚度不得小于12mm；人流量大的地方或高度超过2 200mm的，应使用厚度在12mm以上的钢化玻璃或夹层玻璃等安全玻璃。室内淋浴室玻璃隔断应使用8mm及以上厚度的钢化玻璃，严禁使用普通玻璃。窗洞式玻璃橱窗应使用12mm及以上钢化玻璃或夹层玻璃等安全玻璃。

（2）室内落地式玻璃隔断、室外落地式玻璃橱窗墙的高度一般在3 000mm及以上且玻璃板块的尺寸规格较大，应使用15mm及以上厚度的钢化玻璃；室外落地式玻璃橱窗墙如设计采用夹层安全玻璃，其玻璃的厚度不宜小于18mm，以保证结构安全。

（3）室内玻璃隔断、室外橱窗玻璃墙的玻璃板块，应采用插入沟槽内的方法安装。室内玻璃隔断、窗洞式玻璃橱窗的玻璃板块安装，上部插入沟槽的深度不得小于30mm，下部插入沟槽的深度不得小于25mm。室内外落地式玻璃隔断、玻璃橱窗墙的玻璃板块安装，上部插入沟槽的深度不得小于65mm，下部插入沟槽的深度不得小于50mm。玻璃板块调直、调平后用木楔或专用金属锁卡件定位固紧。定位固紧的木楔或专用金属锁卡件的间距不大于500mm，沟槽缝中注入高强度玻璃结构胶胶固，注胶应饱满。

（4）玻璃隔断、玻璃橱窗玻璃板块之间的拼接，应留有不小于8mm的伸缩缝，缝中注入结构胶胶固。玻璃板块90°转角拼接接缝应紧密，接缝宜使用高强度无影玻璃胶黏结，转角内侧处（阴角内侧）使用结构胶胶固。

（5）窗洞式玻璃橱窗或室外落地式橱窗玻璃墙，应在玻璃板块接缝处内侧设置玻璃板块肋筋加固，肋筋板块玻璃与隔断玻璃呈“T”字安装，加固肋筋立板玻璃的厚度不得小于隔断玻璃的厚度，应与隔断玻璃为同一材质的玻璃。加固立板（肋筋）的宽度：窗洞式玻璃橱窗不宜小于150mm；落地式玻璃橱窗墙不宜小于250mm。窗洞式玻璃橱窗的加固立板玻璃应插入上下框梁的面层板或饰面板的沟槽中固定；落地式玻璃橱窗墙的玻璃应插入天棚骨架沟槽中和地面饰面板块沟槽中安装固定。肋筋玻璃板块与隔断玻璃应接触紧密，使用高强度无影胶黏结，两侧阴角处打玻璃结构胶胶固。装饰装修工程中常见的橱窗内侧立板玻璃加固肋筋的设置做法见图6-19。

图6-19　玻璃橱窗内侧肋筋立板玻璃的安装做法

（6）金融网点营业柜台隔断玻璃应设计选用夹层防弹玻璃。无设计要求的，施工中应使用五层及以上夹层防弹玻璃，玻璃的厚度不小于25mm。防弹玻璃隔断应独立玻璃板块插入两旁的立柱沟槽中安装，不得使用玻璃板块拼接安装。玻璃板块底边应紧压柜台台面安装。隔断玻璃板块插入槽内调直、调平后，塞入木楔定位固定或使用专用金属锁卡件固定。定位固定木楔或金属锁卡件的间距不大于500mm，沟槽缝中应注入玻璃结构胶胶固。

4. 室内装饰玻璃隔断、室外装饰玻璃橱窗框架装饰饰面

室内装饰玻璃隔断框架的饰面装饰，可用木质饰面板、防火板、铝塑板、不锈钢板、钛金板、石材等进行镶贴饰面；室外装饰玻璃橱窗框架、落地式隔断地枕的饰面装饰宜用石材、不锈钢、钛金板镶贴饰面。木质饰面板、防火板、铝塑板等饰面装饰分别参考第十二章中相关的施工工艺施工；落地式玻璃隔断地梁石材镶贴饰面参考第八章中相关的施工工艺施工。隔断框架设计使用不锈钢、钛金板饰面的，饰面板的厚度应在1mm及以上，按照玻璃隔断、玻璃橱窗框架的形状、规格尺寸冲压成型后，用玻璃结构胶粘贴饰面。

三、独立钢架金属驳接件支撑固定玻璃板块装饰橱窗玻璃墙制作安装

独立钢架金属驳接件支撑固定玻璃板块装饰橱窗玻璃墙，是一种全透明的，以金属驳接件的螺栓（驳接头）穿过玻璃孔洞将玻璃板块固定的特殊结构玻璃墙。独立钢架金属驳接件支撑玻璃装饰橱窗玻璃墙，主要用于大型商场、高级酒店等建筑临街面外立面的设计装饰，具有商品展示功能或观光的作用。

图 6－20　独立钢架金属驳接件支撑固定玻璃板块装饰橱窗玻璃墙

装饰装修工程中常见的独立钢架金属驳接件支撑固定玻璃板块装饰橱窗玻璃墙见图 6－14。独立钢架金属驳接件支撑固定玻璃板块装饰橱窗玻璃墙的金属驳接的结构及驳接件见图 6－20 至图 6－22。

金属驳接件由驳接爪、驳接头组成，驳接件设计有四爪驳接件、三爪驳接件、两爪驳接件、单爪驳接件，驳接件的驳接爪的间距、孔径有多种，已形成系列件，驳接爪与之驳接头相配套使用。玻璃板块金属驳接件又称金属点爪支撑件。金属驳接件支撑固定橱窗玻璃墙的做法，改变了传统的玻璃板块嵌入金属框架中固定安装或胶粘固定安装的做法，使其安装结构更简洁、明快，玻璃墙的透明度、装饰效果更好。所以，独立钢架金属驳接件支撑固定玻璃板块装饰橱窗玻璃墙在大型商场、高级酒店等建筑临街面的外立面装饰设计中被广泛采用。由于独立钢架金属驳接件支撑固定玻璃板块装饰橱窗玻璃墙的支撑结构虽然简单，但安全性能要求高、安装施工难度较大。独立钢架应设计使用钢管或型钢制作，采用国标等级材料焊接制作；玻璃墙应使用国标等级的钢化玻璃或夹层玻璃等安全玻璃安装。钢化玻璃的厚度不宜小于 15mm，夹层玻璃的厚度不宜小于 16mm，设计使用的玻璃板块规格不宜大于 1 200mm × 1 400mm。不锈钢驳接件装饰效果好，不锈蚀，玻璃板块应使用不锈钢驳接件安装。

图 6－21　四爪驳接件

图 6－22　两爪驳接件

钢架金属驳接件支撑固定玻璃板块装饰橱窗玻璃墙的独立钢架结构，可以有各种各样的美化装

饰造型设计。但美化装饰造型设计必须在保证结构安全的前提下，体现外观装饰美化效果。独立钢架设计应包括墙体的地基基础施工设计，还应考虑当地的气象风力压强等因素进行完整的设计，并出具完整的施工设计图以保证结构安全。独立钢架金属驳接件支撑固定玻璃板块装饰橱窗玻璃墙的独立钢构架制作安装，包括固定玻璃板块的金属驳接支撑件及玻璃的选用、安装，应严格按照工程施工设计图实施，应有科学的施工技术方案，严禁在无施工设计图或无施工技术方案的情况下随意施工。独立钢架金属驳接件支撑固定玻璃板块装饰橱窗玻璃墙的钢架焊接制作，钢架构件连接处应四周、内外满焊；连接处焊接后应敲掉焊渣仔细检查，不得有漏焊，焊缝不得有夹渣、孔洞；立面、仰面焊接处无咬边损伤缺陷；焊缝应饱满、光洁。金属结构钢架应采用镀锌材料制作或涂刷油漆做防锈处理。钢架的制作安装必须保证玻璃板块安装面的垂直、平整度。玻璃板块安装必须调校平正，以保证玻璃板块安装后平整，玻璃板块不得有扭曲变形而导致内应力产生的情况。玻璃板块之间拼接应预留伸缩缝，伸缩缝的宽度不宜小于10mm，伸缩缝中注入玻璃结构胶填缝胶固。

四、成品装饰玻璃隔断安装

成品装饰玻璃隔断，是指按照装饰装修工程设计的尺寸规格，在工厂以机械化生产出来的成品隔断。成品玻璃隔断一般以铝合金、彩钢或塑钢等专用型材为框架，用5mm及以上厚度的普通玻璃制作而成，包括隔断中配套的门框和门扇。成品装饰玻璃隔断墙体占用室内空间小，装饰效果简洁明亮、现代气息浓郁，玻璃面可以作磨花或印花艺术美化处理，又不失装饰档次。成品装饰玻璃隔断适用于写字楼办公间、展览厅展览间、餐厅包房、商铺等可透明、隔音要求不高的室内房间或室内活动区域的分隔。成品玻璃隔断有单层玻璃隔断，有双层中空玻璃隔断。双层中空玻璃隔断隔音效果较好，夹层中空可以加装百叶窗帘。由于成品玻璃隔断在室内的装饰装修中具有很强的实用性，所以，成品玻璃隔断在装饰装修工程的设计中使用越来越广泛。成品玻璃隔断安装是在天棚、墙面、地面装饰施工完成后进行的，在施工现场只需要进行简单的装配施工。在装饰装修工程中，施工现场室内装饰隔断的制作施工，是一项工程量较大的施工项目。装饰装修工程设计、施工应采用成品玻璃隔断进行室内装饰施工，可以有效地减少施工现场粉尘产生、有毒气体排放、降低噪音等施工污染，净化施工环境；减少现场手工操作的施工，可以逐步改变依靠劳动力密集型施工的状况。

成品装饰玻璃隔断安装。由于隔断上部应固定在装饰天棚龙骨架上，施工中必须做好各方交叉配合施工环节的沟通。天棚轻钢龙骨架吊装时，副龙骨与成品玻璃隔断安装方向宜成纵横交叉状，然后用木质板在轻钢龙骨架上制作好成品玻璃隔断的固定安装位，以利成品玻璃隔断上框固定在轻钢龙骨架上。在其他艺术造型装饰天棚骨架下安装，运用木质板制作好专用固定结构或满足其他安装要求。成品玻璃隔断上框用自攻螺钉与天棚上的预留安装的木质板固定，螺钉间距不宜大于300mm。下框用膨胀螺钉固定于地面，固定螺钉间距不大于500mm。隔断框架应与天棚龙骨架成为整体，严禁将玻璃隔断固定于天棚龙骨架石膏板面层上。

成品装饰玻璃隔断中配套门框安装。成品装饰玻璃隔断中配套的门框框料、门扇框料，一般应与隔断的框架料相同，为矩形管料。由于框架料的管壁较薄，在制作门框时宜在固定安装门扇的门框管中塞入木方，包括门扇框安装铰链的管中也应塞入木方。以增强门框、门扇框上铰链安装的含钉力，保证门扇安装后不下垂变形。

成品装饰玻璃隔断安装时要做好装饰天棚、地面及其他部位装饰成品的保护，不得造成装饰天棚、装饰墙面、装饰地面的损坏。装饰装修工程中常见的成品玻璃装饰隔断见图6-23至图6-26。

图 6－23　铝合金型材框架单层玻璃成品隔断

图 6－24　型钢镀塑框架单层玻璃成品隔断

图 6－25　铝合金型材框架双层中空玻璃内置百页窗帘成品隔断

图 6－26　铝合金玻璃成品隔断与轻钢龙骨架隔断组合装饰隔断

五、玻璃砖砌筑装饰隔断或装饰墙施工

玻璃砖是玻璃料在高温熔化液体状态下，通过模具经机械压制而成的。装饰装修工程中常用的玻璃砖规格，一般边长在 200mm 以内，厚度在 100mm 以内；砖块有透明砖、乳白色和其他彩色砖，有的两面设计成各种花格或纹饰、图案，以增强装饰效果。玻璃砖砌筑装饰隔断或装饰墙，立体感强，具有明亮、彰显高档豪华的装饰效果，装饰效果别致。由于玻璃砖装饰效果比较特别，进行装饰的部位局限性强；玻璃砖砌筑装饰隔断或装饰墙须在施工现场砌筑施工完成；玻璃砖不宜切割成非整砖砌筑，须成上下对缝整砖砌筑；玻璃砖不适宜 90°直角转角砌筑，所以玻璃砖砌筑装饰隔断或装饰墙的设计，或砌筑前应选定砖块的规格型号，按其砖的尺寸计算好横竖使用匹数，预留好装饰隔断或装饰墙砌筑施工位的尺寸。因此，玻璃砖砌筑装饰隔断或装饰墙在装饰装修工程的设计中使用不是很广泛。

玻璃砖装饰隔断或玻璃砖装饰墙应在平整干燥的水泥混凝土地面或混凝土楼板上砌筑，宜在建筑物墙体框洞中或其他框架结构中砌筑；不得砌筑大面积的墙体或用作承重结构的墙体。玻璃砖墙体中不得设置门、窗洞口。玻璃砖砌筑前应挑去不规整、有裂痕、有气泡、缺棱掉角或有碰损缺陷的玻璃砖块。玻璃砖装饰隔断或装饰墙具有明亮的装饰效果，不宜使用普通的黑色水泥砌筑，应使用白水泥、聚乙烯胶液（又称801胶）拌和成白水泥浆砌筑，或使用玻璃砖专用砌筑浆料砌筑。由于玻璃结构密度大，具有不吸水的特性，黏结砂浆与玻璃砖的黏结牢度不高。因此，玻璃砖砌筑时应在墙体砖缝中加压拉结筋（Φ6～Φ8钢筋），横、竖钢筋的头应植入两端墙体或框架、混凝土地面中并用植筋胶胶粘固定。2 000mm及以上高度的墙体，横、竖砖缝中的钢筋交接处还应使用细铁丝绑扎，以保证墙体的强度。玻璃砖墙体的每匹砖砌筑应平直、砖块接缝整齐一致，墙体应垂直，砖缝灰浆饱满不亏灰，以保证墙体的装饰效果。墙体砌筑完成后及时清除、擦净挤压外露的水泥浆或其他污物。有透光或发光要求的，应按照装饰设计要求设置好电线或光源灯具。装饰装修工程中常见的玻璃砖砌筑装饰墙或玻璃砖砌筑装饰隔断见图6 27至图6 30。

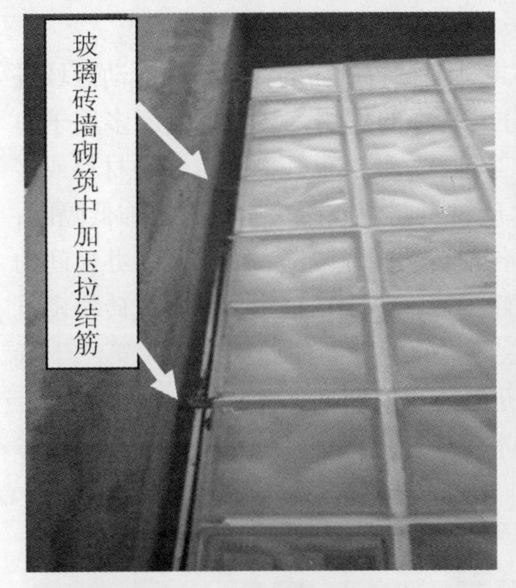

图6－27　砌筑中的玻璃墙

图6－28　室外玻璃砖装饰砌筑墙

图6－29　室外弧形窗洞中的玻璃砖装饰砌筑墙

图6－30　室内框架中的玻璃砖砌筑装饰隔断

第七章 装饰低隔断、格栅隔断工程

装饰低隔断、格栅隔断，是装饰装修工程设计中常用的两种室内装饰分隔形式，也是装饰装修工程中主要的施工项目。装饰低隔断、格栅隔断装饰效果独特，能使室内能达到既分隔又敞开的活动空间的装饰效果。

装饰低隔断，一般指1 000mm上下高度的、用木质材料或其他材料制作的，对室内活动区域进行简单的或象征性的装饰隔挡围栏，主要在室内空间起着分隔装饰的作用。装饰低隔断多用于迪厅、慢摇吧、酒吧、餐厅酒楼、咖啡厅、办公室等装饰装修工程中。装饰低隔断可以多种材料或多种结构形式制作。装饰装修工程中常见的有在施工现场以木质材料制作或砖块砌筑的装饰低隔断；有实木、玻璃、不锈钢、铁艺等装饰栏杆式的装饰低隔断；各种活动屏风隔断；洗手间、办公间的专用成品隔断等。本章介绍的装饰低隔断工程主要是装饰装修工程施工现场以木质材料或砖块砌筑的装饰低隔断的制作。实木、玻璃、不锈钢、铁艺等装饰栏杆式的低隔断的施工安装见第二十五章。其他专用成品隔断施工按照产品说明书或产品质量要求进行施工安装。

装饰装修工程中常见的木骨架木质饰面板装饰低隔断、木骨架玻璃饰面装饰低隔断、砖砌墙体玻璃饰面装饰低隔断见图7-1至图7-3。

图7-1 木骨架、木质饰面板镶贴饰面低隔断

图7-2 木骨架玻璃装饰镶贴饰面低隔断

图7-3 砖砌体黑色漆膜玻璃装饰镶贴饰面低隔断

格栅隔断是一种用木条板、木方，金属圆管、方管或矩形管，玻璃板、玻璃柱等材料制作成的条格状或类似于条格状的，具有双面通透装饰美化效果，对室内空间主要起着装饰作用的分隔形式。格栅隔断多用于商务洽谈间、酒吧、酒楼餐厅、咖啡厅、会议休息厅、办公室、发廊等室内空间的装饰分隔，以及其他特殊形式的卡座等室内外活动区域的分隔。格栅隔断特点是上触装饰天棚、下触装饰地面安装，所以，又称之为落地式格栅隔断。装饰装修工程中常见的格栅隔断见图7－4、图7－5。

图7－4 木方格栅装饰隔断

图7－5 玻璃方柱格栅装饰隔断

一、安装定位放线

装饰低隔断、格栅隔断制作前，先应根据平面设计图，进行室内活动区域分隔放线，以隔断体厚度的中心计算弹出墨线，划定低隔断地面安装位。格栅隔断还应使用红外线水平仪或线坠将地面安装位引申到墙面、天棚面上。

二、木质装饰低隔断制作安装

1. 木质装饰低隔断木质骨架制作安装

木质装饰低隔断骨架制作安装时，木龙骨规格不小于40mm×50mm。应选用木质结实、干燥且不易变形、无虫眼的木龙骨制作安装，不得使用朽木制作安装。木质装饰低隔断骨架宜使用双排木龙骨架结构。骨架结构横、竖木龙骨的间距不宜大于400mm，木龙骨连接应使用扣合榫结构制作，榫接面涂白乳胶黏结，射枪钉钉固，骨架校平校直后安装固定。木质装饰低隔断也可直接用大芯板、密度板作基层框架。木质装饰低隔断的宽度（净宽）不宜小于120mm，高度不宜低于800mm。一端紧靠墙或柱面安装，无墙或柱可靠的应以90°转角或“T”形制作安装，以增加隔断骨架的稳定性。装饰低隔断的长度不宜超过5 000mm，超过5 000mm的应分段留出出入口。木骨架与地面、墙面应用预埋木栓固定法安装，或使用预埋膨胀管的方法安装。预埋木栓安装应根据所弹的位置线，打孔塞入木栓，木栓间距不大于400 mm。预埋木栓的深度：混凝土墙体不小于50mm、砖砌墙体不小于70mm、地面不小于30mm，木栓应塞紧不松动。木栓预埋后以木栓中心划出横线以明示木栓的位置，以利于钢钉穿过木骨架钉入木栓内固定。预埋膨胀管的安装方法与预埋木栓的安装方法基本相同。（注：预埋膨胀管，即在砖砌基体上或混凝土基体上用冲击电钻钻出孔洞，孔洞的直径、深度一般根据塑料膨胀管的规格确定。固定件安装时将膨胀管插入孔洞中，再将自攻螺钉旋入膨胀管中，使膨胀管在孔洞中挤压膨胀固定安装物件的钉固方法。）

顶部有密闭发光灯槽的低隔断，在木龙骨架制作时应同时制作好灯槽。在木龙骨架中按设计要求敷设好电源线。木质骨架、木质面层板隐蔽面应涂刷防火涂料进行防火阻燃处理。顶部有密闭发光灯槽的应使用冷光光源灯管或 LED 光源发光。顶部有密闭发光灯槽的低隔断见图 7-6、图 7-7。

图 7-6　低隔断木骨架制作时应制作好发光灯槽

图 7-7　设计有发光灯槽的装饰低隔断

2. **木质装饰低隔断木质骨架面层**

木骨架装饰低隔断的木质骨架可用大芯板、九厘板或密度板面层。面层板与骨架之间涂刷白乳胶后射枪钉钉固。有装饰艺术造型设计的，一般用密度板制作造型安装于面层板上。装饰装修工程中常见的木骨架木质板面层低隔断、木质板骨架低隔断见图 7-8、图 7-9。

图 7-8　木龙骨骨架九厘板面层低隔断

图 7-9　用大芯板制作的低隔断骨架

三、砖块砌筑装饰低隔断施工

砖块砌筑装饰低隔断，可以用节能型轻质标块砖、轻质混凝土加砌块或其他轻质节能型砌块砌筑。低隔断墙体砌筑应使用国标普通硅酸盐水泥、矿渣硅酸盐水泥或粉煤灰硅酸盐水泥，其强度等级不低于 32.5MPa，水泥砂浆配比 1∶1。砖块低隔断墙体砌筑，一端宜紧靠墙或柱面，并在墙、柱体上打孔植入钢筋胶粘后砌筑。无墙或柱可靠的应以 90°转角或“T”形砌筑，在墙体砖缝中加压拉结筋（Φ6 钢筋），以增加或提高墙体的强度。墙体厚度不小于 150mm、高度不低于 800mm，长度不宜超过 5 000mm，长度超过 5 000mm 的应分段留出出入口。墙体应用水泥砂浆抹面，抹灰面搓平收光，抹灰面应适当洒水养护。凡水泥砂浆砖块砌筑装饰低隔断的墙体，应待墙体干燥后再根据设计要求进行装饰饰面施工。装饰装修工程中轻质标块砖、有孔砌块砌筑的装饰低隔断见图 7－10 至图7－13。

图 7－10　轻质标块砖砌筑的低隔断骨架

图 7－11　砖砌低隔断骨架水泥砂浆抹面

图 7－12　干燥后的砖砌低隔断骨架

图 7－13　大孔轻质砖砌筑的低隔断

四、装饰低隔断饰面板装饰镶贴

木质骨架装饰低隔断饰面层板，可用各种木质胶合饰面板、木质复合饰面板、铝塑板、不锈钢等金属饰面板；玻璃、马赛克；软包板块装饰件；雕刻花饰等饰面材料进行装饰饰面。

砖块砌筑隔断墙体干燥后，一般以玻璃、瓷砖、石材、马赛克等饰面材料装饰。

装饰低隔断骨架饰面施工时，具体的饰面材料应按设计要求选用，装饰效果应符合设计要求。以上各种材料的镶贴饰面或安装饰面施工，分别见本书中的相关章节。

五、装饰格栅隔断制作安装

装饰装修工程中格栅隔断的设计有多种结构或多种装饰形式，可用多种材料制作，如可以木质材料，不锈钢等金属方管、矩形管、圆管，玻璃板、玻璃柱等材料制作。在实际的装饰装修工程设计与施工中，格栅隔断多以木质材料制作。木质材料制作格栅隔断时，一般使用实木条板、小木方、小径圆木制作，或用大芯板、密度板锯成条板叠加制作成仿木方，再将其做成条格状或类似于条格状的格栅隔断。格栅隔断制作时应按照设计要求的尺寸规格下料制作或进行装饰饰面。但各种材质的格栅隔断的制作材料规格应有一定的要求，对格栅隔断的制作材料提出具体的尺寸规格要求，既有利于保证隔断的安全性能，也有利于格栅隔断有更好的装饰效果。各种材质的格栅隔断制作材料的规格不宜小于以下要求。

木质格栅隔断：木条板制作格栅，木条板的宽度不小于100mm，厚度不小于40mm；木方制作格栅，木方的规格不小于60mm×60mm；圆木制作格栅，圆木的材径不小于60mm。

金属格栅隔断：圆管制作格栅，管径不宜小于50mm×2.5mm；方管制作格栅，方管的规格不得小于50mm×50mm×2mm；矩形管制作格栅，矩形管的规格不宜小于60mm×40mm×2.5mm。管材表面光滑无毛刺、无锈蚀，安装牢固。

玻璃格栅隔断：玻璃柱制作格栅，圆玻璃柱的直径不得小于60mm，方玻璃柱的规格不得小于60mm×60mm；玻璃板制作格栅，玻璃板应使用钢化玻璃或夹胶玻璃等安全玻璃制作，玻璃的厚度不得小于15mm，玻璃板块的宽度不得小于150mm，玻璃边应倒角磨光。玻璃格栅的安装应牢固不晃动，有足够的安全性。

装饰格栅隔断框架：格栅隔断宜采用整体框架结构，即将格栅条嵌入框架内做成整体框架格栅的方法安装。框架宜用木制材料或金属方管或矩形管等制作。木质材料制作框架，木质的截面尺寸不宜小于80mm×80mm；黑色金属、不锈钢方管制作框架的材料规格不宜小于60mm×60mm×2.5mm；黑色金属、不锈钢矩形管制作框架的材料规格不宜小于60mm×40mm×2.5mm。格栅隔断框架应以上触装饰天棚、下触装饰地面安装为好。格栅隔断的安装方法与成品玻璃隔断的安装方法基本相同，见第六章中成品装饰玻璃隔断安装。实木格栅隔断坯体宜用木质油漆饰面；人造木质格栅隔断坯体宜用各种饰面板镶贴饰面或木质油漆饰面；黑色金属格栅隔断宜用氟碳漆饰面。

第八章 陶瓷砖、石材墙、柱面镶贴装饰工程

陶瓷砖、石材墙、柱面镶贴装饰施工，是指用瓷砖、石材板块在室内外的墙面、柱面上进行镶拼粘贴饰面装饰施工。陶瓷砖与石材具有良好的抗腐蚀性、耐候性好、无吸水性；具有可擦洗、无有害气体散发、美观耐用等优点，是建筑装饰装修施工中不可缺少的装饰材料。使用瓷砖或石材对各种室内外的墙、柱面进行镶贴饰面装饰，是装饰装修工程设计中运用最为广泛的装饰装修工程施工中的主要施工项目，也是各种大小、高中低档装饰装修工程都不可或缺的装饰施工项目。

一、陶瓷砖

陶瓷砖，俗称瓷砖，又称瓷板。一般用于墙面镶贴的陶瓷砖，简称墙砖。市场上供给装饰装修工程使用的陶瓷砖，大致可分为釉面砖和瓷质砖两大类。釉面砖与瓷质砖的区别在于烧制使用的材料不同，釉面砖不适宜制作成大规格板块，瓷质砖则可以制作成大规格板块。

1. 釉面砖

釉面砖，由陶土烧制而成。由于陶土烧制成的砖硬度、耐磨性能不高，装饰效果差。为了提高陶土砖的硬度、耐磨性能和装饰效果，在陶土制作的砖坯面上涂上相应的瓷釉后再烧制成砖，上釉后烧制成的砖称之为釉面砖。陶土砖上釉后的硬度、耐磨等性能的提升并不大，进行釉面处理，主要是为了改变陶土砖表面的光洁度与颜色，增强装饰效果、提高抗污性能。陶土砖的密度小、质地较松脆、硬度不高、易切割、易碰撞损伤或划伤，孔隙率大、吸水率大，饰面镶贴前需要在水中浸泡湿水。釉面砖的硬度、耐磨、耐候性等性能不如瓷质砖。所以，釉面砖不适宜室外墙、柱面镶贴饰面和地面铺设饰面，只适宜于室内墙、柱面的镶贴装饰饰面。

目前，釉面砖的规格品种主要有：普通釉面砖、彩色或绘画釉面砖、压花或雕刻艺术砖（拼花镶贴砖)、墙裙线条砖、阴阳角专用条砖等。装饰装修工程中常用的釉面砖的主流规格品种有330mm×250mm、450mm×300mm 等规格砖。

2. 瓷质砖

瓷质砖，由瓷土烧制成的砖，简称为瓷砖。国内以江西景德镇高岭村的瓷土为最好，所以瓷土又称高岭土。瓷砖密度大、硬度高，耐磨、不易切割，孔隙率小、吸水率低，饰面镶贴或铺贴前不用在水中浸泡湿水。由于普通瓷质砖的装饰效果较差，以及其他性能也满足不了室内外装饰装修工程的需要。为了提高瓷质砖的装饰效果，提高瓷质砖的耐磨、抗污、防滑等性能，经过科技人员的不断研究，在瓷土砖坯面上涂刷或喷涂各种不同的瓷釉，或进行其他材料复合饰面处理后再烧制，在提高了瓷质砖的抗腐蚀性、耐候性、耐磨性、抗污、防滑等性能的同时，也使瓷砖具有了更好的装饰性，一些品种同时还具有仿天然石材的装饰效果。瓷质砖适合于室内外墙、柱面的镶贴饰面装饰及地面的铺贴饰面装饰。通过抗污、防滑特殊处理后的瓷质砖，用于地面铺贴装饰饰面的性能更好。

装饰装修工程中常用的瓷质砖品种主要有：瓷质抛光砖、玻化砖，瓷质仿天然石材砖、仿古

砖、仿火烧板面砖等，以及各种小规格的外墙饰面专用砖。随着瓷砖的烧结技术不断进步，室内墙、柱面及地面饰面砖的设计使用也在不断由小规格板块向着大规格板块化的趋势发展，包括石材也同样。目前，室内墙、柱面饰面砖使用的主流规格有：400mm × 400mm、500mm × 500mm、300mm ×600mm、600mm ×600mm，以及 600mm ×1 000mm、600mm ×1 200mm 等大规格的墙砖。高层建筑外墙饰面砖的使用规格一般在 300mm × 100mm 以内。300mm × 600mm 的规格砖，多使用 600mm ×600mm 成品砖切割加工而成，包括瓷质砖地脚线。瓷质砖的厚度，生产厂家在生产时一般已设计好，足可以保证砖的强度。

二、石 材

用于建筑装饰装修工程中的石材大致可分为天然石材和人造石材两大类。

1. 天然石材

天然石材，泛指从天然岩体中开采出的大块毛石，俗称荒料，经锯切、打磨、抛光加工而成装饰饰面需要的石材板块。包括各种规格、不同质地的石材块料、条石等。装饰装修工程中常用的天然石材有大理石、花岗岩、玉石、火山石等，但装饰装修工程设计、施工中主要使用的石材为大理石和花岗岩两大类。

（1）大理石。传说大理石是以云南大理地名而命名。大理石与花岗岩相比，硬度不如花岗岩高，属于中硬石材。大理石具有石质细腻、耐磨、吸水率小、易于清洁等优点。石材表面经过研磨抛光后可呈现漂亮的肌理花纹或图案，表面可加工成镜面、哑光面、粗糙面。浅色石材的装饰效果庄重而典雅，深色石材的装饰效果华丽而高档。大理石石材主要用于宾馆、饭店、银行、纪念馆、博物馆、办公大楼等建筑物室内的墙面、地面、柱面、楼梯踏步、门窗套、电梯门套，以及吧台、服务台、家具、窗台面、洗漱台面等部位的高级装饰，也可用于造型背景墙的装饰及门套线、踢脚线或其他部位的装饰线等。由于大理石的抗风化能力和耐腐蚀的性能较差，不宜用于室外装饰。因为大理石中所含的碳酸钙容易在大气中受到硫化物及水气的作用而被腐蚀，会使大理石表面失去光泽，所以室外装饰应慎用大理石。只有质地较纯、杂质少的大理石，如汉白玉等在室外比较适用。

天然大理石的品种繁多。天然大理石饰面板的品种或名称一般是以加工后表面所显示的花色、纹理结构特征，或以石材产地等因素命名分类，如：黑金沙、地金黄、米黄石、黑金花、大花绿、洞石、热带雨林、印度白金等。

天然大理石按石材表面加工光洁度主要有：镜面板材、亚光板材、粗糙面板材。

天然大理石按色系主要有：白色系列、灰色系列、黄色系列、粉红色系列、赤红系列、蓝绿色系列、褐色系列、黑色系列等。

（2）花岗岩。花岗岩石材结构密度大，具有质地坚硬、耐腐蚀、耐磨、抗冻融性好、耐候性好、吸水性小等优点。花岗岩石材主要用于宾馆、饭店、银行、纪念馆、博物馆、写字楼、商场、影剧院等建筑物的室内外地面，墙、柱面，楼梯踏步及背景造型等部位的高级装饰，也用于吧台、服务台、家具的台面和立面装饰，还可用于室外门头、门套线、踢脚线或其他部位的装饰或装饰线等。

天然花岗岩饰面板的名称或品种命名与大理石基本相似，花岗岩石材的主要规格品种按其加工方法分有：磨光板材或称抛光板、亚光板、火烧板、蘑菇石、剁斧石等。

按其色系主要有：橙色系列、黑色系列、灰白系列、褐黄色系列等。

有些花岗岩石材含有微量放射性核素镭、钍、氡，对人体有害。在装饰装修工程的设计与施工中，对室内墙、地面饰面石材品种的挑选使用应谨慎。国家《建筑材料放射性核素限量》（GB6566 -

2001）标准中，对天然花岗岩石材放射性核素限量释放有明确规定。（注：该标准在装修材料中还涵盖了建筑陶瓷、石膏制品、吊顶材料、粉刷材料，未涵盖大理石、火山石、砂岩等石材。）将天然石材按放射性核素的比活度分为A级、B级、C级，并规定：

A级：比活度较低，产品使用不受限制，可用于一切部位的装饰；

B级：比活度较高，可用于I类民用建筑的外饰面及其他一切建筑物的内外饰面；

C级：比活度很高，只能用于室外饰面，或人类很少能直接接触的地方。

装饰装修施工企业一般不具备，也不可能有石材放射性核素限量释放检验的能力或资格。施工企业在施工中应严格查验石材生产厂家提供的、有效的石材放射性核素限量释放检验合格报告。应使用符合国家天然花岗岩石材放射性核素限量释放标准的石材，进行室内污染控制。有效的检测数据合格报告，指具有合法检测资格的质检机构出具的、在有效检测期内的质检报告。

2. 人造石材系列

人造石的种类较多，装饰装修工程施工中常用的人造石主要有：树脂胶凝型人造石材、水泥型人造石材等。

树脂胶凝型人造石材是一般以天然大理石、花岗岩碎料或优质石英沙等为主要原料，配以高级无机化工颜料，以树脂等聚合物胶凝剂拌和，经塑化制成板块坯料后加压成型，再经切割、打磨抛光等工序制成的一种新型装饰板材。树脂胶凝型人造石可仿制成各种各样的天然大理石、花岗岩石材，具有结构紧密、强度高、色泽均匀、不燃烧；加工性能好，可锯、可钻孔，不易炸裂、易黏结、施工方便等优点。树脂胶凝人造石材适合于石材胶、结构胶黏结镶贴安装，不适宜水泥砂浆镶贴安装。主要技术指标接近天然石材产品，花纹及装饰效果可与天然石材媲美，是一种新型节能、环保的装饰材料。树脂型人造石材适用于室内各种墙面、柱面、窗台面、家具台面、洗面台或橱柜台面的饰面装饰，以及各种装饰柜体的制作。

水泥型人造石，即混凝土。在装饰装修工程中主要用于地面、楼梯、台阶的饰面装饰，俗称水磨石地面。水磨石制作施工见第十八章中水磨石装饰地面铺设。

三、施工材料质量控制

（1）对进入施工工地的瓷砖或石材应按照相关的产品质量标准，从多个包装中进行抽样检验，抽检率不小于20%。

（2）目测、手摸检查：瓷砖、石材，无裂纹、无划痕、无碰撞缺陷、表面无疤痕。瓷砖板块无色差，石材板块无明显色差，网纹基本一致。

（3）尺量检查：量边长、量对角，允许误差不大于1mm。

（4）板块平整度检查：弯曲不大于0.5mm，靠尺校面，塞尺插入检查。

（5）板边检查：四边平直，允许误差不大于0.5mm；厚薄一致，允许误差不大于1mm。靠尺校边，塞尺插入检查，尺量。

（6）石材色差的控制与石材色彩的鉴别，按照第十章中石材板块色差控制进行。

（7）根据调查研究，有些大理石品种肌理或颜色特别漂亮，装饰效果有特色。设计师为追求其装饰效果，设计时大量采用，以最大限度地满足工程建设方的要求。但这些天然大理石类板块质地松软，在加工、运输、施工安装过程中容易产生横断裂纹、网状破碎裂纹。工程施工方应根据实际情况向建设方予以说明，或以合同约定，以减少工程验收时的争议。

（8）室内装饰用瓷砖、天然花岗岩石材应通过正规渠道采购。花岗岩石材、瓷砖进入工地后，应查验生产厂家提供的、合法的质检机构出具的有效期内的放射性核素限量释放检测合格报告。瓷砖、天然花岗岩石材的天然放射性核素限量应符合国家《建筑材料放射性核素限量》（GB6566－2001）标准。

（9）石材、瓷砖要求采用水泥基型专用黏结剂镶贴施工的，应检查黏结剂的有效期，了解其正确的使用方法，并现场做镶贴牢固度的试贴测试检验后再进行镶贴施工。

四、瓷砖、石材饰面镶贴基层要求与处理

（1）室内外混凝土剪力墙、砖砌墙的水泥砂浆抹灰面与基体黏结应牢固、无空鼓，表面坚硬、凹凸部位用水泥砂浆找平。

（2）室内不同材料墙体或GRC轻质墙板板块接缝处表面，应铺钉金属网或高强度尼龙抗裂布网后用水泥砂浆抹平。防裂挂装网的宽度不小于150mm。

（3）光滑、坚硬的乳胶漆或油漆及其他饰面层旧墙柱体的基层表面，应进行凿毛或作铲除处理。凿毛深度应为15～20mm、间距不大于50mm。基体表面残留的砂浆疙瘩、灰尘及油污等应清理干净。

（4）门、窗框与墙的交接处缝隙应用水泥砂浆嵌填密实，或专用填缝材料嵌填密实。

（5）室内小面积木质墙、柱基层面瓷砖、石材镶贴，木质基层应安装牢固，基层能有效承载瓷砖、石材饰面板的重量。木质基层板块表面平整、干燥，无开裂起壳。

（6）瓷砖、石材镶贴适用于垂直的墙、柱面镶贴，不宜在天棚面或其他投影面上进行装饰镶贴饰面。

五、瓷砖、石材饰面镶贴预排分格弹线

（1）室内外墙、柱面饰面砖镶贴，有多种板块的横竖排列、错缝方式。但饰面砖的砖缝排列只有密缝和离缝两种镶拼方式。饰面砖的横竖排列、错缝方式或板块拼缝方式，应按照设计要求进行分格弹线计算。分格弹线宜按照施工基准水平线，找出下部第一匹饰面砖的水平线，计算出饰面砖纵横向的匹数，弹出饰面砖匹数的水平分格线和垂直控制线。非整砖应排列在墙、柱面上部，或墙面垂直阴角处。门窗洞口、阳角处不宜排列非整砖。大面积水泥砂浆抹灰面墙面饰面砖镶贴时，应先拉线或靠尺校准平整度，贴若干临时标志块或标高固定物，作为装饰面层的基准标高点，以保证镶贴面的平整度。大面积墙面瓷砖板块镶贴宜先进行小面积试拼，观察装饰效果后再大面积镶贴。装饰装修工程中瓷砖镶贴施工前常见的板块镶贴试排见图8－1。

图8－1　瓷砖镶贴前进行的两种装饰效果的试拼镶贴

（2）室内墙、柱饰面墙砖或石材先行镶贴施工，板块预排时应考虑地面或天棚面的饰面层安装工位的预留。如墙砖压地砖不做地脚线，或天棚面不做阴角线施工时，下部第一匹饰面砖的起始高度，以及上部第一匹砖的收口，应按设计要求或根据墙柱面饰面板块的实际情况预留出地面、天棚饰面层的后续施工的工位。

六、水泥砂浆抹灰面基层瓷砖镶贴

（1）瓷砖镶贴使用国标普通硅酸盐水泥、矿渣硅酸盐水泥或粉煤灰硅酸盐水泥，其强度等级不低于32.5MPa，水泥砂浆配比1:1。镶贴砂浆应使用洁净水拌和均匀，镶贴水泥砂浆应有较好的和易性，水泥砂浆以抹在板块上不快速流动为宜。使用专用黏结剂进行镶贴施工的，应按照黏结剂产品的说明书执行。

（2）釉面砖镶贴前应浸泡湿水。砖块表面清理干净后，置于清水中浸泡1.5～2小时。浸泡好后阴干，阴干时间视天气和环境温度而定，一般为3～4个小时，以饰面砖表面有潮湿感，手按无水迹为宜。干燥的水泥砂浆抹灰面基层应适当喷水浸湿。

（3）瓷砖镶贴前应用铝合金方管或矩形管，或刨平刨光的长条木直尺，确定下部第一匹饰面砖的水平线，并将其固定后作为防止镶贴板块下滑的托挡。有防水层的墙面严禁使用钢钉固定托挡。瓷砖板块镶粘贴结面满刮水泥砂浆，由下向上镶贴。瓷砖镶贴水泥砂浆的厚度8～10mm，较大规格砖的厚度不超过15mm。板块镶贴于墙面后用力按住，并用木槌或橡皮锤轻轻敲击，用长靠尺校正平直，及时擦净挤压外露砂浆。饰面砖紧密贴于墙、柱面后，再进行下一片镶贴。瓷砖的轻微厚薄误差，可用粘贴砂浆的厚薄调整，但瓷砖规格尺寸有误差（俗称大小头），会导致无法收尾，所以，规格尺寸有误差或板边不平直的瓷砖弃用。

图8－2 瓷砖镶贴塑料码卡控制离缝宽度

（4）离缝板块镶贴时，板块之间可塞入设计尺寸的沟缝码卡，控制调整板块离缝宽度，以保证离缝沟槽宽窄一致、美观。镶贴完后及时对沟槽进行清理，用水泥浆或专用的勾缝剂勾缝，形成横向或竖向的装饰缝格线条。常见的瓷砖板块离缝镶贴，使用塑料码卡控制板块缝宽施工的做法见图8－2。

（5）边长400mm及以上大规格瓷砖宜采用金属丝绑扎灌浆法镶贴施工。瓷砖金属丝绑扎灌浆法镶贴施工与天然石材金属丝绑扎灌浆法镶贴施工基本相同，参照本章水泥砂浆抹灰面基层石材镶贴中工艺操作。

（6）室内卫生间等涉及用水潮湿的房间内，埃特板基层的墙、柱面的瓷砖镶贴饰面，镶贴前应在埃特板基层上钉挂金属网，在金属网上再进行水泥砂浆抹面，形成水泥砂浆抹面后镶贴。装饰装修工程中室内墙柱面瓷砖镶贴饰面施工中常见的埃特板基层金属网挂面水泥砂浆抹面的做法见图8－3。

图8－3 埃特板基层墙面上钉挂金属网水泥砂浆抹面的做法

（7）其他干燥的室内房间的埃特板为镶贴基层的墙、柱面，小尺寸规格的瓷片砖镶贴饰面，包括木质板基层的小尺寸规格的瓷片砖镶贴饰面，可以直接使用水泥基型瓷砖专用黏结剂镶贴。但在使用水泥基型瓷砖专用黏结剂镶贴施工前，应在镶贴墙面上做黏结强度试验检测，了解其正确的使用方法，以保证瓷砖的镶贴质量。直接使用水泥基型瓷砖专用黏结剂进行瓷砖镶贴饰面，不宜使用大规格的瓷砖镶贴。各种新型高效、便捷、无粉尘污染的瓷砖镶贴黏结新品材料将不断研发上市，施工时应详细了解其产品的性能或使用方法后再施工。

七、水泥砂浆抹灰面基层石材镶贴

（1）石材镶贴应使用国标普通硅酸盐水泥、矿渣硅酸盐水泥或粉煤灰硅酸盐水泥，其强度等级不低于32.5MPa，水泥砂浆配比1:1。镶贴砂浆应使用洁净水拌和均匀，镶贴水泥砂浆应有较好的和易性，砂浆的黏稠度以抹在板块上不快速流动为宜。干燥的水泥砂浆抹灰面基层应适当喷水浸湿。使用专用黏结剂进行镶贴施工的，应按照黏结剂产品的说明书执行。

（2）石材镶贴前用铝合金方管或矩形管，或刨平刨光的长条木直尺确定下部第一匹饰面砖的水平线，并将其固定后作为防止镶贴板块下滑的托挡。有防水层的墙面严禁使用钢钉固定托挡。石材板块背面应满刮水泥砂浆，由下向上镶贴。石材镶贴水泥砂浆的厚度10～12mm，最大不超过15mm，镶贴于墙面后应用力按住，并用木槌或橡皮锤轻轻敲击，用靠尺按标志块或通线将其校正平直，使饰面砖紧密贴于墙、柱面后再进行下一片镶贴，及时擦净挤压外露砂浆。

（3）天然石材水泥砂浆镶贴施工，应考虑防止装饰面出现水泥砂浆侵蚀返碱或污斑透底现象的发生，宜先在石板镶贴黏结面及板边四周多层涂刷抗碱剂封闭。浅色的天然石材板块镶贴，宜使用白色水泥浆镶贴或白色水泥浆灌注镶贴，以避免普通水泥砂浆透底而影响装饰效果。一些特殊的石材，如浅色石材、洞石等无法控制水泥砂浆污斑或透底的，宜采用石材胶胶粘镶贴施工。

（4）边长400mm及以上大规格石材，包括粗犷面石材，宜使用金属丝绑扎灌浆法镶贴。石材板边长大于600mm及以上大规格板块，大面积墙面、柱面镶贴饰面宜采用钢挂法施工，可按照第十章中的相关施工工艺施工。

（5）灌浆法金属绑扎丝安装。金属绑扎丝安装应先在石材板块背面开槽或开孔，再将金属丝嵌入槽内或穿入孔洞固定在石材板块上，也可将金属丝用云石胶胶粘固定在板块背面，预留200mm长度的金属丝备用。金属绑扎丝宜使用铜丝或不锈钢丝，绑扎丝的直径不得小于1.5mm，每块石材或瓷砖的绑扎固定点不少于两个。石材、瓷砖板块与墙、柱面的绑扎固定，可采用将小型膨胀螺钉安装固定在墙体内，或用水泥钉直接钉入墙体内，供绑扎固定。金属丝绑扎灌浆法镶贴施工常见的天然石材板块、瓷砖板块金属绑扎丝胶粘安装见图8－4、图8－5。

图8－4 先在天然石材板块背面开槽后嵌入金属绑扎丝胶粘安装法

图8－5 瓷砖板块背面直接将金属绑扎丝胶粘固定法

（6）灌浆镶贴。石材、瓷砖镶贴灌浆的方法有多种，常用的施工方法是用较稠的水泥砂浆，先在镶贴墙面上抹成镶贴厚度的“山”字形灌浆槽，再将石材板块粘贴于墙面校平校直稳固后，用预留的金属绑扎丝将石材板块绑扎固定于墙面预置的钢钉上，再次校平校直镶贴板块后向“山”字形的缝隙中灌注水泥砂浆。灌浆时用橡皮锤轻轻敲击震动，使水泥砂浆灌满密实，及时擦净挤压外露砂浆。灌浆时应控制水泥砂浆外喷挤压导致板材凸出。柱面宜在灌浆前用木方等加工成夹具，四面夹住固定饰面板块，以防止灌浆时饰面板挤压外胀。第一匹板块灌浆时上部宜留有100mm以上余量，作为上一面匹板块灌浆的接缝，以此类推，镶贴面最上一匹板块灌满不留空间。灌浆法镶贴不适宜室外大面积墙面石材镶贴。室内安装高度不宜超过3 000mm。常用的金属丝绑扎灌浆镶贴见图8－6至图8－12。

图8－6　将水泥砂浆先在镶贴墙面上抹成镶贴厚度的“山”字形

图8－7　用靠尺检查水泥砂浆的涂抹厚度

图8－8　将石材板块镶贴上墙

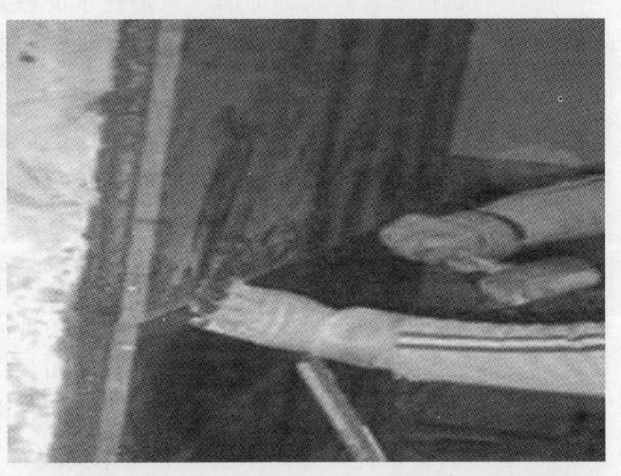

图8－9　敲击石材板块至水泥砂浆密实并校平校直

图8－10　向“山”字形缝隙中灌注水泥砂浆

图8－11　及时清除板块面上挤压外露的水泥砂浆

图 8－12　石材板块金属丝绑扎固定于墙体

（7）室内特殊石材镶贴。如对一些浅色石材、洞石等石材板块进行室内水泥砂浆抹灰面基层镶贴饰面时，既无法控制水泥砂浆的造成污斑或透底，又不适宜钢挂施工的，宜采用石材胶或玻璃胶结构胶胶粘镶贴施工，施工时涂胶黏结面不宜小于镶贴板块面积的 60%，以保证粘贴面的黏结强度。室内水泥砂浆抹灰面基层胶粘镶贴施工方法详见本章室内木质基层石材、瓷砖胶粘镶贴部分。

八、室内木质基层石材、瓷砖胶粘镶贴

传统的石材、瓷砖装饰饰面，只是在水泥砂浆砌筑的、平整的墙柱面上进行镶贴装饰饰面。但随着室内装饰装修工程设计技法的丰富多彩，装饰设计师为了追求最好的装饰效果，延伸到了在室内墙、柱面、轻质隔断上的、非平面的装饰艺术造型面及室内门套、门套装饰线、装饰艺术造型背景墙等的装饰部位也要求进行石材、瓷砖镶贴饰面的设计。由于室内墙、柱面上的装饰艺术造型结构、门套及门套装饰线等部位的基层不适宜水泥砂浆砌筑制作，又不适宜钢挂施工，必须使用木质材料制作各种装饰艺术造型结构或装饰镶贴基层，便由此产生了室内装饰木质基层面石材、瓷砖的镶贴施工工艺。木质基层石材、瓷砖镶贴与黏结性能优良的胶粘剂是分不开的。室内墙、柱面木质装饰艺术造型基层设计使用石材板块胶粘镶贴饰面的做法见图 8－17 至图 8－19。但室内木质基层石材、瓷砖镶贴饰面不宜大面积装饰镶贴饰面，仅适用于室内高度 3 000mm 以下的、零星小面积的木质基层墙体，或木质基层柱体面的镶贴饰面，以及各种木质骨架装饰柜类的饰面镶贴等。

1. 室内石材、瓷砖镶贴木质基层制作安装

室内墙、柱面装饰艺术造型石材、瓷砖饰面镶贴的木质基层，可以有多种制作安装方法，下面介绍一些常见的石材、瓷砖镶贴饰面木质基层的做法和安装方法。

（1）在不平整的水泥砂浆砌筑的墙、柱面上，宜将大芯板锯成板条钉做成“∟”形龙骨后再制作基层骨架，骨架龙骨的规格不得小于 50mm × 50mm。“∟”形龙骨制作应涂刷白乳胶黏结、射枪钉钉固，钉距不大于 100mm。“∟”形龙骨有利于墙面膨胀螺栓的安装，“∟”形龙骨在墙柱面上安装时应与 50 型水泥射钉、膨胀螺栓同时使用。膨胀螺栓的间距不得大于 400mm，水泥射钉的间距不得大于 150mm。木质基层骨架应在墙、柱面上校平校直后固定，在平整的基层骨架上可铺装大芯板或高密度板进行骨架面层，以及在面层上再进行装饰艺术造型的延伸制作（装饰艺术造型的延伸制作见图 8－13、图 8－14、图 8－17），形成石材、瓷砖饰面镶贴的木质基层。木质骨架面层应使用干燥、厚度不小于 12mm 的、无炸裂起壳等质量缺陷的优质板材。木质面层板与基层骨架之间应涂刷白乳胶黏结，使用不小于 40 型的射枪钉钉固，钉距不大于 100mm。木质骨架、木质面层板面应涂刷防火涂料做防火阻燃处理。

装饰装修工程中常见的水泥砂浆砖砌墙面，供石材饰面造型镶贴的木质基层骨架与骨架面层板的制作安装，见图 8-13、图 8-14，图 8-17 至图 8-19。

图 8-13 在砖砌墙面上用大芯板制作成的、供石材镶贴的木质基层面板安装的木骨架及石材门套镶贴的木质基层及石材门套镶贴的木质基层

图 8-14 在木骨架上用大芯板面层铺装成的供石材板块错落造型设计饰面镶贴的木质基层

（2）在平整、干燥的，无空鼓、起壳的水泥砂浆抹灰面的，水泥砂浆砌筑的墙、柱上，可不用制作安装基层木骨架，宜直接在墙、柱面上铺装大芯板或高密度板，做成供石材、瓷砖的镶贴木基层，以及在面层上再进行装饰艺术造型的延伸制作成供石材、瓷砖的镶贴木基层。铺装大芯板或高密度板应使用射枪钉射入水泥砂浆砌筑的墙体内将木质板固定，射枪钉的长度不得小于 50mm，射枪钉的横竖间距不得大于 100mm；木板与墙体之间应适当使用玻璃结构胶黏结，以加强安装强度。

（3）室内石材装饰镶贴饰面隔断骨架的制作安装。室内非承重隔断墙面设计使用石材或大规格板块瓷砖镶贴饰面的，应使用黑色金属方管或矩形管焊接制作隔断墙体骨架，管材的规格不宜小于 60mm×60mm×2.5mm，竖向管材的间距不大于 600mm，横向管材的间距不大于 800mm，以保证钢质隔断骨架能有效地承载石材、瓷砖的悬挂荷载。钢质隔断骨架应在平整的地面上进行对接校平校直后焊接，钢架应涂刷防锈漆进行防锈处理。钢质隔断骨架的安装，可参见第五章中相关施工工艺施工。隔断钢骨架宜铺装大芯板面层做成镶贴基层，以及在面层上再进行装饰艺术造型的延伸制作。大芯板在金属隔断骨架上安装，应使用钻尾螺钉连接安装（钻尾螺钉见第二十六章第 194 页中注释），螺钉用量不少于 18 颗/m^2，螺钉帽应沉入板面 3mm。墙体木质面层板内侧面应涂刷防火涂料做阻燃处理，不得漏涂。常见的室内钢质矩形管焊接制作的石材饰面隔断骨架，隔断骨架大芯板铺装面层制作石材镶贴基层的做法见图 8-15、图 8-16。

图 8-15 钢质矩形管焊接制作的室内非承重的、供石材饰面的隔断骨架

图 8-16 在钢质隔断骨架用大芯板面层铺装成的石材饰面镶贴木质基层面

2. 石材、瓷砖木质基层镶贴

石材在木质基层镶贴前，应在基层面上根据设计要求进行石材板块的预排计算，分格弹线或根据分格线取模后再进行石材板块下单下料。石材板块镶贴时应与基层上的分格线进行比试，比试吻合、调校平整到位后涂胶镶贴。石材、瓷砖镶贴宜使用快干干挂胶定位，结构胶、石材胶同时使用，分开涂抹。瓷砖、石材背面的涂胶点的施胶量，根据所贴板块大小规格而定。但石材、瓷砖板块背面的涂胶点横竖距离不宜大于250mm，涂胶黏结面不宜小于镶贴板块面积的60%，以保证粘贴面的黏结强度。板块涂胶与基层镶贴合拢后，再一次及时进行板块的校平校直后固定，及时清除干净挤压外露的胶渍，待胶粘剂固化后镶贴下一片。装饰装修工程中常见的室内墙、柱面装饰艺术木质造型基层的石材板块镶贴饰面见图 8 －17 至图 8 －19。

图 8 －17　以木质材料制作的墙柱面装饰艺术造型结构、电梯门套基层，天然石材板块胶粘镶贴饰面安装施工

图 8 －18　木质材料制作的墙面石材线条叠级造型基层石材板块胶粘镶贴饰面装饰安装施工

图 8 －19　在平整的水泥砂浆砌筑的墙面上制作的木质基层板上的石材板块胶粘镶贴安装施工

九、瓷砖、石材装饰面开关插座、给水安装孔等的预留掏挖

（1）墙、柱面上各种电气开关、电源插座孔、配电箱、卫生设备安装的墙面外露支撑架等部位的预留孔，应用整砖进行机械套割。套割孔洞应与电气开关、电源插座的底盒、配电箱箱体、外露支撑结构应相吻合。严禁使用非整砖拼凑镶贴，以保证装饰面的美观。

（2）墙面给水口处，瓷砖、石材镶贴时应在饰面砖背面划定洞孔掏挖点位，按照管径尺寸用切割机从饰面砖背面慢慢进行掏挖，使其饰面砖变薄后，用小尖锤或合金钢錾子从圆孔中心向外圆轻轻敲击，直凿到符合要求为止，这样敲凿的孔洞内圆、边缘整齐、缝隙小、美观。墙面给水口也可使用专用合金钻头钻孔，其操作简便，但孔的中心度不好掌握，容易偏离中心。

十、瓷砖、石材镶贴阴阳角处理、非整砖的加工制作

（1）石材板块镶贴饰面，阴、阳角处理有设计要求的，按设计要求处理。无设计要求的宜将石材厚度的二分之一板边开成45°坡面相碰，形成碰角（见图8－17中图），俗称海棠缝（音），在碰角形成的阴角中注胶胶固，或将板边直接对角成阳角状。阴角处可用板块直接压边做角。

瓷砖镶贴阳角处宜将板块板边开成45°坡面相碰，形成碰角，或使用三角条瓷砖（一种阴阳角专用条砖），或嵌入专用金属阳角护角线做角。如用三角条瓷砖镶条，或嵌入专用金属阳角护角线做角，瓷砖镶贴时则应将阳角镶嵌安装件的安装位置预留配好，以利镶嵌安装。三角条瓷砖使用水泥砂浆镶贴，金属线可胶粘安装或嵌入水泥砂浆中安装。阴角处可用板块直接压边做角。（注：三角条瓷砖、专用金属阳角嵌条线适用于薄型的釉面砖镶贴做角。）

（2）瓷砖、石材饰面镶贴都存有非整砖的使用，非整砖的加工制作很重要，非整砖加工制作的质量直接影响到装饰效果。非整砖的加工制作，应根据镶贴实际部位的情况，量准尺寸、量准角度、画好切割线，做到切边整齐，拼接比对吻合，保证非整砖的加工制作质量。统一、批量的非整砖的加工宜在指定的地点集中、专人、专用机械加工制作。

第九章　马赛克镶贴装饰工程

装饰装修工程中使用的马赛克，是指用各种不同材质的材料加工成的小块状的装饰镶贴饰面材料（板块边长一般在80mm以内）。马赛克有着各种各样的几何形状外观。传统的马赛克品种主要有陶瓷马赛克（又称锦砖马赛克）、玻璃马赛克。随着马赛克生产技术的进步，市场上开发出了多种新型材质的马赛克品种，如天然石材、人造石材马赛克，铝塑复合马赛克，实木马赛克，贝壳马赛克，不锈钢、钛金马赛克，黄铜、紫铜马赛克等各种各样品种的马赛克。使得马赛克的花色品种更加丰富，装饰效果更加绚丽多彩、装饰用途更为广泛。市场上虽然开发出了多种新型材质的马赛克品种，但传统的陶瓷马赛克、玻璃马赛克有着其他材质马赛克不可替代的优点，其产品的花色也在不断创新升级。因此，传统的马赛克仍然是装饰装修工程中使用的主流品种。马赛克在装饰装修工程的设计中使用非常广泛，马赛克镶贴也是装饰装修工程施工中常用的、主要的施工项目。传统材质的马赛克是以纸底与马赛克颗粒装饰面粘贴成片，俗称纸皮砖。纸皮砖镶贴时马赛克颗粒容易脱落，施工难度较大。目前纸皮砖在市场上已不多见，已基本淘汰。新型的马赛克饰面镶贴方片是以塑料网或尼龙网做背网（背网又称底网），背网与马赛克颗粒镶贴面粘贴成片，规格一般为300mm×300mm（包括颗粒缝隙）。底网马赛克镶贴后，底网与马赛克之间不用剥离，使马赛克的镶贴施工难度大大降低，施工更为简便，镶贴质量或装饰效果更完美。装饰装修工程中的传统纸皮砖马赛克、新型的背网马赛克见图9－1至图9－4。

图9－1　传统的纸皮马赛克片

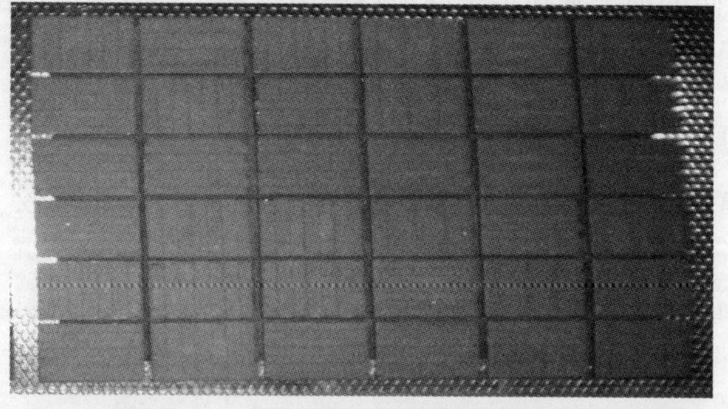

图9－2　传统的纸皮马赛克颗粒镶贴面

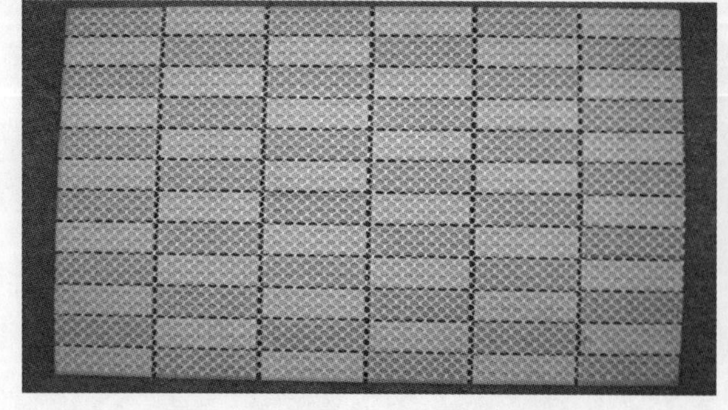

图9－3　新型的尼龙背网马赛克片

图9－4　背网马赛克片镶贴后的剖面

一、各种马赛克的性能

陶瓷马赛克、玻璃马赛克、天然石材马赛克，质地坚硬，耐腐蚀、耐磨性好、耐水、易擦洗，其用途基本不受其他条件的限制，用于地面装饰还具有良好的防滑功能。由于陶瓷马赛克、玻璃马赛克、天然石材马赛克具有良好的耐候性，不受装饰部位的限制，使用性更为广泛。陶瓷马赛克、玻璃马赛克、天然石材马赛克，适合于室内外墙、柱面、室内外地面、室内天棚面，以及游泳池、各种景观水池、各种装饰柜类等的镶贴装饰饰面。

人造石材马赛克、铝塑复合马赛克、贝壳马赛克、实木马赛克等，包括各种金属品种的马赛克的耐候性、防水性、耐磨性等不如陶瓷马赛克、玻璃马赛克、天然石材马赛克，只适于室内墙、柱面、天棚面，以及各种装饰柜类等的镶贴装饰饰面。

马赛克的花色、图案及规格多种多样，品种繁多、色泽美观，装饰效果独特。板块规格小的特点更适合于小的圆曲面、凹凸不平的装饰部位的镶贴装饰饰面。马赛克镶贴施工应根据设计要求的规格尺寸、材质、花形选用其产品。陶瓷马赛克、玻璃马赛克、石材马赛克可使用水泥砂浆粘贴或胶粘剂粘贴，潮湿部位或有水不得使用胶粘镶贴。人造石材马赛克、贝壳马赛克、铝塑复合马赛克、实木马赛克，包括各种金属品种的马赛克适宜干燥、无潮湿的部位胶粘镶贴装饰。装饰装修工程中常见的陶瓷、玻璃马赛克镶贴装饰见图 9－5 至图 9－10。

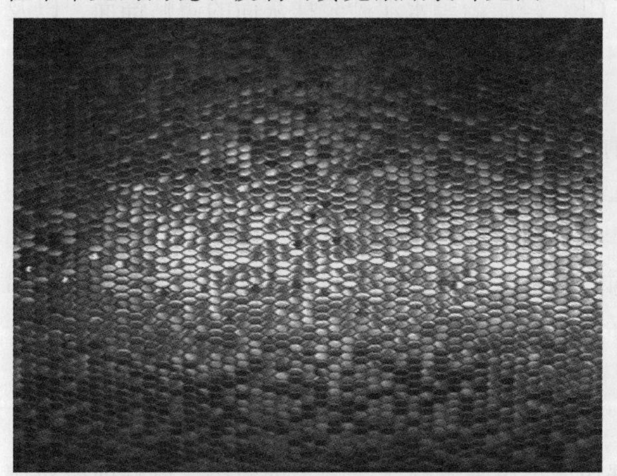

图 9－5　六边形金色陶瓷马赛克镶贴装饰墙面

图 9－6　大面积小规格彩色陶瓷马赛克拼花镶贴装饰墙面

图 9－7　玻璃马赛克镶贴装饰圆柱面

图 9－8　大规格彩色玻璃马赛克镶贴装饰墙面

图 9－9 马赛克镶贴装饰的室内小型景观水池

图 9－10 幼儿园里生动活泼的马赛克镶贴装饰的小型圆曲面洗手池

二、马赛克镶贴基层处理

马赛克适宜混凝土墙、砖块水泥砂浆砌筑墙，GRC 轻质墙等水泥砂浆抹灰面的镶贴饰面，以及各种木质基层面的镶贴饰面。

水泥砂浆抹灰面马赛克镶贴。镶贴面应坚硬、平整，水泥砂浆抹灰层与墙柱体基体黏结牢固。水泥砂浆抹灰面马赛克镶贴前，应对抹灰面进行清理，铲除基层表面疏松或粉化层、起壳空鼓层，凹凸不平的水泥砂浆抹灰面，应进行水泥砂浆抹面修补搓平，水泥砂浆补抹面应经拉毛浇水养护硬化。

木质基层马赛克镶贴。木质基层板安装应牢固，板面干燥平整，无起壳开裂，清除镶贴面凸出物或油污。不合格的木基层应进行整改，直至达标合格。

三、马赛克镶贴弹线分格

马赛克颗粒不宜锯切成小块状来镶贴，因为锯切成小块来镶贴会影响装饰效果。镶贴前应对镶贴面进行尺量分格计算，合理布局，严格控制以避免出现马赛克颗粒锯切小块镶贴的问题。在镶贴面上弹出横向水平线和垂直线，横向按每方（300mm×300mm 的方片）马赛克弹一道线，垂直可按 2～3 方标准弹一道线，如设计规定离缝镶贴的，同时弹出离缝线，按离缝宽度备好分格条。有花纹或图案拼接要求的，镶贴前应进行对接试拼，保证花纹或图案吻合、完整、美观。

四、马赛克镶贴

1. 水泥砂浆抹灰面马赛克镶贴

水泥砂浆抹灰面马赛克镶贴可使用水泥砂浆黏结，水泥砂浆应使用细沙，水泥砂浆的配比为 3:1，洁净水拌和均匀至塑化状，水泥砂浆的黏稠度以抹在板块上不快速流动为宜。水泥砂浆抹灰面马赛克镶贴时，应按已弹好的水平线安放直靠尺，并校正垫平后由下向上进行镶贴。镶贴时以二人协同操作为好，一人在前洒水润湿墙面，在墙、面抹上 2～4mm 厚的水泥砂浆作为黏结层；一人将马赛克方片铺在木垫板上，按装饰面向下底网面向上满刮素水泥砂浆，然后手提马赛克方片沿水平线调平调直后粘贴在基层面上。粘贴后将木拍板放在贴好的马赛克上，用小木槌轻轻敲击木拍板，满敲一遍，使水泥砂浆密实，粘贴紧密、平整，拍打摁紧后，镶贴下一片。次日应对马赛克镶贴面适当洒水养护，洒水养护应多遍进行，提高饰面镶贴质量。

2. 木质基层面马赛克镶贴

木质基层面马赛克镶贴宜使用胶粘剂粘贴。可使用马赛克粘贴专用胶，或中性玻璃胶，或快干胶粘贴，也可调制白水泥胶浆（白水泥、107 胶、白乳胶拌和胶浆）粘贴，施工时根据具体的实际情况选用。马赛克镶贴应按已弹好的水平线安放直靠尺，并校正垫平后由下向上进行。镶贴时将马赛克方片铺在木垫板上，马赛克方片装饰面向下，网底面向上，向每粒马赛克小块上涂马赛克专用胶，或中性玻璃胶，或滚涂快干胶粘贴（快干胶涂后常温下晾置 8 ~ 15 分钟后，待胶层略不粘手即可）镶贴。使用白水泥胶浆粘贴的，应在基层面和马赛克方片网底面上满涂料浆后镶贴。马赛克镶粘贴面不得漏涂胶或胶浆。镶贴应从底部水平线起始镶贴，手提涂胶马赛克方片沿水平线粘贴在基层面上，及时调平调直后用拍板在砖面上轻轻敲击拍打，满敲一遍，使其粘贴紧密、平整。拍打摁紧后，镶贴下一片。一些轻质材料复合制作的、自带胶粘剂（双面胶）的马赛克品种，更适宜于木质基层面镶贴，镶贴施工更简单。

3. 较小的圆弧面或凹凸不平基层面的马赛克镶贴

由于马赛克的颗粒较小，不宜锯切成小块状镶贴，圆弧、曲面或凹凸基层面的马赛克镶贴装饰饰面，应设计选用小规格颗粒的马赛克，即边长 15mm × 15mm 及以下规格颗粒的马赛克。

4. 马赛克镶贴非整片镶贴使用

马赛克镶贴时会有马赛克颗粒脱落的方片，马赛克颗粒脱落的方片不宜补贴成片，应根据实际情况可裁剪改做非整片镶贴使用。

5. 勾缝（填缝）

由于马赛克的规格尺寸较小，不适合密缝镶贴，生产出厂的马赛克方片为离缝状，即马赛克颗粒之间留有 2 ~ 3mm 的沟缝。马赛克方片粘贴到基层面待水泥砂浆凝固，或胶粘剂固化后，应用刮板将专用的防霉勾缝剂在马赛克表面满刮一遍，填满嵌实马赛克颗粒之间的缝隙，再用毛巾或柔软物及时擦净马赛克表面。水泥砂浆抹灰面基层如用普通水泥或白水泥浆勾缝，勾缝后次日应多次喷水养护，以提高黏结强度。所用勾缝剂的颜色应根据设计要求调制，色彩应符合设计要求。

6. 揭纸、调整

传统的马赛克纸皮砖镶贴后须要揭纸处理。虽然纸皮马赛克已基本淘汰，但是在此介绍有助于读者了解传统的施工做法。传统的纸皮马赛克方片贴于基层面后需要揭纸后才能进行勾缝处理。揭纸时需要在纸托面上用毛刷蘸水润湿，使纸面充分吸水湿透泡开，让其胶水溶化，待其纸托吸水泡开后，揭掉纸面。揭纸时马赛克颗粒容易随纸带下，要慢慢轻揭。如果马赛克颗粒带下，要在揭纸后及时重新补上压紧。揭纸后应检查马赛克颗粒横竖缝隙的大小或平直，不合要求的缝必须进行拨正调整，调整要在黏结层砂浆凝固前进行。一般采用的拨缝方法，即一手将开刀放于缝间，一手用抹子轻轻拨动马赛克颗粒，逐条将马赛克缝隙拨匀、拨正，排列整齐。拨缝后用木拍板垫隔，小木槌轻轻敲击将其拍实一遍，以增加马赛克与墙面的黏结强度。

第十章　石材钢挂装饰工程

石材钢挂装饰施工，简称石材钢挂。由于施工是不用水泥砂浆的干法作业，故又称为石材干挂。石材钢挂，是指以槽钢、角钢为龙骨，将槽钢、角钢安装在墙、柱面上形成纵、横向的石材挂装钢龙骨架，再用金属挂件将石材板块一片片挂装固定到钢龙骨架上，形成石材板块饰面装饰效果的施工方法。由于石材钢挂装饰非常适合于室外墙面的饰面装饰。所以石材钢挂装饰施工多被理解为建筑物室外墙面的石材装饰幕墙施工。在实际中，石材钢挂装饰在室内装饰装修工程的设计中使用也很广泛，如室内墙、梁、方圆柱、电梯门套、室内门套、独立的地弹簧门框架、室外门头等，以及背景墙和其他装饰艺术造型，都可设计使用石材钢挂施工技术装饰饰面。将石材钢挂装饰幕墙施工称之为石材钢挂装饰施工更为通俗合理。本章将对装饰装修行业中现行的、通用的石材钢挂装饰施工使用的工程材料、施工技术、质量要求等进行阐述。随着装饰装修工程施工技术的进步，石材钢挂装饰施工的新材料，以及更科学、更先进的施工工艺或技术，也将会不断地被研发出来提供给市场。装饰装修设计、施工企业应适时引进或吸纳先进的石材钢挂装饰施工工艺与技术，包括新材料的选用，以提升装饰工程的整体水平。

石材钢挂装饰面由于不受水泥砂浆的影响或污染，石材装饰面可真实、完整地展现出天然石材的色彩或纹饰图案的装饰效果。大面积高质量的天然石材钢挂装饰，给人一种恢宏、大气、空旷的美化视觉感受，其独特优美的装饰效果，良好的耐候性，以及良好的抗污性能，是其他人造装饰材料无法替代的。因此，石材钢挂在装饰装修工程的设计中被广泛采用，石材钢挂也成了装饰装修工程中常用的、主要的施工项目。但是石材钢挂装饰施工难度相对较大，施工质量的要求较高，工程造价也相对较高。常见的建筑室外石材钢挂装饰幕墙见图 10－1。

图 10－1　建筑室外天然石材板块钢挂装饰幕墙

建筑物室外装饰幕墙按照饰面材料分有玻璃幕墙、铝塑板幕墙、石材幕墙。根据实际中玻璃装饰幕墙的使用情况看，玻璃幕墙有着许多无法避免的弱点。如隐框玻璃幕墙的玻璃板块与幕墙骨架全靠胶粘连接（双面结构胶胶粘），黏结胶受到老化年限的限制，结构安全系数相对不高；幕墙铝合金型材骨架安装施工难度较大、要求较高；幕墙玻璃与幕墙骨架之间的安装，对施工现场的洁净无尘要求高、施工难度相对较大。设计为玻璃幕墙装饰的建筑物一般都没有围挡墙，玻璃幕墙起着建筑物室外装饰作用的同时，又起到围挡墙的作用，玻璃幕墙严重影响建筑物墙体节能设施的安装，不利于建筑物的节能，以及阳光反射光污染严重等。建筑物的外立面装饰不宜提倡，或应一定程度地限制玻璃幕墙装饰的设计使用。铝塑板幕墙施工相对于石材幕墙施工而言，施工难度、结构安全的要求要低一些。具有不增加建筑物的外挂荷载、易维修等优点。铝塑板幕墙铝合金型材骨架安装施工可参考本章的方法，铝塑板幕墙饰面板镶贴饰面施工在第十二章室外铝塑板幕墙施工中介绍。

建筑物室外石材钢挂装饰幕墙的施工难度较大，施工技术较复杂，结构安全尤为重要。室外石材钢挂装饰幕墙施工应有完整的施工设计图、结构设计计算书，以及科学、严格的施工技术方案。应严格按图施工，严禁无设计图、无施工技术方案随意施工。根据国家建筑节能的要求，在我国寒冷、夏热冬冷、夏热冬暖地区的建筑物，都应实施隔热保温节能措施。利用石材装饰钢挂结构和施工，完成建筑物的外墙外包隔热保温节能处理，且兼顾建筑节能施工，是一件既能高效做好建筑节能，又可节约大量建筑投资的好事情。在石材钢挂装饰幕墙结构设计时，兼顾建筑节能设计，完全可达到或满足建筑物外墙外包隔热保温节能的技术要求。建筑物室外幕墙装饰施工兼顾建筑节能施工，即指在石材钢挂骨架内填入外墙外包保温隔热材料，完成建筑外墙外包隔热保温节能措施的施工。

一、石材钢挂装饰安装的基体要求

（1）从结构安全和施工难度角度考虑，对石材钢挂装饰幕墙的安装高度应予以限制为好，建筑物的高度不宜超过100m。设计为室外石材钢挂幕墙装饰的建筑物应为框架结构。建筑物的抗震强度设防不低于8度。室内的钢挂装饰安装的基体应为水泥砂浆砌筑墙，墙体厚度不小于240mm，或以型钢制作的钢结构骨架隔断墙（室内隔断钢构架骨架的做法见图8-15、图8-16），或建筑物的结构墙、柱体。

（2）石材挂装基体应平整、垂直、坚硬、无粉化脱落、能有效承载石材钢挂的重量。

（3）石材钢挂基层墙面应做防水处理。石材钢挂后基层墙体被隐蔽，没有阳光照射或风吹，所以墙体一旦受潮难以干燥。容易导致石材钢挂钢架及金属挂件锈蚀或室内外墙面返潮。石材钢挂外墙面、包括女儿墙内侧墙面必须做防水层处理，防止雨水渗漏导致墙体潮湿。室内涉及有水的部位也应做防水处理，如卫生间等处的墙体、楼地面等。室内墙、地面防水施工见第二十九章相关部分。

二、石材挂装基层面放线、石材板块分格计算预排

（1）按照设计要求在装饰部位由中间向两边弹出竖向钢龙骨（槽钢）安装间距墨线，竖向钢龙骨间距应符合设计要求。有预埋件的应在预埋件上横向标出角码安装水平线，没有预埋件的应在墙、柱基体上弹出横向角码安装水平线。竖向钢龙骨安装线与角码横向安装水平线的交叉点即是角码安装点。建筑物的现浇立柱、框梁结构上有设计设置角码安装点的不得漏装。角码竖向安装最大间距不宜大于4 000mm，横向间距等同于竖向钢龙骨安装间距。

（2）石材板块分格预排计算。按照设计挂装石材板块的规格尺寸，根据石材挂装面实际情况进行石材板块预排计算放线，计算出石材板块挂装的横、竖向匹数，弹出横向钢龙骨间距及安装墨线。非整块板宜放置在墙面的阴阳角处或墙面的两侧，同时要兼顾门窗洞口石材板块的接缝与墙面石材板块横、竖接缝的协调一致。

三、石材钢挂的工程材料质量控制

1. 石材钢挂装饰幕墙钢龙骨架材料的质量控制

严格查验施工现场施工所用的电焊条、锚固螺栓以及化学锚固剂、石材胶的出厂合格证及相关质检机构出具的质量检测合格或化验测试合格报告，核对化学锚固剂、石材胶的有效期，包括金属挂件、化学锚固螺栓规格型号的核对；查验室内使用天然花岗岩石材的放射性核素限量释放检验报告，放射性核素限量释放检测应合格；龙骨型钢的质量应为国标等级材料，查验产品出厂质量合格证，以及质检结构出具的化验测试合格报告，核对其规格型号。杜绝不合格的材料进入施工流程。石材胶应按照其产品质量要求，现场做石材黏结强度试验，现场检测石材黏结强度质量。确保工程质量。

2. 钢挂石材板块质量检查

对进入工程施工工地的石材应按照相关的质量标准或设计要求从多个包装中进行抽样检验，抽检率不少于20%。检查的主要内容和方法：

（1）石材板块应无裂纹、无划痕、无碰撞缺陷、表面无疤痕。检查方法：眼看、手摸检查。

（2）量边长、量对角，允许误差不大于1mm。检查方法：尺量检查。

（3）板块平整度，弯曲允许误差不大于0.8mm。检查方法：靠尺校面塞尺插入检查。

（4）板块板边四边平直，允许误差不大于1mm；允许误差不大于0.5mm。检查方法：靠尺校边塞尺插入检查，尺量。

3. 石材板块色差控制

施工中应尽量避免石材色差质量问题的出现，避免装饰效果或施工质量下降。同一个装饰面应使用同一厂家、同一批次的石材，从多个包装中抽取石材板块进行预排试拼观察。天然石材普遍存在着色差问题，在验收标准中只能强调天然石材无明显色差、结构纹理基本一致，没有具体量化，也难以具体量化。色差问题在工程验收时容易产生异议或分歧，唯一的方法是尽量从材料源头控制。石材用量大的工程宜在施工中要求石材厂家配合，尽量挑选荒料加工。在施工中应挑选出色差较大的板块，分部位调整使用，使色差减小到最低程度，不降低装饰效果。目前，市场上有些石材厂家、商家对石材进行人工染色处理，人工染色处理实际上是一种造假欺骗行为。设计师设计采用天然石材饰面装饰，就是要达到天然石材的自然色彩效果。对于天然石材的色彩或结构纹理应在石材板块面上进行深度研磨后观察鉴定，以辨真伪。

4. 室内特殊钢挂石材板块质量的控制

根据调查研究，有些大理石品种的纹理、颜色特别漂亮，装饰效果有特色，如各种非网石材，地金米黄、黑金花、洞石、大花绿、热带雨林等石材。设计师为了追求其装饰效果，在室内墙、柱面装饰中大量采用，以最大限度地满足建设方要求。但这类天然大理类石板块质地松软，价格一般较高。在加工、运输、施工安装过程中，容易产生网状破碎裂纹或横断裂纹。根据实际情况，工程双方应予约定，在保证结构安全的情况下，适当降低室内石材钢挂施工难度，如果石材板块表面细小裂纹的长度不超过150mm，裂纹板块数量不超过总数的5%，为合格标准，以减少工程验收时的争议。但室外石材钢挂板块不得有裂纹。

四、室外石材钢挂装饰幕墙钢龙骨架施工

1. 幕墙钢龙骨架后置锚固螺栓预埋安装

后置预埋锚固螺栓安装，即先在建筑物的混凝土结构柱、梁、剪力墙体上钻孔，然后将化学螺栓植入孔洞中，通过化学黏结剂将螺栓凝固固定在孔洞中的安装方法。室外石材钢挂装饰幕墙、铝塑板装饰幕墙施工等，幕墙的钢骨架在建筑物结构梁、柱以及墙体上的连接安装，不宜采用后置预埋锚固螺栓的方法施工。幕墙钢骨架与基体的连接安装件，应在建筑物的土建施工时前置预埋预留，即在建筑物的混凝土结构柱、梁，剪力墙体浇注时，预留下幕墙钢骨架在结构梁、柱，以及墙体上的连接安装件，供幕墙骨架直接安装使用。但由于土建施工技术的原因，或建筑物设计的原因，以及其他原因，往往难以在土建施工时做到前置预埋件的预留。目前，大多数室外石材钢挂装饰幕墙施工，包括铝塑板幕墙施工，一般都是使用后置预埋锚固螺栓安装连接施工技术。

（1）螺栓锚固预埋钻孔。螺栓锚固预埋钻孔前，应将角码底板放在角码安装交叉墨线点处，用彩笔通过底板安装孔在安装基体上做出标记，划定钻孔点位。再根据锚固螺栓安装点位标记钻出螺栓的预埋孔。孔深一般为：使用螺栓的长度 -（角码底板的厚度 + 螺母的厚度 + 金属垫圈的厚度 + 锚固螺栓外露丝头的长度 + 孔底预留空间 5mm）（注：锚固螺栓锁紧后的外露丝头长度一般为 25mm）；预埋孔径为：螺栓直径 +5mm。但室外幕墙预埋螺栓的孔深不得小于 160mm，即螺栓的植入深度不小于 160mm。预埋孔洞不得偏斜，孔洞正圆、洞口平整。钻孔时电锤上应设置孔深定位栓控制深度。

（2）螺栓锚固预埋植入安装。预埋螺栓应经镀锌防锈处理，使用化学锚固药栓黏结预埋。室外石材钢挂幕墙预埋螺栓的规格不得小于 220mm×18mm。锚固螺栓预埋前应清理干净预埋孔洞内的灰尘、沙砾，塞入玻璃管化学锚固药栓，再将预埋锚固螺栓慢慢旋入（植入）预埋孔中，将玻璃管药栓挤压破碎，让其化学锚固胶液溢流在孔洞中凝固，使预埋植入的螺栓在孔中与混凝土基体形成化学黏结锚固。化学药栓、螺栓及预埋植入安装见图 10－2 至图 10－4。

图 10－2　220mm×18mm 型镀锌防锈锚固螺杆及玻璃管化学锚固药栓

图 10－3　预埋孔内塞入玻璃管化学锚固药栓

图 10－4　把螺栓旋入（植入）孔中将玻璃管药栓挤压破碎后凝固

（3）预埋锚固螺栓拉拔检测。化学锚固螺栓预埋好达到凝固时间后（注：凝固时间以化学锚固药栓说明书上规定的时间为准），应现场进行螺栓的抗拔力检测，其检测数据应符合设计强度要求。一般 160mm×12mm 型号的化学锚固螺栓预埋后的拉拔力在 30kN 以上。

2. 角码安装

（1）非冲压成品角码锚固底板（简称钉板见图 10－5）或冲压成品角码安装。角码锚固底板或冲压成品角码应经镀锌防锈处理，规格尺寸及板块厚度应符合设计要求。但室外幕墙的非冲压成品角码底板的规格不宜小于 250mm×250mm×8mm。角码安装不得少于四颗数量的化学锚固螺栓固定，少数特殊部位可用两颗化学锚固螺栓安装固定。螺母与角码底板之间应加垫大号的金属垫圈

（加垫大号金属垫圈见图 10－6）。角码拉线调平校直后锁紧螺母固定，锚固螺栓锁紧后外露留置的丝杆长度不宜大于 25mm。用扭力指示扳手检查螺帽的旋紧扭力力度，螺栓的扭紧力度应符合设计要求。角码底板与基层面接触应平整、紧密，不偏离安装点。石材钢挂施工中使用的角码底板、非冲压成品角码的焊接制作安装，冲压成品角码见图 10－5 至图 10－7。

图 10－5　经镀锌防锈处理的非冲压成品锚固角码底板

图 10－6　非冲压成型角码焊接安装放大图

图 10－7　钢板整体冲压成型不用焊接的角码

（2）非冲压成型角码可用竖向钢龙骨料（槽钢）锯切制作角码凸出角，角码凸出角的长度不得小于竖向钢龙骨的宽度，锯切面应平整。在安装的角码底板上弹出角码凸出角垂直安装线，以角码凸出角横切面对接在角码底板面上，调平调直后焊接固定。非冲压成型角码凸出角与锚固底板，应逐一不漏地进行焊接，每一焊接点应四周、内外满焊。角码凸出角与角码底板的焊接见图 10－6、10－8。

（3）室外角码安装点设计在建筑物的结构柱、结构框架梁、剪力墙等部位的，不得移位或漏装。

3. 竖、横向钢龙骨架的质量、安装、加工要求

（1）竖向龙骨宜使用槽钢，横向龙骨可使用等边或不等边角钢，规格型号应符合设计要求，经镀锌防锈处理。但室外幕墙用于制作竖向龙骨的槽钢型号不宜小于 12 号、横向龙骨使用的角钢型号不宜小于 63mm × 5mm；严禁使用弯曲、扭曲变形，以及未经镀锌防锈处理的材料。

（2）竖向钢龙骨与角码凸出角对接应最大面接触，竖向钢龙骨必须调平调直后安装固定于角码上。竖向钢龙骨安装延长连接的长度不宜超过 20m，如果长度超过 20m 时应分段安装。竖向钢龙骨的接缝间宜留有 4～5mm 的伸缩缝。

（3）横向钢龙骨固定于竖向龙骨上，横向龙骨之间的安装间距，应根据设计挂装石材板块的横向宽度或长度尺寸的分格墨线安装（*注：石材板块有横向挂法和纵向挂法*）。横向龙骨上的挂件安装孔间距应按设计石材板块的横向规格尺寸划分，在与竖向龙骨连接安装前加工好挂件安装孔。挂件安装孔的孔距、进深距离应一致。圆曲面或圆柱应根据设计要求，将横向钢龙骨加工成圆曲状或圆弧状后安装固定于竖向龙骨上。装饰装修工程中石材钢挂装饰幕墙的钢龙骨架（焊接制作安装的钢龙骨架）见图 10－8、图 10－9。

图 10－8　角码与角码地板、角码与竖龙骨、竖龙骨与横向龙骨之间连接的焊接

图 10－9　以焊接技术施工制作安装的外墙石材幕墙的钢挂钢龙骨架

4. 钢龙骨架焊接施工要求

钢龙骨架设计焊接安装时应先将竖向钢架龙骨进行调平校直后与角码用点焊固定，竖向钢架龙骨的平整度，是保证横向钢龙骨平整度的基础。然后安装横向钢龙骨，横向钢龙骨与竖向钢龙骨用点焊固定，再进行钢构龙骨架整体校平校直后满焊加固。室外石材钢挂装饰幕墙的焊接钢龙骨架安装见图 10－8、图 10－9。

每一个非冲压成型角码凸出角与竖向钢龙骨、每一横向钢龙骨与竖向钢龙骨的连接处，应逐一不漏地进行焊接。钢构架焊接高空作业时，在施工中宜选用适中的焊接电流，以焊条的大小来进行调节。一般平面焊时用小一号焊条，立面焊或仰焊时用大一号焊条。这样不仅有利于进行焊接温度调节，也可保证焊接质量。连接处应四周、内外满焊，连接处焊接后应敲掉焊渣仔细检查，不得有漏焊，焊缝不得有夹渣、孔洞，立面焊、仰面焊接处无咬边损伤缺陷，焊缝应饱满、光洁。焊接接头处的焊渣应清理干净，涂刷防锈漆 2～3 遍，防锈漆涂刷后仔细检查，不得有漏涂，包括角码凸出角的焊接部位。

5. 石材钢挂钢龙骨架螺栓连接安装施工要求

石材钢挂钢龙骨架螺栓连接，即角码与竖向钢龙骨、竖向钢龙骨与横向钢龙骨之间通过螺栓锁紧固定连接的施工方法。石材钢挂钢龙骨架设计为螺栓连接安装的，应使用冲压加工配套的成品角码。竖、横向钢架龙骨上的螺栓安装孔，应在安装前按墙面分格弹出的墨线距离尺寸加工完成，安装孔应加工成可进行微距调节的椭圆形孔。使用的螺栓规格应符合设计要求，做镀锌防锈处理。

螺栓连接钢龙骨架施工，应先安装竖向钢架龙骨，竖向钢架龙骨与角码的连接应用使用双螺杆连接，竖向钢架龙骨校平校直后再安装横向钢架龙骨。横向钢架龙骨的安装连接螺栓不宜一步锁紧到位，应进行整体校平校直后锁紧全部钢架的连接螺栓。对连接螺栓应使用扭力指示扳手检查螺母的扭紧力度，螺栓的扭紧力度应符合设计要求。在螺栓连接安装时，螺栓头部和螺母处应加垫大号金属垫圈后锁紧。

五、幕墙石材板块饰面挂装

1. 石材板块的质量要求及检查

石材钢挂施工使用的石材品种、板块规格尺寸、金属挂件规格、挂件锁紧螺栓的规格应符合设计要求。建筑物外立面石材钢挂装饰幕墙应使用花岗岩类的石材，石材板块厚度不得小于25mm；室内宜使用大理石类的石材或人造石，石材板块厚度不得小于20mm。金属挂件、挂件锁紧螺栓必须做镀锌防锈处理。在石材挂装饰面前，应再次按照以下的检测要求对每片挂装的石材进行挑选检查：

（1）以目测和手摸进行板块的外观检查。挑出有裂纹、有划痕、有修补痕迹、碰损缺陷严重、色差或结构纹理差异明显的石材板块，搁置一旁。

（2）用尺量石材板块的边长、对角进行板块检查。对超过允许误差的不合格石材板块弃用，搁置一旁。

（3）用靠尺校面，塞尺插入进行板块平整度检查。对超过允许误差的不合格石材板块弃用，搁置一旁。

（4）用靠尺校边，塞尺插入测量、尺量进行石材板边的四边平直度、厚薄的检查，超过允许误差的不合格石材板块弃用，搁置一旁。

（5）对于有严重瑕疵的石材板块应弃用，但对于超过允许误差，有轻微瑕疵的板块可根据非规格板（非规格板的含义，见第二章）的实际情况，进行挑选，经色差比对后，剪裁截掉瑕疵部位后使用。

2. 石材板块挂装

（1）石材板块挂装宜从底部第一匹挂起，石材板块底边宜低于底部横向钢龙骨架100mm以上，将其钢龙骨架隐蔽。第一匹板块下部应使用45°单向金属挂件，在石材板块下面背部开槽安装。第一匹板块上部板边与第二匹及以上板块，应根据石材板块拼缝设计要求，使用90°双向挂件或90°单向挂件安装固定石材板块。挂件的间距，即每块石材板块的挂件使用数量应符合设计要求，非规格板块根据现场实际情况使用，但必须安装牢固。石材板块挂装应使用冲压成型金属挂件，厚度不宜小于3.5mm。石材钢挂装饰幕墙使用的金属挂件见图10－10。

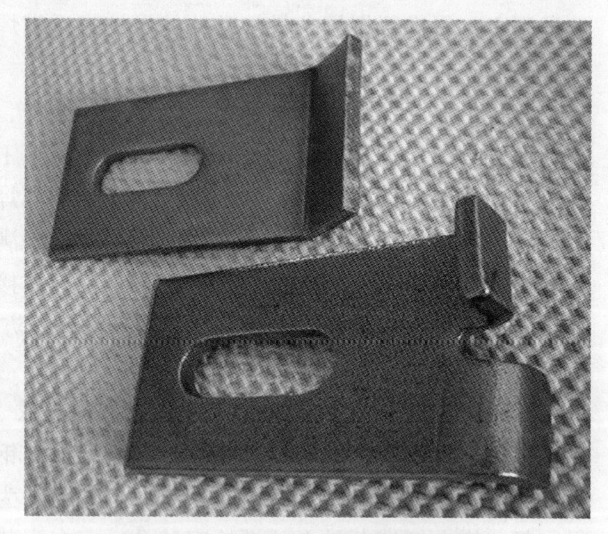

图10－10　上为45°单向镀锌金属挂件、下为双向镀锌金属挂件

（2）石材板块拼接安装。石材钢挂装饰幕墙的石材板块可以离缝和密缝拼块安装（板块离缝和密缝安装见第二章）。设计要求石材板块为离缝拼块挂装的可使用双向挂件或90°单向挂件安装，板块之间预留出设计要求的拼块离缝间隙。板块缝隙中再填入专用填缝胶条或结构胶进行板缝密闭，形成板块勾缝分隔的装饰效果，同时又增加挂装板块的结构强度。板块勾缝密闭后可以有效地防止雨水渗漏到石材钢挂墙内。在实际施工中石材钢挂装饰幕墙的石材板块多为离缝拼块挂装设计。设计要求石材板块为密缝拼块挂装的，石材板块宜使用双向挂件安装。石材钢挂装饰墙、柱面，常见的板块离缝安装见图10－11、图10－12。

图 10－11 墙面石材板块钢挂离缝安装

图 10－12 柱面石材板块钢挂离缝安装

（3）石材板块上下板边金属挂件安装槽加工。规格石材板的挂件安装槽宜在石材厂加工完成，根据实际情况也可在施工现场加工，非规格石材板必须在施工现场加工。施工现场石材板块金属挂件安装挂槽掏挖，应根据石材板块拼缝设计要求进行。现场开槽应制作石材板块竖立支架，将石材板块竖立固定。在板边上尺量画出挂件挂装槽位，挂槽应从板材厚度的中心线向两边用小型石材切割机掏挖，挂槽的深度一般为：挂件钩的长度＋5mm，挂件槽的长度为：挂件的宽度＋60mm，挂件槽的宽度为：挂件的厚度＋5mm，挂件槽的两侧不得出现裂纹或缺损。设计密缝拼接板块安装的，在挂件槽形成后，还应再从石材板块背面挂件槽处，由板边向下掏挖约5mm形成沟槽缺口（即预留外挂件的位置），使金属挂件入槽后与板边成为平面。使用45°单向金属挂件挂装的石材板块，应根据实际情况画线定位后掏挖挂件槽。离缝石材板块挂装的挂件安装槽见图10－13至图10－15。

图 10－13 石材厂加工成的石材板块离缝安装金属挂件安装槽

图 10－14 石材厂加工成的石材板块密缝安装金属挂件槽

图 10－15 离缝板块金属挂件与安装槽的扣接

（4）石材板块挂装涂胶。板块挂装操作应两人协同操作，轻拿轻放，防止碰撞损坏石材板块。石材板块涂胶挂装时应先锁紧下部挂件的固定螺栓，进行石材板块试比挂装，经横平竖直调试后取下搁置，再向石材板块上下挂件槽内注满石材胶后，将石材板块放到下部挂件上，及时安装上部挂件，再次进行调平调直后旋紧挂件安装固定螺栓，固定石材板块。然后在挂件沟槽内亏胶处注入石材胶或补涂石材胶，及时清除装饰面外露的胶渍。板块涂胶不得有胶渍玷污石材装饰面而影响装饰效果。石材钢挂胶为双组分胶，须现场添加固化剂调制使用，石材胶应及时调制及时使用，保证石材板块挂装的胶粘强度。不同厂家、不同型号的石材胶禁止混合使用，已过有效期或不达国标的石材胶禁止使用。石材板块涂胶挂装、石材钢挂的连接结构，见图 10－16、图 10－17。

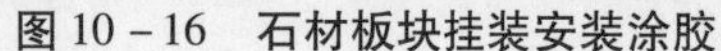
图 10－16　石材板块挂装安装涂胶

图 10－17　石材板块在钢架上的挂装连接

（5）石材钢挂墙柱面阳、阴角的做法。阳角有设计要求的按设计要求安装，无设计要求的，宜将石材厚度的1/2板边开成 45°坡面相碰形成阳角缝，俗称海棠缝（音），在碰角形成的阴角中打胶胶固，或以板边直接对角成“∟”状阳角（“∟”状阳角见图 10－12），或参照第八章第十节的做法。45°坡面碰角美观，但阳角容易碰损，板边直接对角虽装饰效果不如 45°坡面碰角美观，但阳角处厚实不易碰损。离缝板块宜使用板边直接对角安装。阴角直接压边。

六、石材幕墙门窗洞口处、幕墙顶部等的收口及排水处理

石材幕墙窗洞口处的排水坡度应内高外低设置，石材板块与门、窗洞口处的边缝、接口应打结构胶密闭或封口处理；石材钢挂装饰面墙体两侧立面，应按照设计要求或根据实际情况做好封闭收口处理，不得有雨水渗漏到石材钢挂架内。

石材幕墙顶部（俗称女儿墙）收口排水坡度应外高内低设置，使雨水迅速排入屋顶，同时防止雨水从装饰面流下，污染石材装饰面。石材幕墙顶部的排水坡度设置见图 10－18。

图 10－18　在女儿墙顶部向内设置的石材幕墙收口排水坡度

石材钢挂幕墙装饰建筑屋的檐口下（屋檐下）以及幕墙底部的收口，不宜使用石材挂装做收口。檐口下石材板块平面悬挂饰面，安装施工难度大，石材板块挂装后为平面下坠结构，其结构的安全系数不高，存有安全隐患。石材钢挂幕墙装饰建筑屋的檐口下，宜用铝合金单板、铝塑板、不

锈钢扣板等耐候性较好的饰面材料进行装饰收口。

七、室内墙面、门头、圆柱等石材钢挂装饰施工

石材钢挂施工适用于室内垂直的墙、方圆柱面装饰饰面，不宜在天棚面或其他投影面下做挂装饰面。装饰装修工程中的室内墙、室内外方圆柱，室内背景墙、室内外门套、室外门头等部位都可以石材钢挂装饰。这些小面积的、零星的石材钢挂装饰施工与室外石材幕墙的施工大同小异，但施工要求要低一些。室内设计石材钢挂饰面的，挂装基体应符合石材钢挂装饰安装的要求。装饰装修工程中常见的室内墙面、门套、门头等的石材钢挂施工的做法见图 10－19 至图 10－24。

图 10－19　室内墙面石材钢挂装饰钢骨架制作安装

图 10－20　室内石材（洞石）钢挂装饰墙面

图 10－21　施工中的石材门套装饰钢挂

图 10－22　石材钢挂装饰门套

图 10－23　石材钢挂装饰门头造型钢构架

图 10－24　石材钢挂装饰室外门头

第十一章 粗犷面石材装饰镶贴工程

粗犷面石材，即装饰装修工程中常用的文化石、蘑菇石、毛面石、凸包石等。粗犷面石材装饰镶贴施工，主要指使用花岗岩、大理石、天然砂岩、人造砂岩等粗犷面石片或石块，在室内外墙柱面上进行的镶拼粘贴装饰饰面施工。粗犷面石材板块的镶贴饰面的装饰效果是，石材表面纹饰没有明显的规则，装饰面呈现出的是一种凹凸不平、看似紊乱而有序、自然粗犷而不粗糙，具有自然风化、凿掘、雕琢之美的装饰效果或装饰风格。粗犷面石材板块的镶贴装饰面给人一种厚重的视觉感受，装饰效果别具一格。粗犷面石材适宜室内外墙柱面镶贴装饰饰面，多用于不高的墙面（建筑物的二层以下的墙面）或墙裙、墙面护角、墙面勒脚、柱或柱脚、背景墙、门头等部位的饰面装饰。因此，粗犷面石材板块在室内外墙柱面的装饰中使用较为广泛。粗犷面石材饰面装饰，在装饰装修工程中有规格板块、非统一规格板块、无规格板块的设计镶贴饰面。装饰工程中镶贴饰面使用的粗犷面石材主要使用花岗岩、砂岩（包括人造砂岩）等石材，少有大理石等其他品种的石材。

一、花岗岩等粗犷面石材

天然花岗岩粗犷面石材板块的生产加工方法与光面板石材的加工方法基本相同，但粗犷面石材板块不用研磨抛光，加工相对简单。只需将天然岩体中开采出来的大块毛石锯切成厚度在 30 ~ 40mm 的石材板坯，根据设计要求将石材板块锯切成装饰需要的规格尺寸板块或非规格尺寸板块后，通过人工或机械的方法将石材板块的装饰面凿掘加工成各种可供装饰设计需要的粗犷面饰面板块。天然粗犷面石材板块可使用水泥砂浆或石材胶粘剂镶贴。天然粗犷面石材与天然光面石材板块的镶贴施工工艺有相似之处，也有不同之处。

装饰装修工程中常见地使用各种花岗岩粗犷面石片或石块进行墙面镶贴装饰的装饰手法及装饰效果，见图 11 - 1 至图 11 - 10。

图 11 - 1 规格板文化石板块镶贴装饰墙面

图 11 - 2 规格板文化石板块镶贴装饰圆弧墙面

图 11 - 3　规格板文化石板块镶贴装饰墙面

图 11 - 4　规格板文化石板块镶贴装饰墙

图 11 - 5　非规格毛面石板块镶贴装饰墙面

图 11 - 6　非规格毛面条石片镶贴装饰墙面

图 11 - 7　非规格毛面天然石板镶贴装饰墙面

图 11 - 8　无规格毛面条石镶贴装饰瀑布墙面

图 11 - 9　非规格毛面天然石板镶贴装饰墙面

图 11 - 10　规格板拉毛面天然石板钢挂装饰墙面

二、天然砂岩

天然砂岩，俗称红石岩。天然砂岩石材的开采与加工方法与天然花岗岩粗犷面石材板块基本相同。天然砂岩相对花岗岩而言，是一种质地较松软的、颜色多为赤色或浅咖啡色的天然石材，装饰面不宜加工成光滑面或镜面，可加工成规格板或不规则几何状的石片。规格板底面一般加工较平整、板边较整齐。由于该石材质地较松软，在与天然花岗岩同样厚度的情况下，不适宜加工成与天然花岗岩一样的大规格尺寸板块。在装饰工程中主要以使用小规格尺寸的砂岩板块，利用天然砂岩板块料表面的凹凸不平、紊乱而有序、自然粗犷而不粗糙，呈现自然风化雕蚀之美的装饰效果。天然砂岩有较好的耐候性，适宜室内外墙面、柱面、地面的饰面装饰。装饰装修工程中常用的天然砂岩石材的装饰手法及装饰效果。见图 11－11 至图 11－14。

图 11－11　规格天然砂岩石板块镶贴装饰柱面

图 11－12　规格天然砂岩石材板块镶贴装饰墙面

图 11－13　规格天然砂岩石材板块镶贴装饰墙面

图 11－14　非规格天然砂岩条石片镶贴装饰墙面

三、人造砂岩

人造砂岩是一种新型的饰面装饰材料，板块表面可见沙子颗粒，结构粗糙，装饰面具有粗犷面石材的装饰效果。人造砂岩板块的制作，可根据设计需要的板块规格尺寸或纹饰、花形图案先做出模具，包括先做出各种人造砂岩装饰线条模具，再将金色海滩沙子和环氧树脂拌和成浆料注入模具中制成仿天然砂岩的人造石材板块、花饰或装饰线条。小的花饰板块在花饰模具中应加入钢筋或金属网做增强骨架，大型花饰板块应在花饰模具中加入钢筋扎网做骨架。人造砂岩的质地、外观、装饰效果不如天然砂岩，但可根据设计要求，通过制模任意加工成各种几何形状的、各种图案或花型的装饰饰面板块，其纹饰或图案、花型的装饰效果是天然砂岩板块料不可比拟的。人造砂岩具有较好的耐候性，适用于室内外墙柱面、门头等部位的装饰。

在实际的装饰装修工程中使用的人造砂岩板块都是有着各种花形的板块，本章介绍的人造砂岩板块与第十六章中介绍的人造砂岩花饰没有明显的区别，为了方便论述和有助于读者学习理解，笔者便作了硬性的划分。装饰装修工程中常用的人造砂岩墙、柱面的镶贴装饰手法及装饰效果见图11－15至图11－18。

图11－15 人造砂岩板块佛像造型装饰镶贴墙面

图11－16 人造砂岩花饰板块镶贴装饰柱面

图11－17 人造砂岩花饰板块镶贴装饰墙面

图11－18 人造砂岩花饰条板镶贴装饰墙面

四、镶贴基层检查、预排分格弹线、选料

（1）粗犷面石片适宜水泥砂浆抹灰面、室内零星小面积木质墙、柱面基层镶贴饰面。水泥砂浆抹灰面，表面应平整、有一定的强度、不疏松粉化，镶贴面洁净、阴阳角垂直。木质基层面，基层安装应牢固，无起壳、无炸裂，干燥，能够承载石材板块或石片的重量。安装前应清除基层表面的油污或灰尘等。

（2）粗犷面石材板块饰面镶贴前，应按照设计要求的排列方式进行预排。依照施工基准水平线，找出下部第一匹饰面砖的水平线，计算出饰面砖纵横向的匹数，弹出饰面砖匹数水平分格线和垂直控制线。规格板块镶贴时，非规格板应排列在墙、柱面上部、阴角处，门窗洞口处、阳角处不宜排列非整砖。非规格板镶贴，应确定下部起始和上部收边的水平线，以及墙面中点缀装饰镶贴面的边缘垂直线。

（3）室内墙、柱面使用毛面石、糙面砖先行饰面镶贴施工的，在预排时应考虑墙砖与地面、墙砖与天棚面饰面工位的预留。如墙砖压地砖，不做地脚线；天棚面不做阴角线等的施工，在施工设计图中又没有细化的设计要求的情况下，施工中必须做好各方交叉配合施工环节的沟通。应根据地面、天棚饰面的情况，衔接处理好下部第一匹饰面砖的镶贴起始高度和上部第一匹砖收口时，分别应预留出地面、天棚饰面的施工工位。装饰装修工程施工中粗犷面石材板块墙、柱面先行饰面镶贴时，常见的交叉施工配合不当或是设计中的缺陷与不足造成的质量缺陷案例见图11－19。

图11－19　图中为毛面石镶贴装饰柱，玻璃镜饰面装饰天棚，柱面石材先行镶贴时未留出天棚玻璃安装工位，导致天棚玻璃无法安装到位，形成了难以整改的“烂尾口”（箭头处），使得工程的质量、装饰效果大打折扣

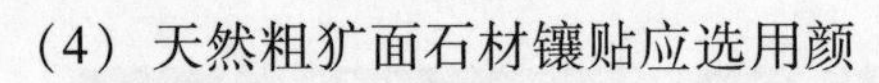

（4）天然粗犷面石材镶贴应选用颜色基本一致的板块，挑出底面不平的、结构层开裂的板块，规格板还应挑出板边不直、角不正、缺楞掉角的板块。人造砂岩应挑出板块底面不平、有裂纹、有破洞、不规整的板块，挑出颜色、花纹或图案不符合设计要求的板块。

五、粗犷面石材镶贴

（1）天然花岗岩等粗犷面石材板块和天然砂岩石材板块镶贴装饰饰面，由于板块材料厚重，适用于建筑物的二层及以下墙面的镶贴装饰饰面，或柱面的镶贴装饰饰面，以及零星的装饰艺术造型部位的装饰镶贴饰面。

（2）天然花岗岩等粗犷面石片、天然砂岩石片适宜使用水泥砂浆镶贴安装。在水泥砂浆抹灰面基层上镶贴，可使用水泥砂浆镶贴或胶粘镶贴。人造砂岩不适宜水泥砂浆镶贴，在抹灰面基层上应使用胶粘镶贴。天然花岗岩等粗犷面石片、天然砂岩石片、人造砂岩板块在木质基层上镶贴，应使用胶粘镶贴。

（3）天然粗犷面石片、天然砂岩石片在水泥砂浆抹灰面基层上使用水泥砂浆镶贴，可使用国标普通水泥，水泥强度等级不低于32.5MPa，水泥砂浆比例1:1，水泥砂浆应有较好的和易性，黏稠度以抹在石材板块上不快速流动为宜。镶贴饰面板块的背应满刮水泥砂浆，水泥砂浆厚度6～8mm，最大不超过10mm，石材板块镶贴于墙、柱面后应用力摁住，规格板块用靠尺或拉通线将板边、拼缝校正平直，并用木槌或橡皮锤轻轻敲击，使饰面板块密实镶贴于基层面后再进行下一片镶贴。干燥的水泥砂浆抹灰面基层应适当洒水做湿水处理，以保证镶贴质量。

（4）天然花岗岩等粗犷面石片、天然砂岩石片、人造砂岩规格板块使用胶粘镶贴，可以快干干挂胶定位，结构胶、石材胶同时使用，分开涂抹。石材背面的涂胶点的施胶量根据所贴板块大小规格而定。镶贴时胶点涂布应均匀，胶的黏结面不宜小于镶贴板块的70%。黏合后及时调平调直石材板块再固定，待石材板块胶粘固定后，进行下一片镶贴。使用双组分石材胶镶贴的，应使用同一厂家、同一型号的产品，严禁使用已过有效期或不达国标的胶粘剂。天然花岗岩等粗犷面石片、天然砂岩石片、人造砂岩规格板块的胶粘镶贴安装，仅适于室内干燥装饰部位的镶贴饰面，不适宜室外镶贴安装。

（5）粗犷面石材镶贴顺序：一般应从底部第一匹由下至上镶贴，由阳角向阴角方向起始镶贴，阴角处收尾。

（6）边长400mm及以上大规格尺寸的、厚重的天然花岗岩、天然砂岩粗犷面石材板块不宜镶贴安装，宜使用钢挂工艺安装。使用钢挂的天然花岗岩、天然砂岩石材板块必须是规格板，板块背面平整，板边平直，板块的厚度不宜小于25mm，板块边长不宜小于400mm。天然粗犷面石材在实际的装饰装修工程施工中，使用钢挂安装的不多，钢挂施工见第十章。天然粗犷面花岗岩石材钢挂装饰墙面见图11－10。

（7）非统一规格尺寸板块或不规整板块镶贴时，应注意板块之间的排砖与接缝的协调处理，板块之间应做到上下左右错落有致、协调美观。水泥砂浆的颜色，可根据设计要求调制或使用白水泥镶贴黏结。不规整板板块接缝处的外露粘贴水泥砂浆层应平整。非统一规格尺寸板块或不规整板块粗犷面石材板块镶贴，见图11－5、图11－6、图11－8、图11－9、图11－14。

（8）粗犷面石材板块镶贴的阴、阳角处理，有设计要求的按设计要求；无设计要求的，应将石材厚度的1/2板边开成45°坡面相碰形成碰角，俗称海棠缝（音），阴、阳角中心线用线坠调整校直。粗犷面石材板块镶贴面的阴、阳角中心线应垂直，装饰面边缘应整齐垂直收边。

（9）由于粗犷面石材板块装饰面粗糙，镶贴施工时应注意石材粗犷凹凸不平面的防护，防止污损，保证装饰效果。镶贴施工时严格控制减少水泥砂浆或胶渍的挤压外露，避免脏污装饰面，对于挤压外露的水泥砂浆或胶渍应及时清除。

第十二章 墙、柱面装饰艺术造型基层制作与饰面板镶贴工程

装饰艺术造型，是指在装饰装修工程的设计中，设计师为了达到最好的装饰效果，或追求装修档次，体现装饰工程的个性与特点、地方特色或民族特色等，而设计出的各种各样、用各种装饰基层结构材料和饰面材料制作出的装饰艺术结构件。

墙、柱面装饰艺术造型基层制作，包括天棚装饰艺术造型基层制作，即先用各种材料制作出设计要求的装饰艺术造型骨架，安装在装饰部位基体之上后，再用各种板块材料在骨架基层上进行面层，形成装饰艺术造型结构体。或按照设计要求直接用木质或其他材质的板块在墙、柱面基体上做成各种无骨架的装饰艺术造型基层，然后再用各种饰面材料在装饰艺术造型结构基层上进行饰面装饰，以达到装饰工程设计需要或所追求的装饰效果的施工。

装饰饰面板镶贴，是指在已做好的各种装饰艺术造型骨架面层上，或在无骨架的装饰艺术造型基层上，用各种木质类饰面板、各种金属板、铝塑板、防火板、有机玻璃板、玻璃等饰面板材进行的美化镶贴饰面施工。

装饰装修工程中装饰艺术造型结构的设计，是室内外装饰工程设计中不可或缺的重要设计事项。各种装饰艺术造型的设计决定着装饰装修工程项目的装饰效果或装修档次。各种装饰艺术造型结构的制作，是装饰装修工程中主要的、重要的施工项目。装饰艺术造型制作施工是一项工程量较大、占用工程造价比重较大的施工项目。装饰装修工程施工中各种装饰艺术造型结构的制作质量，艺术造型的结构与安装的安全系数更为重要。

一、用于装饰艺术造型基层制作的材料

装饰装修工程中各种装饰艺术造型结构件的设计多种多样，但用于装饰艺术基层造型制作的材料主要有：铝合金型材、型钢、木龙骨、大芯板、密度板、胶合板、刨花板、石膏板、埃特板等，以上各种材料在装饰装修工程中应称之为基层结构材料。

1. 铝合金型材

铝合金型材一般由铝锭加工而成，铝合金型材型号有多种，如幕墙型材，方管、矩形管、角铝、龙骨型材、薄型板材等，铝合金属较贵重类有色金属。铝合金型材主要用于各种装饰艺术造型骨架、幕墙骨架、隔断骨架、装饰天棚龙骨架的制作。

2. 型　钢

型钢俗称钢材，又称黑色金属。装饰艺术造型骨架制作中，主要使用一些小型号或小规格的黑色金属方管、矩形管、等边或不等边角钢、槽钢、扁钢及薄板等。装饰装修工程中一般承载重量较大，强度要求较高的造型结构，或以石材饰面装饰的艺术造型结构等，须使用各种型钢焊接制作骨架。

3. 木龙骨

木龙骨是一种原木锯材，称之为小木方。多以水杉、松木等速生林木材加工而成，尺寸规格有

多种，一般加工定尺长度为4 000mm。装饰装修工程中主要使用的木龙骨截面规格在60mm×60mm及以下。木龙骨在装饰艺术造型中，主要用于基层骨架的制作。

4. **细木工板**

细木工板又称大芯板、木芯板，是以木板条拼接或空心板作心板，两面覆盖实木旋切单板通过胶粘剂胶合后，经压制复合成的一种板材。细木工板以酚醛树脂胶粘合生产的板材质量较好，有毒物质释放量低、环保。装饰装修工程中主要使用的规格板为1 220mm×2 440mm×12mm（第三项尺寸在12~16mm之间）。细木工板在装饰装修工程中主要作为装饰基层结构材料使用，广泛用于各种装饰艺术造型骨架的制作，或作为艺术造型骨架的面层板；装饰艺术造型打底的基层板，装饰门窗套的基层板等，以及门扇框的制作。细木工板是装饰装修工程中主要的、用量较大的结构材料。

5 **纤维密度板**

纤维密度板简称密度板、纤维板，是以植物纤维为原料，经过纤维分离，适量加入胶粘剂（特殊防水板还需加入一定量的石蜡），经热压成型等工序制成的板材。纤维板的分类方法很多，可按原料、生产方法、密度、结构、用途和外观进行分类。纤维板按密度结构分为三类：密度在0.8g/cm^{3}以上的称硬质纤维板；密度在0.4~0.8g/cm^{3}的称半硬质纤维板（又称中密度纤维板）；密度在0.4g/cm^{3}以下的称软质纤维板。纤维密度板板块的标准规格尺寸为2 440mm×1 220mm，厚度有多种。装饰装修工程一般常用的是厚度为3~16mm的板块。硬质纤维板用于建筑内部装饰基层板和家具制作，半硬质纤维板、软质纤维板具有绝缘、隔热、吸音等性能，装饰装修工程中多使用半硬质纤维板。纤维密度板在装饰装修工程中主要作为基层结构材料，广泛用于制作各种装饰艺术造型骨架，或作为骨架的面层板、艺术造型打底的基层板，装饰门窗套的基层板等，以及门扇框的制作。纤维密度板是装饰工程中主要的、使用量较大的结构材料。

6. **木质胶合板**

木质胶合板俗称夹板。传统的做法是将普通圆木经过旋切机旋切或刨制成1mm厚度的单板，现在一般是根据实际使用需要而设定单板的厚度，经胶粘热压合或冷压合加工成板材。木质胶合板的板面规格为2 440mm×1 220mm，厚度根据实际情况需要而定。三层压合的称三夹板，五层压合的称五夹板，依此类推。五夹板及以上的胶合板又称五厘板、九厘板。装饰装修工程中主要使用的有三夹板、五夹板、九夹板。木质胶合板在装饰装修工程中主要用于各种装饰艺术造型结构的制作，如装饰艺术造型骨架的面层板或基层板，装饰门窗套等的基层材料。

7. **刨花板**

刨花板，是用木材加工过程中的刨花、边角余料，或小径木材等做原料，经专用机械加工成针状刨花，在刨花中加入一定数量的胶粘剂等拌和（特殊防水板还需加入一定量的石蜡），再经热压成型制成的一种板坯材料。板坯单面或双面一般采用三聚氰胺浸渍纸膜复合饰面，或复合防火板饰面，或聚氯乙烯（PVC）装饰膜复合贴面等做成免漆饰面的成品板材，以及用实木刨花皮复合贴面压成的极具装饰效果木坯板材。刨花板应属饰面板，刨花板的规格为2 440mm×1 220mm，板材厚度一般在6~16mm。刨花板主要用于各种家具、装饰柜类、隔断等的制作，如橱柜、衣柜、桌面、半高成品隔断等。通过饰面材料复合加工的成品刨花板在装饰装修工程中主要用于各种装饰柜类的制作。

二、镶贴装饰饰面板的种类及用途

目前，国内生产的饰面板多为各种长条形企口板和扣板。

1. **木质类饰面板**

（1）木质胶合饰面板。木质胶合饰面饰板材的结构为三层胶合板，由面板、芯板、底层板组成。面板选用木质结实、木材剖面纹理漂亮，且易旋切和刨制的树种加工成的单板。底层板、芯板是使用普通圆木旋切的单板，经三层胶合而成。木质胶合饰面板表面呈现出漂亮的木材剖面纹理，具有很好的装饰效果。木质类胶合饰面板与普通木质夹板的生产方法基本相同，经胶粘热压合或冷压合加工成板材。木质类饰面板的标准规格为2 440mm×1 220mm×3mm，市场销售的饰面板材的实际厚度在3mm以下。太薄的饰面板镶贴后装饰面容易出现凹凸不平等缺陷，饰面装饰效果或质量没有保障。木质饰面板材的名称一般以树种的名称或木材的剖面呈现的木纹等命名，例如：水曲柳板、榉木板、枫木板、柚木板、花梨木板、红（白）橡木板、红（白）影板、樱桃木板、胡桃木板、雀眼板、树瘤板、花樟板、猫眼板、莎贝利板、安利革板等。木质类胶合饰面板材在装饰装修工程中主要用于室内天棚面、墙面或柱面，门扇、门窗套等部位的饰面装饰，包括各种装饰柜类的装饰饰面。但也有少数高档装修工程使用稀有或名贵树种加工成的实木板材进行饰面装饰。木质胶合饰面板装饰效果高档，具有实木饰面板的装饰效果，能适应各种圆弧面部位的镶贴饰面。木质胶合饰面板有着价格较高、板块镶贴拼接难度较高、工程施工材料损耗率高、需要在施工现场进行油漆饰面施工等弱点。随着装饰装修行业的发展要求和装饰材料生产技术的进步，装饰装修工程施工中木质类胶合饰面板的使用会逐步减少，将会以下面介绍的木质类复合饰面板为主要饰面材料。

（2）木质类复合饰面板又称为免漆板、挂墙板。木质类复合饰面板以中密度板等为基层板，以木质结实、木材剖面纹理漂亮，且易旋切和刨制的树种加工成的实木皮，或以各种防火板（三聚氰胺板），包括其他装饰贴膜等，经胶粘复合而成的单面型饰面板或双面型饰面板。木质类复合饰面板的标准规格为2 440mm×1 220mm，厚度为4～16mm。质量较好的单面型饰面板的底板使用普通木材旋切单板复合封底，板材的强度更高；板材的翘曲变形小，平整度更好；仿实木的仿真效果真假难辨。木质类复合饰面板由专业厂家生产，还可按照装饰工程设计的板块尺寸要求定做，包括实木皮面板材的油漆涂装及板块的四周封边。木质类复合饰面板在施工现场直接镶贴安装，不需要再进行锯切刨光加工。装饰饰面完成后即成为施工成品，不用再进行油漆饰面施工，所以称之为免漆板。木质类复合饰面板以工厂专业化机械生产，具有原材料损耗低、质量稳定、板块色差小；施工简便，有利于工期的控制；施工现场无须锯切刨光加工和油漆喷涂施工，减少施工环境污染；可以逐步改善依靠劳动力密集型施工的状况，降低工程施工的人工成本、物美价廉等优点。木质类复合饰面板顺应了装饰装修工程材料向工厂专业化生产、社会配套化发展的趋势。木质类复合饰面板装饰饰面具有很好的装饰效果，适用于室内天棚面、墙面、柱面、门窗套等部位的装饰饰面，及各种装饰柜类的制作，能满足各种档次装饰装修工程的需要。但木质复合类饰面板难以进行圆弧面部位镶贴饰面的弱点有待于改进。

2. 生态木

生态木又称科技木，是一种利用再生的原材料混合生产出的装饰材料。该木材是以废塑料再造颗粒或粉碎料、木质纤维及其他植物纤维材料等，加入适量的色料和胶粘剂混合，通过模具经高温高压成或高温挤压成的，中空结构的装饰饰面板材（板芯为中空结构），以及各种装饰线条等。科技木在装饰装修工程中主要用于室内墙面、柱面、天棚面等部位的装饰饰面；各种装饰线条等。装饰饰面板、装饰线条可以根据设计要求加工。科技木除具有木质类复合饰面板的各种优点外，还具有吸水率低、质轻、环保等优点。但科技木饰面板的安装方法或挂装技术，以及助燃性能还有待于研究进一步提高。科技木板块装饰饰面具有良好的装饰效果，并能满足各种档次装饰装修工程的需要。随着装饰装修工程材料的研发、生产技术的不断进步，将会有质量更好、装饰效果更好，更环保的、更多的科技木品种上市。开发利用再生资源生产装饰装修工程材料，是未来工程材料生产的发展趋势。

3. 金属类装饰饰面板

装饰装修工程中使用的金属类饰面板材，主要有不锈钢板（不锈钢板又分有亚光板、镜面板、刻花板等）、钛金板、黄铜板、金属烤漆板、铝合金板等。不锈钢板、钛金板可用于室内外方圆柱、横梁、墙面、玻璃隔断框架，以及门窗套、门扇框及门扇等部位的装饰饰面。黄铜板多用于平面的破色拼花、破色线条装饰等。不锈钢、黄铜板板块的厚度一般在 1.5mm 以下。金属烤漆板、铝合金板一般用于室外幕墙装饰板、室外屋顶装饰单板、屋檐檐口的饰面板等，使用的板块较厚，一般在 2.5mm 以上。金属烤漆板、不锈钢板、铝合金板还可加工做成微孔饰面吸音板。

4. 铝塑复合板

铝塑复合板是一种新型复合型饰面材料，它以表面经处理涂装烤漆的薄型铝板作为表层，以聚乙烯塑料等作为芯层，再经过一系列生产工艺处理，选用高分子膜热压复合而成的新型装饰板材。标准板材应为双面铝板复合，复合铝板的厚度在 0.3mm 以上。装饰装修工程中常用的规格板为 1 220mm×2 440mm×3mm、1 220mm×2 440mm×4mm、1 220mm×2 440mm×5mm 三种。装饰装修工程设计如有特殊要求，厂家可根据需要生产非标准规格尺寸及表面各种花色的板材。铝塑复合板根据装饰部位的不同，一般可分为外墙板、店面装饰板、室内板。

外墙铝塑板有氟碳树脂涂层板、聚酯涂层板。氟碳树脂涂层板表面树脂涂层附着力强、抗老化和耐候性好，一般可保持 20 年不脱落、不退色。采用热风循环精密滚涂的烤漆新工艺生产比冷涂的工艺性能更好，聚酯涂层板质量次之于氟碳树脂涂层板。外墙铝塑板主要用于使用年限较长的机场、火车站、医院、商业大厦、展览馆、办公楼宇、宾馆、体育馆等大型建筑的外立面幕墙装饰，也可以用作室内天棚、梁柱面、墙面等部位的高级装饰饰面。店面装饰铝塑板主要用于店面装饰、低层建筑物外装饰及室内饰面装饰。室内板用于室内装饰。

5. 其他类装饰饰面板

用于装饰饰面的板材种类还有很多，如防火板、塑料板、玻璃（各种玻璃见第十七章相关部分）、亚克力板、有机玻璃板、玻镁板等。有机玻璃板中又有透明板、有色板、有色透明板、荧光板、磨砂板、镜面板、变色板、防弹有机玻璃板、隔音板、防反光有机玻璃板等。塑料板、有机玻璃板，主要用于广告灯箱、货柜、高档物品展示架、收银台镶贴饰面装饰、美术字雕刻等，以及透光装饰部位的装饰。防火板属于免漆涂装板，主要用于室内墙面、柱面、门扇、门窗套、各种装饰柜类、家具等的镶贴饰面装饰。这里所述的玻镁板主要指贴膜［聚氯乙烯（PVC）等装饰贴膜］复合或漆料饰面处理后的饰面玻镁装饰板等，玻镁板不可燃烧、环保、无有毒物释放，耐候性好，主要用于室内墙、柱面的装饰饰面。但玻镁板需要使用边框或专用线条拼接安装的方法需要改进完善。

6. 吸音饰面板

吸音饰面板的种类比较多，室内装饰装修工程中常用的吸音饰面板主要有人造木质饰面吸音板，微孔（或称网眼）铝塑板、微孔不锈钢板、微孔铝合金板等金属吸音板；吸音海绵，以及矿棉板、石膏板、木丝水泥板等吸音板；纡维布料软包吸音板块。包括其他吸音材料，如玻璃纤维吸音棉、吸音岩棉、吸音毯等。

（1）人造木质复合饰面吸音板的装饰饰面效果与木质类复合饰面板基本相同，镶贴饰面后免涂漆施工。人造木质吸音饰面板一般以 15mm 及以上厚度的中密度板为基材，在基材进行饰面层复合完成后，在板材的背面等距均匀钻孔，孔径约 10mm、孔深约板厚的3/5，孔洞面积不少于板块面积的2/3，最后再在装饰面进行机械开槽，槽宽约 3mm，槽深约板厚的1/4。板槽与板孔相通，使板芯成中空状，达到吸音的功能效果。吸音板宽度一般在 200mm 以内，板边开有企口，板块拼接通过企口咬合安装。吸音板的品种较多，还有其他各种吸音原理的人造木质饰面吸音板，不再一一介绍。人造木质复合饰面吸音板在装饰装修工程中，广泛用于会议室、电影院、多媒体教室等室内天棚面、墙、柱面的装饰饰面，以及其他需要有良好音响效果的室内墙、柱面的装饰饰面。

（2）微孔铝塑板、微孔不锈钢板、微孔铝合金板等金属吸音板，即在铝塑板、不锈钢板、铝合金板等金属板面上等距均匀钻孔或机械冲压成孔，孔径一般在15~20mm，远看板块上的孔洞呈网状结构，孔洞面积不少于板块面积的2/3。网眼铝塑板、网眼不锈钢板、网眼铝合金板等金属吸音板，适用于有吸音要求的商业店铺、营业厅，会议室、电影院、多媒体教室、KTV包房或歌厅等室内墙、柱面的吸音装饰饰面。

（3）吸音海绵。海绵的孔隙率大、质地柔软，本身具有吸音功能。为了达到装饰效果，在海绵生产时，厂家制作出专用的模具进行发泡定型，制作成有一定的装饰效果的海绵板块，称之为吸音海绵，吸音海绵一般呈灰黑色。使用专用造型模具发泡定型的吸音海绵装饰面，一般呈现为规整均匀的波纹面，或呈现半圆点凸出面。由于表面半圆点海绵形似鸡蛋，又称之为鸡蛋绵。海绵是一种在早期吸音材料较少的情况下使用的吸音材料，它易燃，难以进行防火阻燃处理，火灾事故发生燃烧时会产生大量的有毒气体释放，使人窒息或死亡，所以有吸音要求的室内装饰设计不宜采用吸音海绵。

（4）矿棉吸音板、石膏吸音板、木丝水泥吸音板。矿棉吸音板、石膏吸音板本身具有较好的吸音效果，为了达到最好的吸音效果，在板块制作时还要再进行打孔加工，使板块装饰面形成网状孔洞结构状。木丝水泥吸音板，是以木质纤维通过水泥浆拌和后，通过机械压合胶凝而成的板材，板材具有孔隙率大、表面粗糙的特点，具有良好的吸音效果。矿棉板、石膏板、木丝水泥板等吸音板，还具有质轻、价廉、不可燃等优点。矿棉吸音板、石膏吸音板、木丝水泥吸音板主要用于有吸音要求的室内天棚装饰饰面，也可用于有吸音要求的墙柱面饰面。室内吸音板装饰天棚常用的吸音板及安装见第四章浮搁式方板装饰天棚安装部分（第42页）。

三、各种装饰艺术造型结构的安装基层及饰面板镶贴的基层要求

（1）一般装饰艺术造型结构安装基体的要求：

各种混凝土结构体、砖砌筑体水泥砂浆抹灰面基层，基层表面应坚硬、不疏松粉化掉粉，表面平整、光洁、干燥。

GRC等墙体应安装牢固，有一定的强度，不潮湿、干燥。

其他轻钢龙骨、木质等轻质材料隔断墙、柱体，应安装牢固，结构安全，能有效承载装饰艺术造型结构的重量、能保证造型结构的固定或悬挂安全。

（2）室外铝塑板幕墙安装基层的要求，应符合第十章石材钢挂装饰安装基体的要求（见第83页）。基层墙面应做防水处理，墙面防水施工，详见第二十九章（第213页）。

（3）木质胶合饰面板、木质复合饰面板、金属类装饰饰面板、铝塑复合板，以及其他类的防火板、塑料板、亚克力板等装饰饰面板，包括玻璃，适宜在密度板、大芯板、木质胶合板等木质基层上饰面镶贴。木质基层应安装牢固，板块无炸裂、无起壳；表面平整、光洁、干燥，无外露钉。

四、根据设计要求进行装饰艺术造型基层面放线及板块分格预排计算

（1）装饰艺术造型结构制作应根据设计要求在室内外墙、柱面等装饰部位，进行造型骨架或装饰基层的定位放线，在装饰部位弹出装饰艺术造型墨线，确定装饰艺术造型骨架或装饰基层的制作材料与制作安装方案。

（2）进行装饰艺术造型骨架或装饰基层装饰饰面板镶贴板块的下料计算，以及确定饰面板镶贴的做法等。

（3）铝塑板幕墙骨架安装施工可参见第十章石材钢挂装饰基层面放线、石材板块分格计算预排（第83页）。

五、工程材料质量控制

（1）各种室内外墙面、柱面，包括天棚面上的装饰艺术造型结构施工所用的制作材料、胶粘剂等，进入工地后应查验产品的生产合格证，查验有效的有害物质限量释放检测合格报告，以及各种胶粘剂的有效期。板材、胶粘剂的有害物质限量释放应符合国家《室内装饰装修材料人造板及其制品中甲醛释放限量》（GB18580－2001）、《室内装饰装修材料胶粘剂中有害物质限量》（GB18583－2001）标准的要求。杜绝不合格的材料进入施工流程。

（2）铝塑板幕墙镶贴施工前，应对进入工地的工程材料质量进行复核查验。查验幕墙铝合金型材、铝塑板的规格型号、厚度、外观等质量；查验结构胶的出厂合格证及相关质检机构出具的、有效的产品质量检测合格报告，核对结构胶的有效期。杜绝不合格的材料进入施工流程，确保工程质量。幕墙结构胶按照其产品质量要求，应做饰面板黏结强度试验，现场检测结构胶的黏结质量，必要时对幕墙施工使用的结构胶应进行就地封存抽样，送有关质检机构进行质量的复检检测，以确保工程质量。

（3）木质类胶合饰面板材多为木质坯板，板材进入施工工地后，宜对板材装饰面及时涂刷透明底漆做防污保护备用。木质类胶合饰面板材应入库存放保管，做好防潮及覆盖保护。

六、室内外墙、柱面装饰艺术造型基层制作安装

1. 墙面装饰艺术造型结构制作

墙面装饰艺术造型骨架或装饰艺术造型基层的设计有多种多样，制作材料主要为各种木龙骨、各种人造木质板材，各种轻型黑色金属型钢材料。主要的结构形式或做法有两种，有骨架装饰艺术造型结构件制作和无骨架装饰艺术造型基层制作。

有骨架装饰艺术造型结构件制作。有骨架装饰艺术造型结构件一般先用木龙骨、木质板材或型钢作成艺术造型骨架安装在基体（墙、柱体）上，后再用木质板材或石膏板、埃特板等，对装饰艺术造型骨架进行面层形成装饰镶贴基层面。墙面木质骨架装饰艺术造型结构的制作，木骨之间一般使用射枪钉钉固，木质接触面涂刷白乳胶黏结，特殊结构的木骨之间应使用扣合榫连接，包括柱面木骨架装饰艺术造型制作、型钢装饰艺术造型骨架制作、无骨架装饰艺术造型基层制作。

无骨架装饰艺术造型基层制作，一般根据设计要求将各种木质板材料锯切下料成造型板后，直接在基体（墙、柱面）单层安装或板块多层叠加安装，形成无骨架装饰艺术造型镶贴饰面基层。

装饰装修工程中常见的墙面有骨架装饰艺术造型结构、无骨架木质板材装饰艺术造型基层的制作见图12－1至图12－9。

图12－1　用密度板叠加铺装做成的无骨架墙面艺术造型基层

图 12－2　墙面用大芯板、型钢制作的装饰艺术造型骨架

图 12－3　墙面用密度板、型钢制作的装饰艺术造型骨架

图 12－4　墙面用密度板、大芯板制作的装饰艺术造型骨架

图 12－5　墙面用大芯板制作的装饰艺术造型骨架

图 12－6　墙面密度板骨架装饰造型灯槽坯体

图 12－7　天棚墙面用密度板制作的艺术造型骨架

图 12－8　天棚墙面一体的弧形装饰造型结构的做法

图 12－9　天棚墙面一体的弧形装饰造型结构面层的做法

2. 柱面装饰艺术造型制作

柱面装饰艺术造型骨架或装饰艺术造型基层的设计有多种多样。但常用的装饰艺术造型做法主要有：包方柱、包圆柱、方柱包圆，及其他圆曲面造型制作。柱面无骨架装饰艺术造型基层制作比较简单，即将各种木质板材锯切成造型板后，直接安装在基体（柱体）上形成装饰镶贴基层。包方柱，柱面有骨架装饰艺术造型的做法与墙面有骨架装饰艺术造型的做法相同，即先用木龙骨或木质板材或型钢作成造型骨架，安装固定在基体（柱体）上，后用木质板材、石膏板或埃特板对骨架进行面层，形成装饰饰面材料的镶贴基层面。包圆柱、方柱包圆，及其他圆曲面造型骨架的横向龙骨，宜用密度板或大芯板锯成圆弧横向龙骨后做造型骨架。纵向龙骨块用木龙骨，或密度板、大芯板锯成板条叠加制作木方，或使用轻型金属型材制作。横向造型骨架与柱体连接固定后，再在横向龙骨上安装纵向龙骨，形成圆柱形艺术造型骨架。装饰装修工程中常见的木质方柱包圆的骨架及骨架面层的做法见图12－10、图12－11。

（1）大芯板骨架室内方柱包圆装饰基层的做法

（2）造型骨架密度板面层方柱包圆木龙骨

图12－10 方柱包圆的骨架及骨架面层的做法

图12－11 从左至右：室内方柱包圆装饰制作，用密度板做装饰艺术造型骨架；造型骨架用石膏板面层；乳胶漆饰面、彩绘成方柱包圆装饰柱

3. 有骨架装饰艺术造型结构件、无骨架装饰艺术造型基层安装

重量较轻的有骨架装饰艺术造型在砖砌或混凝土基体上安装，宜使用预埋木栓安装或射枪钉钉固安装。预埋木栓安装，应先在镶贴基体面上标出木栓预埋点，预埋数量不少于9个/m^2，砖砌或混凝土基体的预埋深度不小于50mm，预埋好木栓后，以木栓中心划出横线，以明示木栓的位置，

再用钢钉将艺术造型骨架固定；使用射枪钉钉固安装的，射钉的间距不宜大于150mm，射钉的深度不得小于30mm。装饰艺术造型骨架安装，必要时艺术造型骨架与墙柱、体之间打玻璃结构胶加固。

体积或重量较大的木质装饰艺术造型骨架或钢质装饰艺术造型骨架在砖砌或混凝土基体上安装，应使用膨胀螺栓安装，安装时使用的膨胀螺栓的规格大小和间距应根据实际情况选用，必须保证装饰艺术造型骨架安装的安全。

无骨架装饰艺术造型基层板宜使用射钉钉固安装，射钉的间距不宜大于150mm，必要时艺术造型基层板与墙或柱体之间宜打玻璃结构胶加固。

有骨架装饰艺术造型在轻质材料隔断基层上安装，宜根据实际情况采用相适应的钢质材料制作隔断骨架的方法安装；无骨架装饰艺术造型基层板在轻质材料隔断基层上安装，应根据隔断架和隔断架面层板的实际情况，采用相适应的射枪钉、螺钉方法固定安装。

4. 装饰艺术造型骨架面层板、无骨架装饰艺术造型基层板的选用

装饰艺术造型骨架面层、无骨架装饰艺术造型基层宜用五夹板、九夹板、大芯板、密度板、石膏板、埃特板做面层板或基层板，施工时根据设计要求或实际情况选用。

如图12－11，是根据实际情况选用密度板做造型骨架，骨架以石膏板做面层完成的方柱包圆装饰基层造型。

如图12－9，天棚、墙面一体的弧形装饰造型结构，就是根据实际情况选用密度板拉槽凹成弧形板后进行的木质骨架面层。

如图12－1，是用密度板板块做成的无骨架墙面叠级艺术造型基层。

装饰艺术造型骨架面层板、无骨架装饰艺术造型基层板安装，严禁使用起壳炸裂、破碎、潮湿的板块。

5. 装饰艺术造型面层板下料及安装

有骨架装饰艺术造型骨架面层板、无骨架装饰艺术造型基层板下料，应按照放线尺寸或形状，宜先制作模块（模板）进行下料，统一规格尺寸的多个艺术造型骨架的面层板、艺术造型基层板应专人、专用机台定点固定下料，以保证下料板块无误差。

木质艺术造型骨架使用木质板做面层板的，安装时应涂刷白乳胶黏结，射钉钉固；以石膏板、埃特板做面层板的，安装时应使用自攻螺钉安装，螺钉的间距不得大于150mm。艺术造型骨架面层板或造型基层板安装后，形成的镶贴装饰面应平整、干燥，无钢钉外露。钢质艺术造型骨架面层，宜在钢质艺术造型骨架型材面上安装一层木质板过渡层后，再进行面层板安装。钢架与过渡木质板之间可使用钻尾螺钉钉固。

6. 装饰艺术造型骨架基层的防火阻燃处理与防锈处理

木质装饰艺术造型骨架及骨架面层板、无骨架造型木质基层板的隐蔽面，应按照防火要求涂刷防火涂料，做防火阻燃处理；钢质骨架必须多边涂刷防锈漆，进行防锈处理。

七、室内外墙、柱面装饰艺术造型基层饰面板镶贴

1. 镶贴饰面板裁剪下料

（1）室内外墙柱面装饰艺术造型基层饰面板镶贴，饰面板材应根据基层面宜先制作成模块或模板套裁下料，应固定专人、固定地点（工作台），用专用机台锯切下料。做到下料板材的规格尺寸一致，以保证下料板块无误差。

（2）木质类胶合饰面板材下料前应进行饰面板材的比对，挑选木质颜色、木纹基本一致的板块集中使用，做到同一个装饰镶贴面的木质颜色、木纹无明显差异。下料板块的纵、横向木质纹理的

编排或排放应符合设计要求。锯切成型板材的板边应刨光无毛刺，确保板块拼缝整齐美观。

（3）铝塑板下料。铝塑板裁切成型板材的板边应光洁无毛刺，铝塑板折角镶贴板应用镂刻机在铝塑料板的背面开槽，开槽时将板块固定在工作台上，宜使用“V”形刀头的工具刀镂刻。将刀头调整到适宜的沟槽深度后，紧握镂刻机，紧靠靠尺匀速推动，做到镂刻沟槽深度一致、平直。不得伤及铝塑板装饰面的复合铝板。板块下料、开槽应注意板材保护膜的保护，不得提前撕毁或损伤板材保护膜。板块开槽后不得反复多次弯折，防止装饰面的复合铝板开裂或折断，折角镶贴应一次完成。室内折角镶贴所使用的铝塑板装饰面复合铝板的厚度不宜小于0.3mm；室外一般镶贴饰面的铝塑板应使用室外型板材，板材厚度不宜小于4mm，复合铝板的厚度不小于0.3mm；铝合金幕墙应使用专用幕墙板，板材厚度不小于5mm，复合铝板的厚度不小于0.4mm。铝塑板折角镶贴镂刻机背面开槽见图12－12。

图12－12 铝塑板折角镶贴板镂刻机背面开槽

（4）不锈钢板、钛金板等金属类装饰面板下料。不锈钢板、钛金板等金属板用必须剪板机械裁剪下料，下料折边前应精确计算核对板块下料尺寸，饰面板块的厚度不宜小于1mm。转角或弧形等结构，应先制作好模板或模型后再机械冲压折边、折叠或压延下料。

（5）其他饰面板下料。其他饰面板，如有机玻璃板、防火板等直边板材，应进行锯切或刀划下料，下料成型板材的板边应进行磨边或刨平处理。圆弧异型板材应先制作模块或模板，后下料，确保拼缝整齐美观。

2. 室内外墙、柱面，包括天棚面等饰面板镶贴

各种饰面板适宜在各种木质基层面上镶贴，镶贴前应检查镶贴基层面板块有无松动、起壳、开裂，剔除外露钢钉及其他凸出物；清除镶贴基层面上的灰尘、油污；镶贴面应平整、洁净，达不到要求的应整改，以保证饰面板镶贴施工质量和装饰效果。

（1）木质胶合饰面板材镶贴饰面施工。木质胶合饰面板只适宜在木质基层上镶贴饰面，饰面板镶贴安装前应根据饰面板块的设计要求尺寸规格，在基层上弹出板块安装墨线。木质胶合饰面板材镶贴，镶贴面与基层之间应涂刷白乳胶黏结，镶贴面满涂胶液粘贴后及时用小型号射钉固定，防止墙柱面板块下滑。板块边缘四边或中间应用压条或压板压紧固定，防止边缘翘起或中间鼓包。待48小时白乳胶凝固硬化后拆除压条。装饰装修工程中常见的木质胶合板材饰面镶贴装饰的墙、柱面见图12－13、图12－14。

图12－13 木质胶合板饰面镶贴装饰墙面

图12－14 木质胶合板饰面镶贴装饰柱

木质胶合饰面板材镶贴阳角拼角的做法。木质胶合饰面板镶贴阳角碰角常用的做法有两种：一种是将板边刨成相应角度的坡边后相碰成阳角。虽然，板边直接相碰装饰阳角施工简单，但在使用中容易被擦伤、碰损影响装饰效果，而且不适合圆形面或弧形面的横向阳角的制作。板边直接相碰阳角的做法适合于高度较高部位的天棚或横梁阳角包角制作。另一种是在木质类饰面板阳角相碰的板边之间嵌入4mm×4mm的小木方线条，用白乳胶粘贴后用胶带粘贴固定，待白乳胶干燥粘紧后，再将木线条刨平砂光形成装饰阳角。小木方线条镶嵌碰角的做法适合于墙、柱面部位的阳角制作。

（2）木质类复合饰面板、科技木镶贴饰面施工。木质类复合饰面板、科技木属成品板材，宜在木质基层上镶贴饰面。镶贴安装前应根据板块的尺寸规格在基层上弹出板块安装墨线。由于木质类复合饰面板、科技木板为成品板材，板块的规格尺寸一般较大、板块较厚，镶贴后免漆施工。木质类复合饰面板、科技木板块的拼接方式、阴阳角拼角的做法，是已根据设计要求做好的，施工现场不得再进行锯刨加工修整。板块安装应根据基层上弹出的板块安装墨线，直接拼接镶贴安装。木质类复合饰面板镶贴时应在镶贴面满涂白乳胶或玻璃结构胶与基层黏结，及时调平调直后用细小的射钉从板块的四边斜向钉入基层固定，必要时使用压板压紧固定，严禁从装饰面钉入基层固定，对细小的钉眼可以油漆修补。科技木可以使用玻璃结构胶与基层黏结安装，必要时使用压板压紧固定，可适当使用射枪钉在板块的咬合企口处钉固。木质类复合饰面板、科技木板块也有设计使用专用金属挂件安装的，专用金属挂件安装适宜饰面板块离缝安装。板块离缝中一般需再填入装饰线条或胶料进行清缝处理。完工的镶贴面应及时使用塑料膜覆盖保护。木质类复合饰面板镶贴饰面施工见图12-15至图12-17。

图12-15 密度板、实木皮复合油漆饰面板镶贴装饰的墙面

图12-16 施工中的密度板、实木皮复合油漆饰面板墙面镶贴

（3）铝塑板、防火板、有机玻璃等饰面板室内镶贴施工。铝塑板、防火板、有机玻璃等饰面板室内镶贴饰面，前期的准备工作与木质胶合饰面板基本相同。铝塑板、防火板、有机玻璃等饰面板镶贴，在常温下宜使用万能胶（又称快干胶、即时贴）镶贴。万能胶有两种：一种是氯丁型万能胶，以氯丁橡胶为主要成分，初粘力和终粘力强、黏度高、黏性保持期长、气味小、耐候性好、施工方便、质量稳定；另一种是SBS万能胶，采用高分子材料经特殊工艺制成，干燥速度

图12-17 科技木镶贴装饰墙面

快、初粘力强、气味小、易施工（可喷、可涂刷）、黏性持续期间长、耐候性好、质量稳定。两种胶施工时根据实际情况选用。更优质的新品胶粘剂也在不断地研发上市，饰面板镶贴施工应适时购进新型的胶粘剂施工。

铝塑板、防火板、有机玻璃等板镶贴时，应在饰面板块背面与镶贴面中间同时涂胶，将万能胶由内向外用刮板均匀涂抹，涂胶后晾置 8 ~ 15 分钟后（胶层略不粘手）进行黏合。平面镶贴时应将板块窝成弧形后一次对准黏合面，由里向外挤压排除气泡镶贴，圆柱面宜由左向右镶贴。整块饰面板贴平后用手掌轻轻拍打压实，常温下室内 48 小时后可达到使用强度。铝塑板、防火板、有机玻璃等饰面板的装饰面有一层保护膜，在胶粘剂固化，镶贴施工完成后统一清除。常见的防火板、铝塑板镶贴饰面装饰墙、柱面，见图 12 - 18、图 12 - 19。

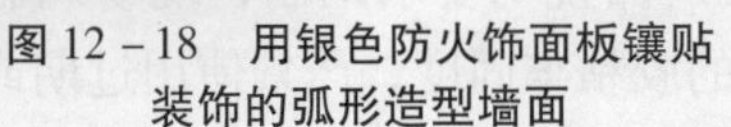

图 12 - 18　用银色防火饰面板镶贴装饰的弧形造型墙面

图 12 - 19　用灰色铝塑板镶贴装饰的室内方柱

（4）不锈钢等金属饰面板镶贴。金属饰面板一般多为扣条、扣板、折角、弧面状等结构镶贴，镶贴前应将板块与基层进行比对试拼、修整调试吻合后，取下镶贴板块，再在板块镶贴黏结面涂抹玻璃胶或玻璃结构胶镶贴，并及时用压条、压板压紧或绑扎固牢镶贴板块。玻璃胶 72 小时固化后拆除压条、压板或拆除绑扎物。板块镶贴涂胶点应均匀，胶黏结面不得小于 70%。

弧面状不锈钢、钛金板门套安装，上框横板与竖板之间的 90°转角拼角，常用的方法是将横板与竖板之间开成 45°直边与之镶拼，镶拼后一般采用点焊的方法防止接缝裂开。上框横板与竖板之间的 90°转角拼角，也可以采用上板块（横板）插入竖板内镶拼，即横板在开成 45°直边时，在 45°直边中间留出约 30mm 宽的曲度插入竖板内，插入法镶拼不用焊接，接缝无焊接点和高温烧灼色，接缝紧密不外露、较美观。圆柱面不锈钢、钛金板等镶贴饰面，其扣接缝宜放在圆柱的背面。

不锈钢等金属饰面板墙、柱面阳角处镶贴，包括铝塑板、不锈钢等金属吸音板镶贴，在阳角处严禁边板碰角镶贴，应包裹镶贴。金属板在阳角处使用边板碰角镶贴，既影响装饰效果，也不利于玻璃胶封闭收口，更容易形成利刃，留下致人划伤的安全隐患。

（5）装饰饰面板离缝镶贴。装饰饰面板设计为离缝镶贴的，镶贴前应按设计要求在镶贴面上弹出纵横向预留离缝的墨线，没有离缝宽度设计要求的，离缝宽度一般应按 6 ~ 8mm 的宽度留置。离缝装饰饰面板镶贴时，要注意板缝的横平竖直，多边形板块要注意板缝的对接吻合。离缝装饰线见第二章相关部分（第 11 页）。

八、室外铝塑板幕墙施工

1. 铝塑板幕墙铝合金龙骨架制作安装

（1）建筑物室外铝塑板装饰幕墙的结构安全尤为重要，应对安装基体有严格要求。由于室外幕墙施工难度较大，施工技术较为复杂，施工质量要求严格。室外铝塑板装饰幕墙施工与石材幕墙施工一样，也应有完整的施工设计图、结构设计计算书；应有科学、严格的施工技术方案。严格按图施工，严禁无设计图、无施工技术方案随意施工。

（2）铝塑板幕墙龙骨应使用专用的铝合金幕墙型材制作。铝塑板幕墙龙骨制作使用的铝合金型材的规格、厚度、连接附件，以及后置螺栓预埋、角码等结构件的规格型号应符合设计要求。

（3）铝塑板幕墙施工相对于石材幕墙施工而言，施工难度、安全要求要低一些。铝塑板幕墙铝合金龙骨架安装，后置螺栓预埋、角码安装，可参照第十章室外石材钢挂装饰幕墙钢龙骨架施工方法（第 85 页）。

（4）铝合金型材龙骨架安装可按第十章中的钢龙骨架螺栓连接施工要求施工（第 87 页）。

2. 铝合金型材骨架幕墙铝塑板镶贴

（1）铝合金型材骨架铝塑板幕墙的铝塑板镶贴前，应清除铝合金骨架镶贴面上的油污、灰尘、沙粒等，镶贴面应平整、洁净。

（2）铝塑板镶贴前应按照设计板块的规格尺寸，在铝合金骨架面上进行镶贴板块的分格计算弹线，板块之间按照设计要求预留出拼接离缝，离缝的宽度不宜小于 8mm，以利结构胶勾缝填入封闭板块接缝，增强板块黏结强度。

（3）铝塑板镶贴胶粘剂的品种应符合设计要求，无设计要求的应使用铝塑板幕墙专用高强度结构胶粘贴。如使用双组分结构胶，应按照结构胶产品说明要求调制，现场调制及时使用。不同厂家、不同型号的结构胶禁止混合使用，保证接缝的胶粘牢固度，严禁使用过期或变质的胶粘剂。

（4）铝塑板板块粘贴前应在镶贴面上比试试拼，吻合后再在饰面板块镶贴背面的镶贴面上涂胶，黏结面涂胶应宽窄一致、均匀，不得漏涂。板块四周边缘的黏结涂胶宽度最小不得低于 20mm。铝塑板板块镶贴应两人协调操作，板块涂胶镶贴应再次进行板块比试试拼，调平调直或修正之后将镶贴板块对准镶贴面粘贴，在镶贴部位用手拍打，让其紧密黏合，待板块固定后镶贴下一张饰面板。

（5）铝塑板在阳角处严禁边板碰角镶贴，应包裹镶贴。铝塑板阳角处包裹镶贴的做法见图 12－20。

（6）门、窗洞口、幕墙顶部等处的板块接缝及排水处理详见第十章相关部分（第 89 页）。

（7）板块镶贴完后，应及时对板块的横竖离缝沟进行结构胶勾缝封闭，以增强幕墙板块的黏结强度和防水性能。待幕墙胶粘剂凝固硬化后，清除铝塑板装饰面的保护膜。

图 12－20　铝合金型材骨架铝塑板镶贴装饰幕墙（常用规格板装饰幕墙）

图 12－21　铝合金型材骨架铝塑板镶贴装饰幕墙（超大规格板装饰幕墙）

常见的室外铝合金型材骨架铝塑板镶贴装饰幕墙见图 12－20、图 12－21。

九、室内发光装饰墙、柱面制作安装

多套或多盏灯具组合，通过天然石板、人造透光石材、透光玻璃、透光膜隐蔽发光装饰墙面的基层框架，可以木质材料制作、可以铝合金方管或矩形管制作、可以不锈钢方管或矩形管焊接或黑色金属方管或矩形管焊接制作。室内发光装饰墙面基层框架的制作及基层框架墙体上的安装详见本章中有骨架装饰艺术造型结构的制作安装的施工方法。有色金属方管或矩形管的制作成本较高，所以，在实际的施工中多以木质材料或黑色金属材料制作基层框架。木质材料制作基层框架应涂刷防火涂料做防火阻燃处理，黑色金属材料制作基层框架应涂刷白色油漆做打底处理。透光墙基层框架与透光板的连接面应校平校直，木质框架还应刨光。木质框架应能有效地承载透光石材、玻璃的重量。透光面板与基层墙体的间距不宜小于 100mm，以利于发光灯具的安装。

制作透光墙的透光板块的厚度：玉石类（松香玉、黄龙玉等）不宜小于 12mm，人造透光石材、玻璃不小于 8mm。透光板块与框架基层连接可以结构胶胶粘固定，或使用不锈钢装饰螺钉固定。透光板块使用胶粘安装的基层框架，框格骨架的厚度（即骨架与透光板的胶粘黏合面）不得小于40mm，保证板块边缘的黏结宽度不小于 20mm，应使用优质结构胶黏结。透光板与骨架之间使用螺钉固定安装的，基层框架宜用金属型材制作，螺钉的间距不宜大于 800mm，螺杆直径不小于 8mm。制作木质基层骨架安装的，自攻螺钉的旋入长度不得小于 60mm。无论使用胶粘或螺钉安装固定都应保证透光板块安装牢固、安全。隐蔽发光装饰墙、柱面还应有散热措施和方便维修的措施。

十、吸音板墙、柱面饰面制作安装

1. 吸音板镶贴安装基层骨架制作安装

吸音板在墙、柱面上应采用架空镶贴安装，即先在墙、柱面上安装好基层框架，吸音板与墙、柱体的架空距离不宜小于 50mm，使吸音板与墙、柱体之间形成吸音中空，以达到最好的吸音效果。一些有特殊要求的室内吸音墙面，还需要在基层框架中填入玻纤吸音棉等吸音材料，如电影院、电视演播大厅等的吸音墙面。木质类吸音饰面板、矿棉吸音板、石膏吸音板、木丝水泥吸音板镶贴饰面，安装基层骨架宜用木质龙骨、轻钢隔断龙骨制作；玻璃纤维板等布料软包面吸音板块、吸音毯镶贴饰面，安装基层骨架宜用木质龙骨；微孔铝塑板、微孔不锈钢板、微孔铝合金板等金属吸音板镶贴饰面，安装基层骨架可以木质材料、轻钢隔断龙骨、铝合金型材制作。在实际的施工中，具体的墙、柱面吸音板的饰面镶贴基层骨架的制作安装，应按照设计要求施工。但吸音饰面板的镶贴安装基层骨架的制作有如下的必须遵循基本要求：吸音饰面板安装基层骨架，应根据设计使用的吸音板板块的规格尺寸制作，供吸音板安装框架的竖向龙骨的间距不宜大于 500mm，基层框架供吸音饰面板块安装的截面的宽度不宜小于 60mm。木质骨架面应校平刨光，轻钢龙骨、铝型材骨架面应校平校直。木质基层骨架应涂刷防火涂料做防火阻燃处理。吸音板装饰墙、柱面安装基层骨架制作见图 12－22（左图）、图 12－23（左图）。吸音板安装基层骨架的纵横向龙骨与墙、柱面的连接固定安装详见本章中有骨架装饰艺术造型结构的制作安装施工部分。

2. 吸音板镶贴饰面安装

用于室内墙、柱面饰面的吸音材料，主要有人造木质吸音饰面板、铝塑板、不锈钢板、铝合金板冲微孔吸音板等，包括矿棉吸音板、石膏吸音板、木丝水泥吸音板、纤维布料软包吸音板块、吸音毯。各种吸音板的厚度不宜小于以下要求：木质吸音板、矿棉吸音板、石膏吸音板、木丝水泥吸音板的厚度不宜小于 15mm；玻璃纤维板等布料软包面吸音板块不宜小于 20mm；微孔铝塑复合吸音板的厚度不宜小于4mm，微孔铝合金吸音板的厚度不宜小于3mm，微孔不锈钢吸音板的厚度不宜小于2mm。在具体的施工中，应根据设计要求选用相应的吸音板材安装施工。人造木质吸音饰面板与基层骨架之间射枪钉钉固，射枪钉应从板块侧边钉固，可涂刷白乳胶黏结。矿棉吸音板、石膏吸音板、木丝水泥吸音板与基层骨架之间宜使用射枪钉或专用螺钉钉固，但螺钉安装间距不宜大于200mm。金属微孔吸音板板块与木质基层骨架之间宜用万能胶或玻璃结构胶胶粘固定，金属微孔吸音板板块与轻钢龙骨基层之间也可用装饰金属钉铆固，但螺钉安装间距不宜大于500mm。玻璃纤维板等布料软包面吸音板块、吸音毯宜使用宜用万能胶或玻璃胶安装。吸音板使用胶黏结镶贴安装的，基层骨架黏结面应满涂胶粘剂粘贴。吸音板饰面板块安装应牢固、平整，板块接缝整齐美观。装饰装修工程中常见的室内吸音饰面板装饰墙面的安装施工及装饰墙面见图12－22、图12－23，吸音装饰天棚的吸音板安装详见第四章浮搁式方板装饰天棚安装部分（第42页）。

左图　在墙面上用轻钢隔断龙骨制作成的架空吸音饰面板的镶贴安装基层

右图　在中空框架上以密度板制作的微孔吸音饰面板镶贴安装成的吸音装饰墙面

图12－22　一般吸音要求不高的多媒体教室或会议室吸音装饰墙面的结构及制作

左图　先在墙体上使用大芯板制作成供吸音饰面板安装的中空基层框架

中图　向吸音中空基层框架中填入50mm厚的玻纤吸音棉形成吸音层

右图　上部　在吸音中空框架上再使用玻纤吸音钣金丝绒面料制作的软包板块件做成的吸音装饰墙面

　　　下部　在吸音中空框架上再使用密度板微孔吸音饰面板做成的吸音装饰墙面

图12－23　吸音要求较高的3D影院的吸音装饰墙面的结构及制作

第十三章 墙纸裱糊装饰工程

墙纸又称壁纸，是工厂成批生产预制的装饰裱糊饰面材料，以卷筒式包装，卷筒定尺长度和纸面幅宽尺寸因材质而异。墙纸的幅宽一般在500mm及以上，墙布的幅宽一般在1 000mm及以上。墙纸是装饰装修工程中的一种主要的装饰饰面材料，在室内装饰装修工程广泛使用于墙面、梁柱面、天棚面等部位的装饰饰面，且美观耐用。墙纸裱糊装饰施工，是指在平整的饰面基层上，通过裱糊糊浆将墙纸或墙布粘贴在装饰面上，形成装饰饰面美化层的施工方法。墙纸具有施工简便、维修或更换方便、价廉物美等优点。墙纸裱糊装饰面色泽丰富，纹饰或图案可以变化多样，能达到工程设计的预期装饰效果。墙纸裱糊装饰可满足各种档次装饰装修工程的需要。墙纸裱糊装饰是室内装饰装修工程中一种主要的饰面装饰方法，在装饰装修工程的设计中被广泛采用，墙纸裱糊施工是室内装饰装修工程施工中常用的、主要的施工项目。

一、壁纸和墙布的种类及裱糊糊浆

壁纸和墙布。以纸、塑料、玻璃纤维布、无纺织布等原料加工的裱糊饰面材料，一般称之为墙纸或称壁纸；以纤维纺织布料加工的裱糊饰面材料一般称之为墙布。装饰墙纸的种类较多，各种材质的新优品种亦在不断地被研制开发出来。对各种墙纸难以进行准确的分类，也没有必要进行准确统一的分类。墙纸如按其生产材料分类，大致有以下几类：纸质类墙纸、纸基塑料复合类墙纸、无纺织布类墙纸、纤维纺织布类墙布。包括一些天然或仿制的竹篾、芦苇编织提帘、草编等裱糊饰面材料。纸基塑料复合类墙纸的品种主要有：纸基塑料膜复合墙纸、纸基塑料发泡墙纸、纸基仿金属塑料膜墙纸。纸基塑料复合类墙纸是目前装饰装修工程中使用的主流品种，可适合中高档工程装饰使用。真丝、棉麻纤维类纺织类墙布属高档裱糊饰面材料，如丝绸、绢、锦、缎，以及棉、麻纱混纺布料等，主要在较高档次的装饰装修工程中设计使用。纸质类的墙纸具有较好的透气性特点；也具有较强的吸湿性、不耐水、不能擦洗，易破损、不易施工等缺点，材料的性能有待于改进更新。纸质类的墙纸在装饰装修工程的设计中选择使用得不多，属基本淘汰的裱糊饰面材料。为了叙述方便，以下统一称之为墙纸。

墙纸裱糊糊浆。传统的墙纸裱糊糊浆是用植物淀粉与水拌和，加入一定量的防霉、防虫蛀或鼠咬的化学物质后，在施工现场加温熬制成的裱糊糊浆。现在的墙纸裱糊剂由专业厂家生产，供裱糊施工配套使用。糊浆淀粉和专用调合剂分别单独包装，施工时根据需要在现场调制使用。施工现场使用的糊浆淀粉和专用调合剂应妥善保管，不得受潮、不得污损。

二、墙纸裱糊饰面基层处理

（1）墙纸适宜在水泥砂浆抹灰面、石膏板面、波美板面、埃特板板面、GRC墙板面上裱糊，因为水泥砂浆抹面、石膏板、波美板面、埃特板、GRC墙板的性能比较稳定。木质板块宜吸潮受室内干湿度的影响会产生伸缩或变形，容易使饰面墙纸脱胶起壳、脱落，影响施工质量，影响装饰效果，所以，墙纸不宜在木质基层面上裱糊饰面。

（2）墙纸裱糊前应进行基层面检查，铲除基层表面疏松层、起壳层。不合格的抹灰墙面应进行水泥砂浆抹灰修补，搓平收光。裱糊基层表面应有一定的硬度，无疏松粉化掉粉现象。基层表面应平整光洁，无油污、无污渍。

（3）不同材料的基体或GRC板块拼接墙体的接缝处，应铺钉金属网或高强度尼龙抗裂布网后用水泥砂浆进行抹面搓平，其他非抹灰面或板块之间的接缝处应进行糊条处理，防止接缝之间裱糊面开裂，如石膏板基层上的墙纸裱糊。

（4）水泥砂浆抹灰面、石膏板面等基层面，应使用专用的墙体腻子粉调制腻子，满刮浅色腻子打底；GRC板、埃特板等轻质板块基层面宜用水泥或石膏粉，并配用墙体打底专用腻子液调制成水泥浆，或石膏粉浆进行抹灰找平，找平层干透后再满刮浅色墙体专用腻子打底。打底层应用砂纸打磨砂平，复补腻子打磨砂平，使基层面达到平整光滑。基层面的色泽应一致，保证墙纸上墙后色泽一致。埃特板、波美板面、石膏板基层上墙纸裱糊，还应做好钉眼的处理，防止出现锈斑透底。

（5）墙纸裱糊基层含水率的控制：抹灰面基层的含水率应低于8%，湿度相对较大的地方宜刷一道酚醛清漆或刷多道专用水性防潮基膜，控制基层透底，保证工程质量。

（6）空置时间不长的新建筑抹灰墙面基层，宜涂刷抗碱封闭底漆处理，以防止基层返碱导致裱糊墙纸变色或开裂脱落，确保工程质量。

（7）墙纸裱糊前，将凸出基层表面可拆卸的设施或附件尽量拆卸下来，方便施工，以提高施工质量或装饰效果。拆卸下的设施或附件应妥善保管，以备还原安装。

三、墙纸裱糊基层检查、分幅弹线、预排

（1）同一个裱糊面的基层颜色应一致，基层面平整光洁，阴阳角垂直。平整度和垂直度允许偏差，即3m靠尺检查不超过1.5mm。墙纸裱糊应根据裱糊基层的实际情况，进行基层面分幅弹线，取线位置宜从墙的阴角处起，用粉线在墙面上弹出垂直线，作为裱糊时的基准线，以保证墙纸幅面垂直。需要重叠切纸对缝的部位，分幅弹线宽度宜小于墙纸幅宽宽度的范围在15~20mm，以保证分幅合理美观。裱糊面的阴阳角处不得有分幅接缝。

（2）墙纸裱糊之前，根据裱糊基层的实际情况，宜先进行小样预拼试贴，观察其墙纸纸边对缝情况或接缝效果及其光泽方向。观察墙纸花纹或图案对接吻合效果，观察墙纸吸水情况，确定裱糊施工操作方案。

四、工程材料质量控制

对进入工地的材料应按照设计要求，核对墙纸的规格、型号以及花色；查验墙纸、裱糊剂产品的生产合格证，裱糊剂的有效期；查验墙纸、黏结剂产品有害物质释放限量合格检测报告，检测结果应符合国家《室内装饰装修材料壁纸中有害物质限量》（GB18585－2001）标准的要求。杜绝不合格品进入施工流程。

五、裱糊基层、墙纸粘胶剂涂刷

（1）墙纸裱糊之前应先在裱糊饰面基层上涂刷一道墙纸厂家或配套厂家生产的专用基膜，对基层进行封闭，待基膜干燥后即可进行墙纸裱糊。专用基膜的主要作用是克服墙纸上墙后吸水快，导致裱糊剂过快干燥而影响墙纸的裱糊质量。

（2）墙纸裱糊应使用墙纸生产厂家的专用墙纸裱糊糊浆；糊浆应使用洁净的自来水、洁净的容

器搅拌调制；糊浆粉（植物淀粉）、专业调和剂、水的调配比例或调制方法，应严格按照产品说明书执行操作。调制时防止有色杂物、沙子或其他块状物落入糊浆中。裱糊糊浆应当日调制当日用完，以保证裱糊施工质量。墙纸裱糊糊浆的用量约为 0.15kg/m^2 左右，气温较高时用量相对增加。

（3）墙纸纸背糊浆辊涂应制作工作台，台面必须干净，防止台面上的污物造成墙纸污损。墙纸糊浆辊涂由专人进行，宜整卷墙纸拽拉展开辊涂糊浆。具体做法：将墙纸卷放入专用箱，通过拽拉展开后铺在工作台上进行裱糊面糊浆辊涂，将涂好的墙纸折叠成 S 状，即装饰面与糊浆辊涂面分别相靠卷拢平放待用。现在的墙纸一般都不需要入水浸泡，属无吸水膨胀的基材墙纸，如纤维纺织布料墙纸，无纺布等玻璃纤维墙纸、合成纤维墙纸、纸基塑料复合墙纸等无需事先闷水，墙纸背面涂胶后直接在基层上裱糊，具体操作参照墙纸产品说明书施工。一些传统的墙纸裱糊前须入水浸泡（俗称闷水）6～10 分钟，或在墙纸背面刷一道清水后静置至墙纸得以充分胀开后才能辊涂糊浆上墙裱糊。

（4）墙纸糊浆涂刷应均匀，边缘涂刷到位，不漏刷。糊浆刷得过多、过厚容易起堆、鼓包，裱糊时过多的胶液会溢出污染墙纸；糊浆刷得过薄或漏刷，将导致粘贴不牢、起壳或脱落。

（5）一般质地厚重、无吸水性或吸水性不强的墙纸裱糊时，裱糊基层面上不宜再辊涂糊浆，在纸背上辊涂糊浆后即可裱糊。但有些质地轻薄、吸水性较强的纤维纺织布料墙布也不宜在纸背上辊涂糊浆，须在基层上辊涂糊浆后才可裱糊。

六、墙纸裱糊

（1）墙纸裱糊顺序。墙纸裱糊时分幅顺序应从垂直线起，以保证墙纸幅面垂直分幅一致，有利花纹或图案的对接。锦缎裱糊时，由于锦缎柔软轻薄，极易变形，宜先在锦缎背面衬糊一层宣纸增加硬度后再裱糊。

（2）墙纸裱糊时应将装有涂浆的 S 状墙纸的专用纸箱或篮筐放在裱糊施工部位下面，从中顺序提起墙纸裱糊上墙，墙纸上墙后在墙顶处应预留出 20～30mm 的纸边，以利纸幅的垂直度、花纹或图案的对接调整，花纹或图案对接吻合后将墙纸及时擀刮压实抚平固定，墙脚处预留 20～30mm 的纸边以备修剪。

（3）墙纸裱糊上墙后擀刮压实抚平操作。墙纸裱糊上墙后，应先对花后拼缝，由上而下、先里面后外面、先大面后小面，用刮板擀刮压实抚平墙纸，及时用洁净的湿毛巾或吸水海绵块将拼缝中挤出的胶液擦拭干净，对纸面进一步擀压抚平。擀刮抚平应根据墙纸的特性处理，对较厚的墙纸可采用胶辊滚压。对拼幅的接缝、阴角应及时用专用的接缝压辊或阴角压辊将纸面压平压紧。严禁横向硬拉调整墙纸，导致整幅墙纸歪斜或脱落。有些质地轻薄、浅色、吸水性较强的墙纸，不宜使用清水浸湿毛巾或吸水海绵块擦拭湿润墙纸面，避免墙纸吸水后纸面产生水迹或污渍，影响装饰效果。

（4）无花纹拼缝（又称对缝）墙纸裱糊。一般无花纹的墙纸轻薄，幅面尺寸较大，裱糊时纸幅间应重叠 15～20mm，从上拼缝到墙底后先刮大面压实，用直尺压在接缝处由上而下用切纸刀裁掉重叠部分后，再用直尺压在墙面上下余纸处裁掉余纸。

（5）有花纹或图案的墙纸裱糊。一般有花纹或图案的墙纸厚重，幅宽较窄，不宜皱褶，纸幅边缘的花纹或图案能对接整齐。两幅墙纸拼接裱糊吻合后及时擀刮抚平，再用直尺压在墙面上下余纸上裁掉余纸。

（6）阴、阳角处理。阳角处墙纸应包裹阳角裱糊，包裹宽度不宜小于100mm，严禁在阴、阳角拼幅留缝裱糊。阴、阳角处宜增涂粘胶剂 1～2 遍裱糊。阴、阳角处纸边应垂直无毛边，不得形成

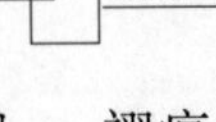

褶痕。

（7）墙纸裱糊裁纸。裁纸刀应锋利，直尺应压紧墙纸不得移动，刀刃贴紧靠尺边，手劲要均匀，裁剪要顺直，中间不宜停顿或变化持刀角度，一气裁成。

（8）墙纸裱糊时墙面卸不下来的设施或其他凸出物件处，宜将墙纸轻轻糊于凸出物件上舒平，找到中心点后用笔轻轻标出物件的轮廓位置，从中心点往外剪，剪去多余部分后压紧墙纸，凸出物件四周不得留有缝隙。

（9）裱糊施工过程中以及裱糊墙纸未干燥前，应防止穿堂风劲吹和气温的突然变化使墙纸快速干燥收缩产生墙纸起壳脱落。冬季施工应在采暖条件下进行。裱糊墙纸干燥后，开窗通风，保持室内干燥，勿使墙面潮湿或渗水返潮。

七、裱糊清理与修整

（1）裱糊纸面出现皱纹、死褶时，应在墙纸糊浆未干前用湿毛巾轻拭墙纸面使之润湿，轻轻将墙纸抚平，及时用橡胶辊或胶皮刮板擀压平整。轻微的离缝或亏纸现象，可用刮板擀压，或用与墙纸颜色相同的乳胶漆点描在缝隙内，漆膜干后一般不易显露。

（2）墙纸边缘卷翘，应将翘边墙纸翻起认真检查，清除污渍或夹渣，属于胶粘剂黏性不够造成的应用黏性较大的粘胶剂粘贴，补刷胶液贴牢。

（3）纸面出现气包可用注射针管将空气抽出，再注射胶液粘贴平实，凸起的部分由粘胶剂聚集所致，则可用裁纸刀开口将多余的糊浆刮去后压实即可。

（4）墙纸糊盖的照明开关、电源插座等的安装底盒，应及时划开糊盖墙纸，修剪整齐外露口。

（5）墙纸裱糊装饰施工完成整体工程交工前，应做好成品覆盖保护，防止裱糊面受到污染或碰撞损坏。

第十四章　金银箔裱贴装饰工程

金箔、银箔裱贴装饰，是指用金箔或银箔在室内的墙柱、天棚装饰面上进行的裱贴饰面，包括铜箔（仿金）、铝箔（仿银）在内的装饰裱贴饰面。金箔、银箔装饰裱贴饰面，包括金粉涂装饰面，是我国的一种古老的建筑装饰施工工艺。古老的裱贴饰面所用的金箔，是将薄型纯金块或纯金条经工匠慢慢地锤打，使其延展加工而成的薄金片。现在的金箔、银箔、铜箔、铝箔是通过特殊的机械和熔化工艺加工而成的金属纸片，厚度在 0.001mm 及以下，薄如蝉翼。金箔、银箔覆盖在装饰基层面上具有高档华丽的装饰效果。金箔、银箔是一种较环保的装饰饰面材料，无异味、无有毒物质释放；施工简单，更新、维修方便。金箔、银箔裱贴装饰饰面，在装饰装修工程的设计中使用越来越广泛。

金箔、银箔裱贴施工不同于墙纸裱糊施工。墙纸是用糊浆裱糊粘贴，而金箔、银箔是用专用的透明黏结剂或无色清漆黏结裱贴，是两种完全不同的施工工艺。由于纯金箔价格昂贵，银箔的价格也不菲，故纯金箔、纯银箔在一般的装饰装修工程中设计使用不多。在实际的装饰装修工程中装饰饰面使用的金箔、银箔多为仿金箔、仿银箔，即以铜仿金，以铝、锡仿银。在装饰装修工程的设计与施工中，人们将铜箔简称为贴金箔，铝箔或锡箔简称为贴银箔。室内装饰装修工程中常用的金箔、银箔的规格有 110mm × 110mm、109mm × 109mm、93mm × 93mm、80mm × 80mm 等几种。

金箔、银箔也有着许多的弱点。如耐候性不强，不适宜室外装饰。在室外容易受酸性物质污染或氧化褪色而失去光泽。金箔、银箔主要用于室内各种天棚装饰艺术造型、墙面、柱面、背景墙、装饰线条、木质花饰等部位的裱贴饰面，以及室内家具的饰面等。装饰装修工程中常见的仿金箔、仿银箔裱贴装饰见图 14 - 1、图 14 - 2。

图 14 - 1　仿金箔裱贴饰面装饰的穹顶天棚

图 14 - 2　仿银箔裱贴饰面装饰天棚及花格

一、金箔、银箔裱贴基层处理

金箔、银箔宜在木质基层面、石膏板面、水泥砂浆抹灰面上裱贴。基层面应满刮腻子、砂纸砂磨平整，复补腻子、再次砂光磨平。金箔、银箔裱贴基层面应干燥、平整光洁，有一定的硬度，颜色一致，不符合要求的基层面应整改达标。宜在磨平砂光的基层上喷涂无色清漆一遍，以提高基层面强度后裱贴。

二、金箔、银箔裱贴胶粘剂涂刷

（1）金箔、银箔裱贴，在基层面涂胶前应清扫施工场地，吹净基层面上的灰尘杂质，施工场地应做到洁净无尘。

（2）金箔、银箔裱贴宜使用金箔、银箔生产厂家专用配套的胶粘剂。金箔、银箔裱贴胶粘剂有两种，即油性裱贴胶粘剂和水性裱贴胶粘剂。油性胶粘剂，即清漆或类似于清漆的液体，油性胶粘剂黏性较强、不易透底。水性胶粘剂易透底，但无毒、无异味、无污染。金箔、银箔裱贴施工时根据实际情况选用胶粘剂。

（3）金箔、银箔裱贴胶粘剂使用前，应进行过滤除掉颗粒渣滓后涂刷。做到均匀涂刷、厚薄一致，胶粘剂涂刷面积一次不宜过大。胶粘剂涂刷后的固化干燥时间 6～8 小时，待干至手指触及不粘时即可进行金箔、银箔裱贴。

（4）金箔、银箔裱贴基层面涂刷胶粘剂后应防止尘埃杂质、沙粒落入裱贴面造成污损。为了保证金箔、银箔裱贴装饰效果，不得出现基层面上的胶粘剂干燥凝固后，再次复涂胶粘剂裱贴的情况。

三、金箔、银箔裱贴操作

（1）金箔、银箔裱贴饰面的纹饰装饰效果有两种：一种是裱贴装饰面呈现褶皱纹状或裂纹状，另一种是平面无褶皱效果。前者适宜各种装饰面裱贴，装饰效果给人以厚重、自然、富丽堂皇之感，裱贴简单、不易漏贴。后者不适宜凹凸造型面裱贴，只适宜平面部位裱贴，装饰效果给人庄重、细腻、高雅华贵之感，裱贴难度较大，易漏贴露底。两种裱贴方法施工时应根据设计要求或装饰面的实际情况选用。装饰装修工程中常见的金箔、银箔裱贴饰面纹饰的装饰效果见图 14－3、图 14－4。

图 14－3　褶皱纹或裂纹状银箔裱贴的装饰面

图 14－4　无褶皱或无裂纹金箔裱贴的装饰面

（2）金箔、银箔裱贴面露底，除施工方法外，与金银箔片的厚度也有一定的关系。要达到好的遮盖效果或装饰效果，应选用相对较厚的金箔、银箔。

（3）褶皱纹裱贴。褶皱纹裱贴时应左手托住金箔（金箔或银箔，下同），右手五指抓起金箔后并拢手指脱离包装垫隔胎纸，将金箔褶皱状贴于基层面上，裱贴时每片应交叉重叠，裱贴面应及时用毛刷赶平压紧，阴、阳角处应用较小的毛刷擀平压紧。褶皱纹金箔裱贴施工，见图 14－3、图 14－5至图 14－8。

图 14－5　穹顶天棚仿箔饰面装饰裱贴施工

图 14－6　背景墙金箔饰面装饰裱贴施工

图 14－7　左图：墙面装饰线条金箔饰面裱贴施工　右图：用毛刷擀平压紧

图 14－8　左图：木质艺术造型结构银箔饰面裱贴施工　右图：木质花饰银箔饰面裱贴施工

（4）平面无褶皱裱贴。平面无褶皱裱贴较褶皱纹裱贴施工难度大一些。平面无褶皱裱贴时，双手提起包装垫隔胎纸边缘，使金箔或银箔平整贴于基层面上，随后用手背或平刮板隔着包装垫隔胎纸抚平压紧金箔，阴、阳角处应用较小的毛刷擀平压紧，再剥离包装垫隔胎纸。金箔平面无褶皱裱贴时每片边缘应交叉重叠 8～10mm，以防止漏贴。平面无褶皱裱贴见图 14－4。

（5）金箔、银箔装饰面裱贴完后及时检查，漏贴部位应及时进行补贴或修补。

（6）金箔、银箔裱贴完成后，应使用透明度较好的、滤净无杂质的透明聚氨酯漆或硝基漆，或金箔、银箔专用透明保护胶液，对裱贴面及时涂刷覆盖罩面，予以保护，以防止表面氧化、划伤，提高耐擦洗性能。金箔、银箔裱贴面使用硝基漆覆盖涂刷，装饰效果更好，但要注意解决硝基漆溶剂性咬底的问题。金箔、银箔裱贴面覆盖保护漆应薄层、均匀涂刷。

（7）金箔、银箔裱贴装饰面施工完成，整体工程交工前应切实做好成品覆盖保护。防止裱贴面受到污染或碰撞、划痕损坏。

第十五章　软包装饰工程

由于人们对建筑物室内消防安全意识的提高，将装饰装修工程中的装饰改进成了软包装饰和硬包装饰两种方法。软包装饰，是指一般以密度板做底板，用各种花色的纺织布料、丝绸锦缎、无纺布料、人造革或皮革等面料将木质底板包裹，再在面料与木质底板之间衬入海绵做成软包装饰板块件，然后将软包装饰板块件相拼安装在装饰基层上，形成柔软、饱满、立体感强的装饰面。软包装饰适合于室内天棚面、墙面、柱面造型部位的小面积点缀装饰饰面。由于室内使用软包装饰，装饰效果浓郁，具有很强的装饰性，所以软包装饰在装饰装修工程的设计中使用比较广泛。软包装饰在装饰装修工程施工中的工程量一般不大，但施工质量的优劣对整体工程的质量、装饰效果具有较重要的影响。硬包装饰，是相对软包装饰而言。硬包装饰以密度板或塑料管等材料做底板，仍然使用各种花色纺织布料、丝绸锦缎、无纺布料、人造革或皮革等面料将底板包裹，只是面料与底板之间不再衬入海绵软物而做成硬包装饰板块件，再相拼安装在装饰基层上，形成非柔软的、具有立体感的装饰面。硬包装饰板块件还可以制作成圆弧状的板块件饰面，装饰效果更好，如以塑料管为底板做成的圆弧状饰面板块件（见图 15 - 9）。目前，装饰装修工程中以硬包装饰板块件装饰饰面设计为主流。装饰装修工程中常见的软包装饰板块件、硬包装饰板块件的做法、安装及装饰效果等见图 15 - 1 至图 15 - 9。

图 15 - 1　以密度板为底板制作的软包装饰板块件

图 15 - 2　以密度板为底板制作的硬包装饰板块件

图 15 - 3　施工中的无边框绒布软包装饰墙面

图 15 - 4　无边框银布硬包装饰天棚

图 15－5　用密度板制作的墙面硬包装饰件底板

图 15－6　安装中的银布硬包板块墙面造型部位的装饰

图 15－7　无边框人造革硬包板块装饰墙面

图 15－8　有线条边框闪光布硬包板块装饰墙面

图 15－9　以塑料管为底板绒布硬包制作成的装饰墙面

软包装饰的弊端：软包装饰板块件的面料（如各种化纤布料、无纺布料、人造革等）及衬入的海绵易燃烧，并难做防火阻燃处理。在室内发生火灾事故燃烧时会产生大量的有毒气体释放，极易导致出现致人窒息死亡的悲惨事件发生，所以衬入海绵的软包装饰板块件在装饰装修工程中应严格禁止使用。硬包装饰也只适宜在装饰装修工程中的零星装饰艺术造型部位点缀使用。装饰装修工程的设计应严格控制室内大面积软包装饰的饰面使用。

制作软包板块件的木质底板必须做阻燃防火处理，或选用阻燃材料制作。装饰装修工程中的软包装饰板块件一般设计制作成平板件安装，也有做成圆弧状板块件安装的，圆弧状软包板块件的立体装饰效果更好，但圆弧状软包板块件的制作安装要复杂一些。

一、软包装饰件安装基层处理及安装放线

软包装饰件适宜在水泥砂浆抹灰基层、木质基层、GRC 墙板基层上安装。水泥砂浆抹灰基层面软包装饰饰面，基层面应无疏松粉化掉粉、无裂缝、无凹凸不平等质量问题，基层面应有一定的硬度，平整光洁、干燥、洁净，宜在基层上安装一道密度板过渡层后再进行软包饰面为最好。木质板、GRC 板基层软包装饰饰面，基层安装应牢固，基层板块无松动，基层面应平整、干燥，无炸裂起壳。不合格的水泥砂浆抹灰面基层应铲除，使用水泥砂浆进行的修补、搓平收光；不合格的木质基层应整改合格后再进行软包装饰件安装。

软包装饰施工应先按照设计要求，在基层面上进行软包板块安装的分格量尺计算、合理编排，并弹出安装墨线（安装墨线应清晰完整）。再将基层面上软包板块的分格安装位进行板块编号标注。软包板块安装的分格计算很重要，它是软包装饰件制作的基础性工作，必须准确无误地完成。

二、工程材料质量控制

对进入工地的施工材料，应按照设计要求核对软包面料的花色、规格品种；查验各种进场板材、衬垫材料、面料的产品生产出厂合格证；查验有关质检机构出具的人造板、面料的有害物质限量释放合格检验报告，严格控制不合格材料进入施工流程。

三、软包装饰件制作与安装

（1）硬包装饰件的设计宜选用经纬密度大的纺织布料，或以经纬密度大的底布制作的人造革制作，以防止软包面出现松弛而影响装饰效果。

（2）软包装饰件的底板制作，应按照软包件的设计规格尺寸，宜先制作出模块或模板后，再进行饰面软包件的底板下料。软包件底板可使用五夹板、九夹板、密度板等材料制作，以中密度板制作为最好。软包装饰板块件底板制作材料的厚度宜根据软包板块件的尺寸大小选定，底板板块太薄无法保证软包件的平整度。做好的软包件底板应平整、干燥，尺寸规格符合设计要求，还应与安装基层面的分格进行比对或试拼，不合格的应进行修整。对比对吻合后的板块应按照安装基层上的安装底格的编号进行对应编号，防止板块错乱。圆弧状软包板块件的制作，应根据设计要求选用相适应的圆弧状材料制作。如可选用阻燃型的聚氯乙烯（PVC）管等做圆弧状的软包板块件的底板。

（3）装饰软包面料的下料与板块件的包裹制作，应设立专用工作台进行面料裁剪下料，及装饰包块件的包裹制作，以保证装饰包块件不受污损。木质底板装饰包块件包裹制作，应先将面料的一边折叠成不露毛边的整齐边后在底板的背面用马钉钉固，用面料将底板包裹绷紧，并将面料整理平整后摁紧，再将面料边折叠成整齐的不露毛边状后，用马钉在底板背面最后钉固，马钉间距不大于 30mm。面料与底板之间不得胶粘连接，面料不得缝接，以避免面料松弛、塌陷，影响装饰效果。

（4）装饰软包板块件与装饰基层宜胶粘安装，或与边框紧密镶嵌固定安装组合成装饰面，软包板块件的软包面不得用射枪钉钉固。软包板块装饰安装，板块之间拼接应紧密，接缝处不外露基层。

（5）软包装饰面施工完成，进行施工质量检查后，应及时进行覆盖做好成品保护，防止污损或碰撞损伤。

第十六章　雕刻花饰装饰工程

雕刻花饰用于建筑室内外装饰，是我国的一种传统的装饰技法。在古代由于建筑装饰材料品种的限制，室内外装饰中的雕刻花饰装饰主要以各种实木雕刻花饰、砖雕刻花饰、天然石材雕刻花饰进行装饰美化。古代建筑装饰中运用雕刻花饰进行室内外装饰施工的技法沿袭至今，而现在用于制作室内外装饰雕刻花饰的材料、花饰雕刻的工艺或雕刻技法、装饰雕刻花饰的形式发生了巨大变化。现代建筑装饰装修工程中的装饰花饰可以实木、人造木、天然石材、人造石材、青砖、瓷砖、玻璃（玻璃花饰见第十七章相关部分）、石膏、金属等多种材料雕刻或制作。现代装饰装修工程中雕刻花饰的装饰表现形式主要有浮雕、镂空雕刻、木格花等。由于电脑雕刻、人造铸模花饰制作技术的进步，各种各样的花饰件能满足装饰装修工程中各种部位、各种不同档次的装饰要求，推动了雕刻花饰在装饰装修工程设计中的广泛应用，增添了室内外装饰工程的新元素。使得各种雕刻花饰在装饰装修工程的施工中也非常广泛。各种雕刻花饰的装饰安装施工，应制订相应的施工技术规范，以保证施工质量和装饰效果。

一、天然石材、砖雕刻花饰

天然石材、砖雕刻花饰多用于室内外墙面、柱面装饰，包括石材花饰装饰地面。精美的石材、砖雕刻花饰装饰，给人一种古朴自然的视觉效果和文化底蕴厚重的环境氛围感受。石材、砖雕刻花饰特有的装饰效果是其他材质花饰件不能相比拟的。由于石材、砖雕刻花饰的雕刻难度较大、造价相对较高、装饰效果特别，在装饰装修工程的设计中使用不是很广泛。装饰装修工程中的石材雕刻花饰多使用花岗岩、大理石、汉白玉、砂岩等天然石材雕刻，砖雕花饰是在黏土烧制的青砖（又称仿古砖）上进行雕刻成的花饰件。石材、砖雕刻花饰主要有浮雕或镂空雕刻。砖雕花饰，由于青砖板块烧制的尺寸限制，一般以多块拼接组合雕刻而成。瓷砖花饰一般是在砖坯制作时通过模具压制成花饰坯件，经烧制成各种花饰件，由于瓷砖板块的制作尺寸或烧制的工艺限制，大规格花饰件一般也是以多块拼接镶贴安装而成，小规格的花饰件以独立板块制作而成。瓷砖花饰主要用于墙、柱面装饰，使用较多的是墙面装饰线、墙面点缀装饰。目前，市场上已开发出了石材、瓷砖板块使用电脑雕刻成的花饰件，破色拼花板块，其装饰效果更新颖。装饰装修工程中常见的石材、砖雕刻花饰件见图 16－1 至图 16－5。

图 16－1　青石板浮雕花饰墙面装饰

图 16－2　天然砂岩浮雕花饰墙面装饰

图 16－3　天然砂岩浮雕花饰装饰柱面

图 16－4　汉白玉浮雕花饰装饰柱

图 16－5　青砖人工雕刻浮雕花饰装饰墙面

二、木质雕刻花饰

1. 木质浮雕花饰

装饰装修工程中的木质浮雕花饰，是指在木质板面上雕刻成的各种花纹或图案，通过打磨、油漆饰面加工而成的，浮现在木板上形成的装饰花饰件。木质浮雕花饰有人工雕刻和电脑雕刻两种。人工木雕花饰多在名贵树种加工成的方板、长方形板、圆形板、弧形板、圆柱上进行雕刻而成。电脑雕刻一般用实木或实木拼接板、密度板等雕刻，且多为各种纹饰或简单的花形及图案。复杂的电脑雕刻花饰一般为电脑与人工结合雕刻而成。木质浮雕花饰主要用于墙面、柱面、柱帽、柱托、横梁、门扇等部位的装饰。装饰装修工程中常见的木质浮雕装饰花饰见图 16－6 至图 16－9。

图 16－6 电脑雕刻的密度板花饰装饰的背景墙

图 16－7 电脑雕刻的实木花饰装饰的墙面

图 16－8 电脑雕刻的木质三夹饰面板花饰装饰的墙面

图 16－9 电脑与人工结合雕刻的拼接木花饰制作的背景墙

2. 木质镂空雕刻花饰

装饰装修工程中的木质镂空雕刻花饰，是指在实木板、木夹板、密度板，包括亚克力板、有机片、铝塑板等上使用镂刻技法雕刻而成的，具有可透光装饰效果的装饰花饰件。镂空雕刻花饰有人工雕刻和电脑雕刻的花饰件两种，人工一般用质地较好的实木雕刻，电脑一般用实木拼接板、木夹板、密度板、亚克力板、有机片、铝塑板等板材雕刻。镂空雕刻花饰件一般为方形板、长方形板、圆形板等。镂空雕花饰多用于天棚面、墙面、柱面、门扇门楣、隔断、吧台或透光等部位的装饰。装饰装修工程中常见的木质镂空雕花饰件及装饰效果见图 16－10 至图 16－16。

图 16－10 电脑雕刻的密度镂空花饰的透光墙面

图 16－11 电脑与人工结合雕刻的实木镂空花饰装饰门扇

图 16－12 电脑与人工结合雕刻的实木镂空花饰装饰的门扇

图 16-13　电脑与人工结合雕刻的实木拼接材镂空花饰

图 16-14　在平整的玻璃面上使用电脑雕刻的密度板镂空花饰装饰墙面

图 16-15　电脑雕刻的密度板镂空花饰装饰的双面通透的玻璃隔断

图 16-16　电脑雕刻的密度板镂空花饰装饰的透光墙面

3. 木格花饰

装饰装修工程中的木格花，是一种通透花格状的装饰花饰，具有双面通透的装饰效果，有人工制作木格花饰和电脑雕刻木格花饰两种。人工木格花饰多为实木条经过木工机械开榫人工拼接而成。电脑木格花饰多为密度板雕刻制作而成。木格花饰件的成品有方形、长方形、圆形等。木格花多用于背景墙、墙面、柱面、天棚面、天棚灯池、隔断或透光等部位的装饰。木格花饰多以双面通透设计安装，形成具有双面装饰的效果。双面通透型木格花安装不宜独立板块安装，需嵌入框架内安装，或在其他平整的装饰面上安装。装饰装修工程中常见的木格花饰装饰见图 16-17 至图 16-22。

图 16-17　电脑雕刻的密度板木格花装饰透光天棚

图 16-18　天然石材实木木格花饰装饰背景墙

图 16－19　松香玉石透光实木木格花饰饰装饰背景墙

图 16－20　电脑雕刻的密度板木格花饰装饰透光墙面

图 16－21　电脑雕刻的金属框架密度板木格花饰落地式装饰隔断

图 16－22　实木木格花饰落地式装饰隔断

三、人造砂岩、GRC、石膏注模花饰

人造砂岩注模花饰的制作见第十一章中人造砂岩介绍（第 94 页）。GRC 注模花饰的制作与人造砂岩花饰的制作方法基本相同。石膏注模花饰，包括石膏线条、石膏柱、石膏空心隔墙板等，是将石膏粉浆料注入花饰模具中制作而成。（注：制作石膏注模花饰的石膏粉浆料，是以石膏为主要材料，并加入其他轻质填充材料制成的料浆。）小型的石膏花饰在花模中加入玻璃纤维作加强筋，大型的装饰花饰应在装饰花模中加入金属网或钢筋做骨架，增加花饰件的强度。人造砂岩、GRC 注模花饰外观粗放，因其耐候性好，可用于室外装饰。如室内外墙柱面、柱头、柱托、柱脚、门头等花饰；室外屋檐、门窗套装饰线条，包括室内天棚部位的装饰。人造砂岩、GRC 注模适用于石头漆（仿石头外观的装饰效果漆）饰面装饰。由于石膏的充凝性好，石膏花饰的外观细腻，适宜油漆涂装饰面，但吸水性强，耐候性不好。石膏花饰主要用于室内装饰，如天棚灯盘、天棚灯池、角花、柱头、柱托等部位的装饰；室内墙面浮雕花；室内门洞、窗头及门楣、窗楣等部位的装饰。装饰装修工程中常见的人造砂岩、GRC、石膏注模花饰装饰见图 16－23 至图 16－27。

图 16－23　免漆饰面透光人造砂岩花饰装饰柱

图 16－24　免漆饰面人造砂岩花饰装饰背景造型

图 16－25　人造砂岩花饰板块墙角收边装饰

图 16－26　石膏花饰与石膏线条配套使用装饰的墙、柱面

图 16－27　石膏花饰与线条配套使用装饰的柱头及墙体弧拱造型

四、金属花饰

金属花饰有金属板镂空花饰（多以铜、铁、不锈钢、钛金等板材，通过水切割制作的花饰），铸造金属花饰（多以铜或生铁通过制模铸造的花饰），铁艺花饰（指用扁钢、圆钢、方钢、方管、矩形管等，通过锻打或焊接、冲压或扭曲等工艺制作的花饰）。金属板镂空花饰件主要用于墙柱面、透光、装饰隔断等部位的装饰；铸造花饰与铁艺花饰主要用于天棚、墙柱面、门扇、门头、亮窗、栏杆、灯箱、装饰隔断等部位的装饰，铸造花饰还可以用于地面装饰。装饰装修工程中常见的各种金属花饰见图 16－28 至图 16－33。

图 16－28　钢板水切割镂空雕花饰仿锈蚀作旧处理透光装饰花饰墙面

图 16－29　金属铸造镂空花饰装饰灯箱

图 16－30 扁钢锻打铁艺花饰装饰天棚

图 16－31 型钢框架紫铜板镂空花饰装饰隔断

图 16－32 锻打铁艺花饰装饰门头

图 16－33 锻打铁艺花饰及钢板水切割镂空花饰装饰门头

五、工程材料质量控制

（1）花饰件装饰施工安装，应根据设计要求选用相应的装饰花饰件，花饰图案应符合设计要求。

（2）天然石材、青砖雕刻花饰板块应无裂纹，雕刻精细，花形图案清晰，图案板块拼接吻合完整，天然石材花饰的石材品种应符合设计要求。

（3）木质花饰件应挑出加工粗糙、有裂纹、扭曲变形、榫头松动、含水率大于 8% 等的瑕疵件。木质花饰件的花形、图案边缘应光滑整齐、无毛刺，雕刻精细，花形图案清晰，图案板块拼接吻合完整。

（4）亚克力板、有机玻璃片（板）镂空雕花饰件应无破损裂纹，材料厚度复合设计要求；花形图案边缘应光滑整齐、无毛刺，雕刻精细，花形图案清晰。

（5）人造砂岩、GRC、石膏注模花饰件，应挑出有裂纹的、表面有色差、污损的，花纹图案与设计明显不相符合的花饰件。花饰件应有一定的硬度，花形图案应清晰。花饰件延长对接或拼块对接花饰的花形或图案应吻合。

（6）各种金属花饰件的花形、图案、花饰表面防锈或作旧处理等应符合设计要求，无锈蚀。花饰件的花形，或图案的边缘应光滑整齐、无毛刺，不得有类似于刀尖或利刃状出现。花饰的制作材料型号、规格符合设计要求。

六、装饰花饰件的安装基层或镶嵌安装框架制作

1. 木质板、亚克力板、有机玻璃花饰件的安装底板或镶嵌固定框架的制作

室内木质花饰件、亚克力板花饰件、有机玻璃板花饰件有设计要求在平整的基层上安装的，应按照设计要求或根据花饰板块的外形，先做好木质基层或处理好其他基层面等。花饰件的安装基层应牢固、平整、干燥。

室内木质花饰件、亚克力板花饰件、有机玻璃板花饰件设计要求采用框架镶嵌安装的，其固定框架宜使用实木制作，应使用干燥、不炸裂、不起壳、不翘曲变形，含水率不大于8%的木质材料制作，或使用人造木质板材制作，具体施工应根据设计要求制作。花饰件在框架中镶嵌固定的方式，应根据花饰板块件的规格或板块边缘情况确定。

2. 人造砂岩注模、GRC注模、金属花饰件的安装底板或镶嵌固定框架的制作

人造砂岩注模花饰件、GRC注模花饰件、金属花饰件设计在平整底板上安装的，应按照设计要求或根据花板的外形先做好或处理好安装基层。花饰件的安装底板应平整，固定牢固。

人造砂岩注模花饰件、GRC注模花饰件、金属花饰件设计采用框架或在其他墙柱面上安装的，应根据设计要求或现场安装部位的实际情况使用钢材制作骨架，或框架，或支架，或预埋固定支点等方法安装。无论采用哪种方法安装，都必须安装牢固，保证结构安全。

装饰装修工程中常见的金属花饰安装详见图16－28至图16－33；人造砂岩注模花饰件安装、GRC注模造型花饰件安装详见图16－34至图16－37。

图16－34　柱面嵌入式人造砂岩注模花饰板块安装，先在柱面上制作板块安装的金属骨架结构的做法

图16－35　在制作好的金属骨架柱面将人造砂岩注模花饰板块使用石材胶黏结安装固定

图16－36　GRC注模造型柱、柱帽、柱脚及墙面拱形造型花饰装饰使用金属骨架安装的做法

图16－37　GRC注模造型柱、柱帽、柱脚及墙面拱形造型花饰件安装及装饰效果

七、装饰花饰件安装

1. 砖、天然石材花饰件安装

薄型的、重量较轻的砖、天然石材花饰件，在平整的墙、柱面上安装，可采用结构胶或石材胶镶贴安装。较厚重的砖、天然石材浮雕花饰件，在砖砌墙体或柱体上安装，在设计安装的部位根据雕刻花饰件的大小，应在砖砌墙体或柱体砌筑时预留出雕刻花饰件的安装位或嵌入位，待花饰件的平整度、间距等调校完成后，用水泥砂浆灌浆填充黏结密实。板块规格尺寸较大、较厚的天然石材浮雕板块花饰件在混凝土剪力墙、混凝土结构柱，或砖砌墙体或柱体上安装，宜使用钢质托架固定安装。大型的、厚重的方、圆柱的石雕装饰花饰件安装，花饰件与柱体之间应采用水泥砂浆灌浆法从柱脚起始灌浆安装，不宜设计在柱体中间高度起始镶贴安装。常见的砖、天然石材花饰件的安装见图 16－3 至图 16－5。

砖、天然石雕拼块花饰件安装，砖雕花饰板块之间可用水泥砂浆或结构胶黏结，天然石雕花饰板块之间宜用石材胶黏结。一些大型的、厚重的天然石雕拼块花饰板块之间虽然已植入安装对接钢筋，或设计了安装对接榫接结构件，但安装时花饰板块之间还应涂胶进行黏结。雕花板块拼接应紧密、平整，对接拼花图案吻合。砖、天然石雕刻花饰安装时应注意花饰件的保护，严格控制水泥砂浆或黏结胶料污损花饰面，严禁碰撞损伤影响装饰效果。

2. 木质花饰件安装

（1）木质浮雕花饰板块适宜在平整的木质基层上安装。木质浮雕花饰板块在平整的木质基层上安装，可采用结构胶黏结安装固定，适当加小型号射枪钉钉固，不得使用钢钉或大型号射枪钉钉固。木质浮雕花板块在瓷砖、石材基层面镶贴，应根据花饰件的实际情况，可采用结构胶或石材胶黏结安装，或采用螺钉隐藏的方法固定安装。常见的木质浮雕花饰板块在平整的基层上黏结安装见图16－6至图 16－9。圆柱形花饰件按照设计要求安装，没有设计要求应根据安装部位的实际情况确定固定方法安装，且必须安装牢固。

（2）木质镂空雕刻花饰件、木格花饰件安装。木质镂空雕刻花饰件、木格花饰件设计要求在平整的底板上安装的，花饰件与底板之间宜采用快干胶或玻璃结构胶黏结固定，在木质基层上可适当加小型号射枪钉钉固。较大厚重的花饰件可适当采用螺钉隐藏的方法加固。常见的木质镂空雕刻花饰件、木格花饰件在平整的底板上的安装见图 16－11、图 16－12、图 16－15、图 16－18 等。亚克力板、有机玻璃片（板）镂空雕刻花饰件宜用快干胶粘贴安装固定，黏结安装应牢固。

镂空雕刻花饰件、木格花饰件设计要求嵌入框架内安装的，花饰件与边框的收边收口应按照设计要求执行。无设计要求的可以线条压边，射枪钉钉固，或打胶收边收口固定，也可采用边框制作预留出沟槽插入的方法安装，沟槽制作见第六章中玻璃隔断玻璃板块安装沟槽制作安装部分（第55页）。常见的镂空雕刻花饰件、木格花饰件要求嵌入框架内的安装见图 16－10、图 16－19 至图 16－22。

（3）木质镂空雕刻花饰件、木格花饰件在有透光部位的安装，透光板（玻璃或透光石）应安装在木雕花饰的内侧。使用较厚实的透光板，应先将透光板固定在框架上后，再安装花饰件。轻薄型的透光板，则可固定在花饰件上。发光光源应采用冷光源发光灯具，光源与木质花饰板块的相隔间距不小于100mm。光源背后的木质基层应涂刷防火涂料，做防火阻燃处理。木质镂空雕刻花饰件、木格花饰件在有透光部位的基层框架制作参见第十二章中吸音板镶贴安装基层骨架制作安装部分（第111页）。常见的透光部位的花饰件安装见图 16－10、图 16－16、图 16－17、图 16－19、图 16－20。

（4）以木质镂空雕刻花饰件、木格花饰件制作花饰装饰隔断安装。设计以木质镂空雕刻花饰件、木格花饰件制作花饰装饰隔断安装的，应以实木方料和金属方管及矩形管制作隔断框架。实木方的规格不得小于80mm×60mm（净料尺寸），金属方管的规格不得小于60mm×60mm。花饰件嵌入隔断框架中固定，隔断框架应上触装饰天棚面，下触装饰地面装饰安装。不宜使用密度板等人造板材锯切板条叠加制作框架安装，以保证花饰装饰隔断有足够的强度。常见的花饰装饰隔断安装见图6－19、图16－21、图16－22。

（5）木质、有机玻璃板等雕刻花饰件安装的其他要求。木质、有机玻璃板等雕刻花饰件以多块规格花饰板块相拼安装的，规格花饰板块不得锯切成非整块花饰板块拼接安装；组装拼块的接缝应紧密、平整，花形或图案的拼接应吻合、整齐、完整。

3. 各种金属板镂空雕刻花件饰、铁艺花饰件安装

各种金属板镂空雕花件饰、铁艺花饰件在墙、柱面上安装可采用膨胀螺栓或预埋金属件的方法焊接固定安装。实际施工中安装应根据设计要求或实际情况实施，但花饰件必须安装牢固。

各种金属板镂空雕花件、铁艺花饰件，在框架中安装，应根据花饰件板边的情况使用螺钉安装固定，或焊接安装固定。设计以金属板镂空雕花件、铁艺花饰件制作花饰装饰隔断的，应以金属方管或矩形管制作隔断框架，花饰件嵌入隔断框架中固定。隔断框架宜上触装饰天棚面，下触装饰地面装饰安装，或制作成独立稳定型框架安装。常见的各种金属花饰件安装见图16－28至图16－33。

4. 人造砂岩、GRC、石膏等注模花饰件安装

由于人造砂岩、GRC等注模花饰件的质量较重，花饰件安装结构必须保证安全，必须以金属型钢材料制作的骨架，或框架，或支架，或预埋金属固定支点等连接方法固定。人造砂岩花饰件的黏结宜使用专用胶结材料，或结构胶黏结安装。GRC等花饰件的黏结可用水泥砂浆，或专用浆料黏结安装。无论采用哪种方法安装，都必须安装牢固，保证结构安全。常见的人造砂岩、GRC注模花饰件安装见图16－23至图16－25、图16－34至图16－37。

石膏注模花饰件宜在混凝土天花板面、混凝土或砖砌水泥砂浆抹灰面墙柱面、石膏板面、GRC墙体上安装。石膏花饰件安装可按照第二十四章中石膏线条的安装方法执行（第175页）。常见的石膏花饰件安装见图16－26、图16－27。大型的、较重的石膏花饰件应使用支架，或金属骨架等固定支点连接方法固定，严禁在架空的石膏板面层上安装。

5. 室内暖通取暖器的装饰罩制作安装

室内暖通取暖器的装饰罩宜采用高密度板镂空雕花板或榫接木格花制作安装。

八、各种装饰花饰件的饰面

（1）木质装饰花饰件油漆饰面见第二十二章相关部分（第166页）。

（2）木质装饰花饰件金、银箔裱贴饰面见第十四章相关部分（第117页）。

（3）黑色金属板镂空雕刻花饰，铸铁、型钢铁艺花饰件表面的油漆饰面，或仿古作旧处理等应按照设计要求实施。

（4）人造砂岩注模花饰件的表面一般不再饰面处理，但设计要求作处理的应根据设计要求实施。

（5）GRC等花饰件的表面适宜石头漆喷涂饰面处理，具体应根据设计要求实施。

（6）花饰装饰属高档装饰，造价一般较高，花饰装饰安装完成，在工程整体交工前应切实做好成品覆盖保护，不得有污染或碰撞损坏，保证装饰施工质量，以防止装饰效果下降。

第十七章 玻璃装饰工程

玻璃在装饰装修工程中是一种适用性非常广泛的、经常用到的装饰材料，也是一种较高档的装饰饰面材料或装饰结构材料。玻璃可用于天棚、梁、墙、柱及门窗套的镶贴装饰饰面，包括地面、楼梯踏步的装饰饰面；可用于装饰隔断、室外装饰橱窗、装饰栏杆、门扇的制作；可用于照明、采光、透光等部位的饰面装饰；可用于各种透明装饰柜类的制作或柜体的装饰饰面等。所以，玻璃装饰施工是装饰装修工程中的重要施工项目之一。本章主要介绍天棚、梁、墙、柱及门扇、门套等的玻璃镶贴装饰饰面施工。

一、装饰装修工程中常用的玻璃品种

装饰装修工程中使用的玻璃，按照品种类型分主要有：普通玻璃又称白玻或清玻（普通玻璃在装饰装修工程中使用不多）、钢化玻璃、夹层玻璃、中空玻璃等，包括有机玻璃。

按照玻璃的装饰效果和性能分，装饰装修工程中常用的玻璃主要有以下几种。

1. 磨砂玻璃

磨砂玻璃又称毛玻璃。磨砂玻璃由于表面粗糙，具有透光不透明，灯光照射透光不刺眼的性能。磨砂玻璃可使用普通玻璃或钢化玻璃加工，磨砂玻璃主要用于装饰隔断制作、墙面与柱面饰面、门扇制作，或透光、照明部位的装饰等。磨砂玻璃是将玻璃表面用金刚砂或硅砂通过机械喷射砂磨，或手工研磨，或经氢氟酸溶液进行表面腐蚀而成的。装饰装修工程中使用的磨砂玻璃板块的规格尺寸有大有小，常用玻璃的厚度为6～12mm。

2. 玻璃镜

玻璃镜俗称镜子，主要用于天棚、梁、墙、柱、门扇、家具的装饰饰面，以及化妆镜、穿衣镜等映像镜。玻璃镜使用浮法生产的优质平板玻璃，通过镀银工艺加工，最后由一层镀银、一层底漆、一层灰色漆罩面制成。白色玻璃基材加工的叫银镜；茶色玻璃基材加工的叫茶镜，还有其他色泽的镜。装饰装修工程中使用的玻璃镜的规格尺寸有多种，常用的玻璃镜的厚度为3～6mm。

3. 刻花玻璃

刻花玻璃又称磨花玻璃，一般使用普通玻璃加工而成。主要用于天棚、墙、柱装饰饰面；企业、行业的图案标志等。刻花玻璃，是将设计的图案或花纹复制到普通平板玻璃上，用砂轮机，或通过磨料喷射，或氢氟酸溶液腐蚀表面加工成设计要求的图案或纹饰。玻璃表面的纹饰或图案呈磨砂状。有色彩要求的在磨砂处喷涂色彩，显现出图案或花纹的装饰效果，刻花玻璃透光安装装饰效果更好。刻花玻璃的板块，可以为长方形、正方形、圆形或其他多边几何形。装饰装修工程中常用的刻花玻璃厚度为6～8mm。

4. 漆膜玻璃

漆膜玻璃，一般使用普通玻璃加工而成。主要用于天棚、墙、柱、门套、门扇等的装饰饰面。漆膜玻璃是将玻璃背面喷涂成设计需要的色漆，形成漆膜覆盖层，使玻璃改变颜色达到装饰美化的效果。装饰装修工程中常用的漆膜玻璃的厚度为4～8mm。装饰饰面的漆膜玻璃一般要使用大规格尺寸的板块，才有较好的装饰效果。

5. 印刷玻璃

印刷玻璃又称印花玻璃，一般使用普通玻璃加工而成。主要用于天棚、墙、柱面、门套，及其他透光等部位的装饰饰面。印刷玻璃是在普通平板玻璃上印刷出各种图案，图案主要为线条形或简单的花纹图案。装饰装修工程中常用的印刷玻璃的厚度为3～6mm。

6. 钢化玻璃

钢化玻璃具有良好的安全性能，又称安全玻璃。钢化玻璃是将玻璃板块加热到一定的温度后，以迅速冷却的特殊处理方法加工而成的玻璃。玻璃钢化后抗冲击力提高，破碎时呈现网纹状，碎块颗粒呈细小的颗粒块状，不形成尖锐的伤人块状。钢化玻璃可按设计需要加工成平板玻璃或圆形、弧形玻璃等。国标中标示的钢化玻璃厚度有3mm、4mm、5mm、6mm、8mm、10mm、12mm、15mm、19mm九种厚度规格。装饰装修工程中钢化玻璃主要用于栏杆、室内隔断、室外橱窗、全玻地弹簧门扇、全玻柜台及全玻装饰柜类，透光地面或透光楼梯踏步等的制作，以及采光屋面的饰面。装饰装修工程中使用的钢化玻璃板块的规格尺寸一般都比较大，常用的玻璃厚度为8～15mm。

7. 夹层玻璃

夹层玻璃俗称夹胶玻璃，由于具有良好的安全性能，又称安全玻璃。装饰装修工程中夹层玻璃主要用于栏杆、室内隔断、室外橱窗、金融柜台上的防弹玻璃隔断等制作，以及采光屋面的饰面。夹层玻璃是在两片平板玻璃或多片平板玻璃之间夹入PVB膜（聚乙烯醇缩丁醛），经加热、加压黏合而成的平面或弧形复合玻璃。玻璃多层复合后抗冲击力增强，不易破碎，破碎后整块粘连，不形成尖锐的伤人块状。装饰装修工程中常用的夹层玻璃为2至5层复合而成，复合厚度一般在12mm及以上，使用的玻璃板块的规格尺寸比较大。

二、边长500mm以下斜边玻璃饰面镶贴施工

斜边玻璃又称车边玻璃。即玻璃板边经机械磨边加工成斜边状，斜边的宽度一般在20mm左右的玻璃板块。边长500mm以下斜边玻璃装饰饰面镶贴施工，主要是指由边长500mm以下的多块玻璃拼接镶贴构成装饰面的施工。装饰装修工程中常用的斜边玻璃主要有玻璃镜板块、彩色漆膜玻璃板块，并以边长500mm以下的斜边玻璃板块为主。斜边玻璃装饰效果独特，装饰面不受玻璃板块尺寸规格的限制，镶贴装饰面可由任意数量的玻璃板块相拼组成。边长500mm以上斜边玻璃板块的装饰效果不如边长500mm以下小块斜边玻璃的装饰效果好。斜边玻璃适宜天棚面、墙面、柱面的装饰饰面。

斜边玻璃饰面镶贴基层要求：斜边玻璃适合在木质基层上装饰镶贴饰面，包括平整的瓷砖、石材面上镶贴。在水泥砂浆抹灰面基层上应做一层木质过渡层后镶贴饰面。木质过渡层可以8mm厚度的密度板或九厘板制作。水泥砂浆抹灰面基层应无疏松粉化缺陷，平整、干燥，可以用30型射枪钉将木质过渡层钉固在墙面上，钉距的间距不宜大于150mm，木质板与墙面之间适当打玻璃结构胶黏结。斜边玻璃镶贴基层面，应平整、干燥，无钉眼外露、无炸裂起壳、安装牢固。斜边玻璃镶贴安装前应检查清理基层面，剔除基层面凸出物，测量直角，校平基层面。不合格的基层面应进行整改。镶贴基层面处理合格后，再根据设计要求的板块规格尺寸，进行基层面镶贴拼块量尺计算、弹线分格及安装板块位的编号，板块分格弹线墨线应清晰。玻璃板块划裁应做到精确计算，制作模块准确下料，制作加工好的玻璃板块应进行编号码放。

斜边板块玻璃镶贴安装：斜边玻璃板块镶贴安装前，应先在基层面上按照分格线进行板块比对试拼，应先安装整块玻璃板块，余下的非整块部位的玻璃板块应用薄板进行取模，制成模块机械加

工成型后再安装，禁止在现场进行玻璃板块手钳剪边安装。大规格的玻璃板块镶贴涂胶点的横、竖间距不大于120mm，粘贴涂胶点应均匀，施胶量应均匀。玻璃板块涂胶粘贴后，应及时进行板块之间的平整度、接缝横平竖直的调整后，按紧玻璃板块固定，再粘贴下一片。镀银镜、漆膜玻璃镶贴应注意镀银层、漆膜的保护，宜使用透明玻璃胶粘贴，禁止使用酸性玻璃胶粘贴，严格控制酸性胶对玻璃的镀银层或漆膜造成腐蚀而影响装饰效果。施工中还应挑出镀银层、漆膜脱落或装饰面有瑕疵的板块，以及板边有碰损缺陷的板块，以保证工程质量或装饰效果。斜边玻璃装饰面的边框线条安装详见第二十四章中其他特殊装饰部位的装饰线安装部分（第176页）。装饰装修工程中常见的边长500mm以下斜边玻璃装饰见图17－1、图17－2。

图17－1 边长500mm以下有边框镀银斜边玻璃镜装饰墙面

图17－2 边长500mm以下有边框漆膜斜边玻璃镜装饰墙面

三、大规格尺寸板块装饰玻璃拼接饰面镶贴施工

大规格尺寸板块装饰玻璃拼接镶贴装饰饰面施工，是指使用大规格尺寸的彩色漆膜玻璃、印花玻璃，或玻璃镜等板块拼接镶贴构成玻璃装饰面的施工。大规格尺寸板块玻璃拼接镶贴装饰，给人一种大气、沉稳的装饰效果。大规格尺寸板块玻璃拼接镶贴，适合于墙面或背景墙、天棚的装饰饰面，可有透光或不透光的装饰效果。

大规格尺寸玻璃板块饰面镶贴基层要求：不透光玻璃装饰镶贴适合在木质基层上装饰镶贴饰面，包括平整的瓷砖、石材饰面基层上镶贴。在水泥砂浆抹灰面基层上应做一层木质过渡层后镶贴饰面。木质过渡层的制作见本章边长500mm以下斜边玻璃饰面镶贴施工中的镶贴基层要求（第134页）。设计透光安装的应根据设计要求，先在镶贴基层上制作好安装基座。木质基座应涂刷防火涂料，进行防火阻燃处理。透光玻璃板块安装的木质基层制作参见第十二章中吸音板镶贴安装基层骨架制作安装（第111页）。镶贴基层应平整、干燥，基层面无炸裂起壳，安装牢固、无外露钉眼。玻璃板块镶贴安装前应检查清理基层面，剔除基层面凸出物，测量直角，校平基层面，不合格的基层面应进行整改。基层面处理合格后，再根据设计要求的板块规格尺寸，进行基层面镶贴拼块量尺计算、弹线分格，并进行安装板块位的编号。

玻璃板块划裁应做到精确计算，制作模块准确下料。大规格板块拼接装饰玻璃的厚度，不得小于6mm。玻璃板块应倒角磨边，加工好的玻璃板块，应做好标记或编码，防止板块错乱安装。玻璃板块安装前应先在基层面上进行比对试拼，调平调直后安装固定。花纹图案玻璃板块拼接还应注意花纹、图案的吻合、协调。漆膜玻璃、玻璃镜安装时应注意漆膜层、镀银层的保护，防止划痕影响装饰效果。宜使用透明玻璃胶粘贴，禁止使用酸性玻璃胶粘贴，严格控制酸性胶对玻璃的镀银层的漆膜造成腐蚀而影响装饰效果。

大规格尺寸板块玻璃拼接饰面镶贴宜使用透明玻璃结构胶粘贴。无透光要求的玻璃板块在平整的基层上涂胶粘贴安装，粘贴涂胶点应均匀，涂胶点的横、竖间距不大于150mm。玻璃板块要求透光安装的，玻璃板块边缘与基座框架的黏结面应满涂玻璃胶粘贴安装。大规格尺寸板块拼接镶贴饰面玻璃粘贴后应使用压板固定或绑扎装置固定，在玻璃胶未固化前不得拆除固定夹板，或用于绑扎的固定装置，以保证玻璃板块安装牢固安全。透光玻璃板块使用螺栓连接方式安装的，在饰面安装基层上预埋的连接安装件或金属支撑件宜使用镀铬装饰件或不锈钢制作件，紧固螺栓应使用不锈钢装饰螺栓，以保证装饰效果。螺栓安装的安装间距不宜大于800mm，每平方米不宜少于4颗螺栓，玻璃板块螺栓安装应牢固，保证玻璃板块安装安全。大规格尺寸板块玻璃拼接镶贴饰面安装，玻璃板块面积在1.5m² 以下的，玻璃板块之间镶拼宜留置约2mm的伸缩接缝；面积在1.5m² 以上的宜留置约3～6mm的伸缩接缝，伸缩接缝内应填入玻璃胶收口，或根据设计要求填入专用装饰嵌缝线条。但拼花玻璃的伸缩接缝内不宜填入专用嵌缝线条。大规格尺寸玻璃板块拼接镶贴装饰面的装饰边框线条安装、嵌缝线条安装可分别参见第二十四章中其他特殊装饰部位的装饰线安装部分（第176页）和专用填缝线条填缝装饰线施工部分（第178页）。装饰装修工程中室内装饰常见的大规格尺寸玻璃板块拼接镶贴装饰墙面见图17－3至图17－6。

图17－3　无边框大块漆膜玻璃拼接镶贴装饰墙面

图17－4　无边框大块印花玻璃拼接镶贴装饰墙面

图17－5　不锈钢边框大块漆膜玻璃拼接镶贴装饰墙面

图17－6　木线条边框大块刻花玻璃镜拼接镶贴装饰面

四、单块有框大板块玻璃装饰施工

单块有框大板块玻璃装饰施工，是指使用边长 500mm 及以上大规格尺寸的单块漆膜玻璃、印花玻璃、玻璃镜等，镶嵌在线条装饰边框中的玻璃安装，包括独立板块穿衣镜的安装。单块有框大板块玻璃装饰多用于天棚、墙、柱等的饰面装饰，单块有框大板块玻璃装饰饰面有透光或不透光两种装饰效果。大规格尺寸单块有框玻璃装饰饰面的材料要求、施工要求，与大规格尺寸板块装饰玻璃拼接饰面镶贴的材料要求、施工要求基本相同。为帮助读者详细了解玻璃装饰中的一些具体内容，笔者进行了相对的划分，并分节论述。单块有框大板块玻璃的镶贴施工见本章中大规格尺寸板块玻璃拼接镶贴装饰饰面施工部分（第 135 页）。单块有框玻璃镶贴装饰面的装饰边框线条安装参见第二十四章中其他特殊装饰部位的装饰线安装部分（第 176 页）。装饰装修工程中常见的单块有框大板块玻璃装饰见图 17－7 至图 17－10。

图 17－7 单块有框大板块漆膜玻璃装饰柱

图 17－8 单块有框大板块茶镜玻璃装饰柱

图 17－9 单块有框大块透光花饰银镜装饰天棚

图 17－10 单块有框大块银镜装饰墙面

五、装饰玻璃面上电器开关插座、照明灯具、给水等安装孔掏挖施工

天棚面、墙柱面玻璃镶贴饰面完成，不可避免地会涉及在玻璃装饰面上进行消防喷淋头、烟感器、电器开关插座、照明灯具、给水安装孔位的预留掏挖施工。玻璃装饰饰面上各种预留安装孔的掏挖，虽不是装饰装修工程施工中的重要施工项目，但玻璃装饰面上挖孔质量的好坏，直接影响着工程质量或装饰效果。玻璃装饰面上各种预留孔的掏挖，在实际施工中往往被忽视，不重视安装孔的掏挖质量。由于玻璃坚硬、易破碎，安装孔掏挖难度较大，最容易出现质量问题。所以，玻璃装饰面上的预留安装孔的掏挖，应严格按照有关的操作规范或施工要求执行，以保证施工质量。安装孔掏挖出现问题后即使返工，也容易导致工程质量下降或装饰效果下降。

（1）玻璃装饰饰面上各种预留安装孔掏挖。安装孔掏挖前应在玻璃装饰墙柱面上弹出电器开关插座、照明灯具、给水安装孔等的安装高度线与安装点位。在天棚上弹出照明灯具纵、横安装间距线与安装点位，以及消防喷淋头安装点位、烟感器安装点位。多孔排列应做到高度一致、排列整齐。照明开关、电源插座的安装预留孔可以掏挖成圆形或方形，施工时根据实际情况选用。

（2）玻璃装饰饰面上圆孔掏挖应使用专用的圆孔合金钻头钻孔，钻头应对准安装点位钻孔，不得偏离安装点位标记，掏挖孔洞洞口边缘应整齐。玻璃装饰饰面上方孔掏挖，在照明开关、电源插座底盒四角处先钻出四个小孔后再用玻璃刀套划成方孔；孔洞边缘应整齐，洞口方正不歪斜，玻璃板块无破损。

（3）玻璃面上钻孔时，应用专用的冷却液冷却，以免高温烧坏饰面玻璃或装饰基层。掏挖的预留安装孔应正、圆，不偏离安装位；孔洞内不得使用手钳钳边修整。

（4）圆形孔孔径应小于消防喷淋头、水嘴装饰盖的外径，或小于照明开关、电源插座面板5～8mm；方形孔应小于照明开关、电源插座面板3～5mm，以保证装饰盖板安装后孔洞不外露。

玻璃饰面的天棚面、墙柱面上常见的消防喷淋头、圆形射灯、墙面上电源插座等安装孔的规范掏挖见图17－11至图17－14。

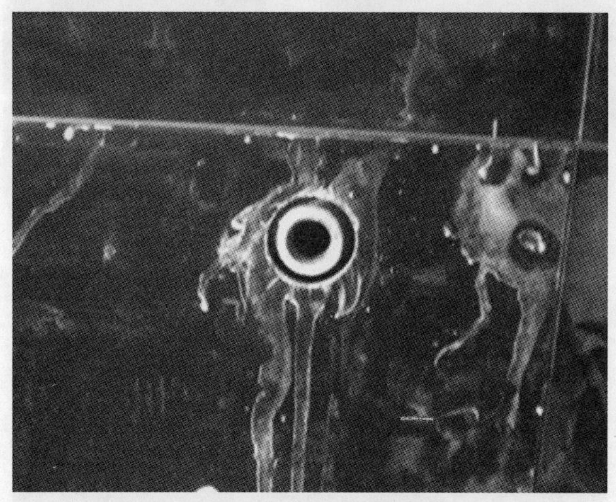

图17－11　在天棚饰面玻璃上掏挖的消防喷淋头安装孔

图17－12　在天棚饰面拼块玻璃掏挖的嵌入式射灯安装孔

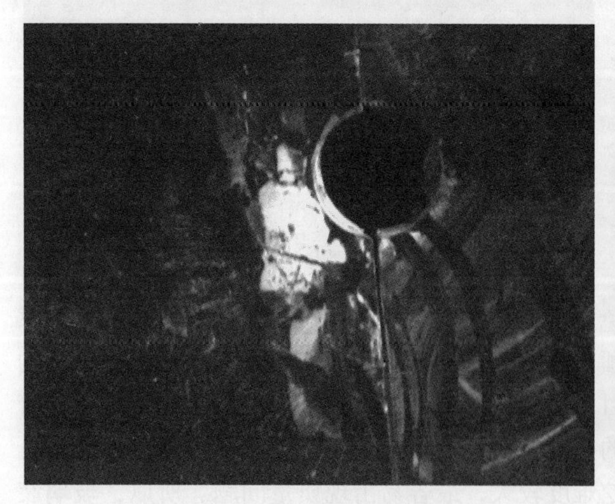

图17－13　在天棚饰面玻璃板块拼缝中掏挖的嵌入式射灯安装孔

图17－14　在墙面饰面玻璃上掏挖的圆形电源插座安装孔

第十八章　瓷砖、石材装饰铺贴工程

瓷砖、石材装饰铺贴施工，是指装饰装修工程中用瓷砖、石材对室内外地面、楼梯踏步等进行的铺贴装饰饰面施工，也包括对窗台板、各种柜类等的石材台面板铺贴饰面。由于瓷砖、石材具有良好的抗腐蚀性、耐磨性、耐候性，无吸水性，可擦洗、抗污能力强，无有害、有毒物质释放，美观耐用等优点，所以瓷砖、石材在装饰装修工程中的实用性强，是室内外装饰中不可缺少的主要饰面材料。瓷砖、石材装饰铺贴饰面，是装饰工程设计中使用最为广泛的项目。因此，瓷砖、石材装饰铺贴饰面也是装饰装修施工中常用的、主要的施工项目之一。瓷砖、天然石材的生产加工、材料性能等已在第八章中详细介绍。下面对装饰装修工程中铺贴施工常用的瓷砖、石材的规格、品种进行一些介绍。

瓷砖：用于地面装饰铺贴的瓷砖，一般称之为地砖。用于地面铺贴的地砖品种主要有通体砖、瓷质抛光砖、玻化砖、瓷质仿天然石材砖、仿古砖，以及楼梯踏步专用砖等。室内铺贴常用的规格尺寸有 300mm×300mm、500mm×500mm、300mm×600mm、600mm×600mm、800mm×800mm、600mm×1 000mm、1 000mm×1 000mm、600mm×1 200mm 等，以及供楼梯踏步铺贴的专用规格板块砖。300mm×300mm 及以下小规格的地砖一般用于卫生间、厨师料理间等有排水要求的地面铺贴饰面，有利于排水坡度的设置。室外人行道、步行广场地面等，一般多以边长 150mm 以下的，小规格尺寸的瓷质地砖为主。

天然石材：天然花岗岩、大理石适用于室内外地面饰面铺贴，可供地面装饰使用的石材品种多种多样，还有各种拼花石材板块。地面装饰铺贴常用的石材板块规格尺寸有 500mm×500mm、300mm×600mm、600mm×600mm、800mm×800mm、600×1 000、1 000mm×1 000mm 等，还有其他各种特殊设计尺寸的超大规格的破色拼花图案石材板块。地面装饰铺贴常用的石材板块厚度一般应在 18mm 及以上。楼梯踏步、台阶面石材板块一般需根据实际需要的尺寸加工，板块的厚度不宜小于 22mm。地面、踏步面铺贴的石材板块厚度太薄，容易断裂或破碎，影响工程质量和装饰效果。室外行道、广场地面饰面铺设的石材板块的规格尺寸及厚度一般另有设计要求。

一、工程材料质量控制

（1）对进入施工工地的瓷砖应按照相关的产品质量标准，从多个包装中进行抽样检验，抽检率不小于 20%；对进入施工工地的石材应按照相关的质量标准或设计要求，从多个包装中进行抽样检验，抽检率不小于 20%。

（2）瓷砖及石材均应无裂纹、无划痕、无缺陷。瓷砖应无色差、无疤痕；石材应无显现色差，花色、网纹应基本一致。关于石材色差的控制与石材色彩的鉴别已在第十章中介绍过，在此不再赘述。

（3）用尺量板块边长、量板块对角，允许误差不大于 1mm。

（4）靠尺校面，塞尺插入检查平面平整度，弯曲不大于 1mm。

（5）靠尺校边，塞尺插入检查板边，板边四边平直，允许误差不大于1mm；尺量检查板块厚度，厚薄一致，允许误差不大于1mm。

（6）室内铺贴使用的瓷砖、天然花岗岩石材应查验、核对产品的有效放射性核素限量释放检验报告。瓷砖、天然花岗岩石材放射性核素限量应符合国家《建筑材料放射性核素限量》（GB6566－2001）标准。

二、瓷砖、石材装饰地面铺贴基层处理

1. 瓷砖、石材装饰地面铺贴应考虑楼层板的承重荷载问题

混凝土楼板瓷砖、石材饰面铺贴前应考虑混凝土楼板的承重荷载问题，必须保证建筑物楼板的荷载安全。

2. 瓷砖、石材适宜在混凝土硬化的地面或混凝土楼板上铺贴

瓷砖、石材适宜在混凝土硬化的地面或混凝土楼板上进行铺贴饰面，地面水平高差超过25mm及以上的地面，或严重凹凸不平的地面，应进行水泥砂浆找平。疏松粉化或起壳的地面应铲除疏松粉化层、起壳层后进行水泥砂浆找平。地面找平水泥砂浆的比例不宜低于1∶2.5；地面水泥砂浆找平层的厚度不宜小于20mm。室内地面水泥砂浆找平层施工完成，找平层硬化后应适当洒水养护。瓷砖、石材，如在旧的坚硬和光滑的水磨石地面、瓷砖地面或石材地面上铺贴，应将旧的地面层铲除后再铺贴，以保证施工质量。

3. 瓷砖、石材在钢质楼板面或钢质楼梯面上铺贴

瓷砖、石材在钢质楼板面，或钢质楼梯面上铺贴，应用细石混凝土或水泥砂浆做过渡层。一般常见的过渡层的做法，先在铺贴面进行百分之百的金属钢网挂面做水泥砂浆结构层的加强筋。金属钢网挂面可以使用钢丝编织网、钢丝焊接网、钢板冲压拉伸网。但钢网的钢丝直径或规格不得小于1.2mm，网格的密度不宜太稀。钢网宜用钻尾螺栓或焊接钢筋固定在钢质楼板、钢质楼梯铺贴面上形成挂网覆盖面，钢网固定点的间距不大于300mm。再在钢网覆盖面上进行水泥砂浆浇筑铺垫，并振捣密实搓平收光做成过渡层。较厚的过渡层适宜细石混凝土铺垫，较薄的过渡层适宜水泥砂浆铺垫，过渡层水泥砂浆的比例不宜低于1∶2.5，过渡层的厚度不宜小于30mm。水泥砂浆过渡层施工完成，过渡层硬化后应适当洒水养护。常见的钢制楼梯面瓷砖、石材铺贴饰面，钢网挂面水泥砂浆过渡层的做法见图18－1、图18－2。

图18－1　钢制楼梯钢网挂面使用钻尾螺栓固定钢网的做法

图18－2　钢制楼梯钢网挂面先将钢筋点焊接固定后再固定钢网的做法

4. 室内涉及用水的地面，瓷砖、石材铺贴前应做好防水处理。

室内涉及用水的地面，瓷砖、石材铺贴前应做好防水处理。室内地面防水施工见第二十九章相关部分（第213页）。

三、瓷砖、石材地面铺贴

（1）地面瓷砖、石材铺贴饰面，板块的横、竖排列方式与墙面饰面砖镶贴一样，有多种排列或错缝方式。但铺贴板块之间的拼缝方式只有密封和离缝两种，密封和离缝见第二章（第11页）。地面瓷砖、石材铺贴饰面前，应根据设计要求的使用板块规格尺寸，先在铺贴部位进行预排计算和分格弹线，规格板块应排放在中间，非规格板块排放旁边，还应包括瓷砖、石材铺贴饰面板块之间的排列方式、板块之间的拼缝方式，以保证地面的铺贴装饰效果。大面积或长廊地面铺设前应在墙面、柱面上弹出水平基准线，在地面设置若干个基准水平点，控制铺设地面的水平平整度。基准水平点宜先行用水泥砂浆标出固定。

（2）厨房、卫生间、盥洗室等有排水要求的地面铺贴，铺贴前应用水平尺确定至排水沟或地漏的排水坡度。有排水要求的室内铺贴地面的面积一般不大，宜按10‰～15‰设置排水坡度，具体的坡度设置施工时根据室内的面积确定。地面污水的排放坡度，应以排水沟或地漏为中心，四面设置流水坡度，以保证地面污水能有效地快速排除。地面排污明沟沟底的污水排放坡度应满足排水畅通的要求。

（3）瓷砖、石材铺贴前，瓷砖、石材板块装饰面宜涂一层防护蜡加以保护，或者使用保护贴膜进行瓷砖装饰面的保护。

（4）瓷砖、石材铺贴应使用干铺法铺贴施工。瓷砖、石材地面粘贴用水泥，应使用国标普通硅酸盐水泥、矿渣硅酸盐水泥或粉煤灰硅酸盐水泥，水泥强度等级不得低于32.5MPa。干铺法水泥、沙子垫层拌和土的拌制：沙子最大粒径不大于6mm，颗粒级配以连续级配为好。拌和土的水泥、沙子拌和比例不宜低于1:4，垫层拌和土应拌和均匀。垫层拌和土的干湿度以手捏拌和土挤不出水分，成块状不松散为宜。垫层拌和土在铺贴部位均匀铺平后拍打夯实，拌和土垫层面应搓抹平整、密实，垫层厚度20～35mm为宜。瓷砖、石材地面干铺法粘贴饰面，铺装前对铺贴地面宜涂刷素水泥浆垫底，干燥的地面在铺贴前还应适当洒水潮湿。装饰装修工程中瓷砖、石材在水泥、沙子拌和土垫层上铺贴施工的操作有两种方法：

第一种，瓷砖、石材铺贴黏结面满刮水泥砂浆铺贴操作，即在拍打夯实的水泥、沙子拌和土垫层上，将瓷砖、石材铺贴黏结面满刮水泥砂浆后进行铺贴黏结的操作方法。

黏结水泥砂浆拌和，应以水泥、中沙或细沙拌和水泥砂浆，水泥砂浆的水泥、沙子拌和比例不宜低于1:1。粘贴水泥砂浆应拌和均匀，搅拌塑化后的水泥砂浆抹在板块上以板块竖立后不快速流动为宜。

瓷砖、石材板块粘贴面水泥砂浆涂抹。水泥砂浆涂抹厚度一般在10～15mm，黏结面应满抹水泥砂浆，涂抹厚薄应均匀，防止空鼓。

瓷砖、石材板块粘贴。涂抹水泥砂浆后的瓷砖、石材板块覆盖在水泥、沙子拌和土垫层上后，应及时用橡胶锤敲击振动板块至砂浆密实、校平铺贴饰面板块，再以通线或长靠尺校平板块之间的平整度、板块之间接缝的平直度，及时清除板块缝隙间挤压外露的水泥浆。离缝板块铺贴应使用码卡控制调整板块沟缝的宽度。瓷砖、石材地面铺贴完成后24小时内宜适当进行铺贴面洒水养护，以利提高瓷砖、石材地面的铺贴质量。石材铺设装饰地面干铺法施工操作（瓷砖干铺法铺贴施工与石材铺贴施工基本相同）见图18-3至图18-6。

图 18－3　已拌和好的水泥、沙子垫层拌和土

图 18－4　将水泥沙子垫层拌和土在铺贴地面上铺平、拍打夯实

图 18－5　在饰面石材的板块背面满刮水泥砂浆后黏结

图 18－6　用橡皮锤敲击震动饰面石材板块让其水泥砂浆密实黏结并校平板面

第二种，瓷砖、石材铺贴黏结面不抹水泥砂浆黏结铺贴操作，即直接在拍打夯实的拌和土垫层上浇灌一层素水泥浆，素水泥浆渗透到拌和土垫层中形成水泥砂浆黏结层后，再压盖瓷砖、石材板块黏结铺贴。这种黏结铺贴操作方法的其他要求与第一种铺贴操作方法基本相同。只是瓷砖、石材铺贴面不抹水泥砂浆黏结铺贴操作法，减少了水泥砂浆的拌和操作；减少了地面饰面板块，特别是大规格的饰面板块涂抹水泥砂浆的搬动操作，施工工人的施工劳动强度要减轻许多。如果施工工人认真、细致规范地操作，铺贴的质量较第一种铺贴操作方法的铺贴质量要高，且水泥的耗量还会降低。但这种黏结铺贴操作方法不适宜边长 400mm 及以下小规格饰面板块的铺贴，更不适宜卫生间等有污水排放要求的地面铺设。

（5）石材地面铺贴的特殊要求。天然石材虽然密度大，吸水率低，但有些石材品种抗酸性物质或抗碱性物质渗透的能力不强。石材板块接触普通水泥砂浆后容易被渗透，形成透底杂色“花脸”污斑，给人一种脏污感，严重影响地面装饰效果。天然石块铺贴前，对于抗渗透力不强的石材板块的铺贴面及板块的四周应多遍涂刷抗碱防护封闭剂（施工中俗称做防水），不得漏刷，包括墙、柱面石材水泥砂浆镶贴板块也应多遍涂刷抗碱防护封闭剂。浅色石材宜用白水泥砂浆黏结铺贴，防止基层透底，形成“花脸”污斑影响装饰效果。石材铺设饰面装饰地面中常见的石材透底形成的“花脸”污斑见图 18 - 7。

图 18 - 7　石材铺设地面透底形成的“花脸”污斑

（6）瓷砖、石材地面铺贴施工过程中，以及瓷砖、石材板块的黏结水泥砂浆未硬化以前，铺贴面上禁止人员行走或踩踏，否则会导致铺贴饰面板块松动。

铺贴地面黏结水泥砂浆硬化后应及时进行装饰面的覆盖保护，保护的方法主要有：

①打蜡涂层保护，该方法适用于地面最后施工方案。

②遮盖物全覆盖保护，或满批乳胶漆打底用腻子粉全覆盖保护，该方法适用于先地面后墙面施工方案。

③装饰装修工程交工前，对石材地面宜再次进行机械打磨抛光，做净面打蜡处理，以提高装饰效果。

四、楼梯面瓷砖、石材铺贴

1. 楼梯踏步面的宽度、楼梯踏步的高度

楼梯踏步面的宽度宜设置在 280 ~ 330mm，楼梯踏步的高度宜在 150 ~ 180mm。楼梯瓷砖、石材铺贴，铺贴前应根据楼梯的实际尺寸进行踏步的宽度、踏步高度板块的分格计算，并在墙边弹出分格墨线，弹线的分格墨线应清晰。精确计算踏步饰面板、踏步立板、踢脚板的排砖，确定铺贴板块的尺寸。靠墙面的三角形踢脚板应根据分格制作模板后加工下料。通过弹线分格，如发现楼梯的偏差较大，影响饰面板块铺设的，应对楼梯采用有效方法进行纠正或对楼梯进行修正。

2. 楼梯踏步面石材板块铺贴

踏步面的石材可独立板块铺贴，或一长两短板块（中间长板，两端短板破色）的方法拼接铺贴。在实际的工程中多为一长两短破色拼块设计铺贴。踏步面铺贴石材的厚度不宜小于 22mm，踏步踢板（踏步的立面板）、踏步踢脚板石材板块的厚度不宜小于 15mm，踏步立面板块与踏步面铺贴石材板块宜对应为好。一些质地松软易破碎的大理石板块不宜用作楼梯踏步的饰面，如地金黄、地米黄、浅色啡网、洞石等石材，特别不适宜用做钢质楼梯踏步的饰面。

楼梯面瓷砖铺贴。在实际的工程中多为专用楼梯面成品瓷砖铺贴饰面。瓷砖铺贴施工应按照设计要求，或根据实际情况选用相应规格、品种的楼梯踏步专用瓷砖铺贴。但楼梯踏步专用瓷砖铺贴的装饰档次和装饰效果远不及石材，且易破损。

楼梯踏步铺贴，应先安装踏步立面踢板，立面踢板校平校直后使用水泥砂浆镶贴，水泥砂浆比例为 1∶1。板块粘贴后使用橡胶锤敲击振动板块至砂浆密实，不得有亏灰空鼓。

石材楼梯踏步面铺贴。踏步面石材板块应使用干铺法铺贴，具体方法与石材地面铺设施工工艺相同，包括楼梯踏步面瓷砖铺贴也一样。石材板块粘贴后使用橡胶锤敲击振动板块至砂浆密实，并调校平整铺贴板块，不得有亏灰空鼓。踏步面石材板块铺贴宜压盖踏步立板并凸出高度为10～25mm，形成踏步板块边缘外凸缘口。踏步板块边缘外凸缘口可做成“L”形或“P”形加厚边，踏步板块边缘缘口应打磨光滑或磨圆，板边加厚磨圆缘口更显档次。石材板块“P”形或“L”形加厚边的做法见下面发光踏步缘口的制作。

3. 发光踏步缘口制作

发光踏步板块边缘缘口可用与踏步板同质量、同厚度的石材，切成约20mm×25mm宽的条石（具体尺寸根据设计下料），在踏步板边下部黏合，做成加厚边石材板块，形成“L”形或“P”形踏步板块边缘缘口。再将发光管或灯带隐蔽安装在“L”形或“P”形板板块边缘缘口下发光。也可使用较厚玻璃板块或透光石材板块做踏步立板，将发光管或灯带隐蔽安装在踏步立板内侧发光。发光管或灯带通过玻璃板块或透光石材板块隐蔽发光。玻璃板块或透光石材板块的安装见本章第八节相关部分（第148页）。

4. 石材楼梯踏步面防滑槽制作

石材楼梯踏步面简易防滑槽的制作方法：一般是在踏步石材板块上用机械刻出防滑槽（又称防滑线）。石材机刻防滑槽应整齐、美观，槽内刻磨光滑；防滑槽的深度不得小于3mm、宽度不宜小于8mm；防滑槽应双条或三条线平行设置。

石材楼梯踏步面高档的防滑条制作方法：一般是先在踏步石材板块上用机械刻出金属镶嵌槽，槽内嵌入专用黄铜条或不锈钢条。石材中的金属条应挤压嵌入，嵌入时可胶粘紧密牢固。金属条嵌入应不松动、保持平直，金属条宽度不得小于4mm，凸出踏步面的高度不得小于4mm，金属防滑条应三条平行设置。楼梯踏步面三条金属线平行设置既有较好的装饰效果，也有良好的防滑效果。

石材台阶踏步面的防滑槽的制作方法，与石材楼梯踏步面防滑槽制作方法相同，应根据设计要求按照石材楼梯踏步面防滑槽的制作方法施工。

瓷砖楼梯踏步面铺贴，一般都使用专用瓷砖铺贴饰面，楼梯踏步面专用瓷砖一般都带有防滑功能，无须再制作防滑条。

5. 楼梯踏步边挡水线制作、铺贴

挡水线应使用天然石材切割制作，宽度不宜小于40mm，厚度不宜小于25mm。石材挡水线结构或外观应按照设计要求制作。挡水线安装不宜用水泥砂浆粘贴，宜使用石材胶粘贴或结构胶粘贴。挡水线铺贴应拉通线调校平直度，保证成垂直线条状，不得弯曲。

6. 楼梯踏步踢脚板镶贴

楼梯踏步三角形踢脚板板块切割，板边应整齐，三角形与踏步相吻合。楼梯踏步三角形踢脚板板块在混凝土预制楼梯面镶贴，宜用水泥砂浆粘贴，在钢质楼梯面上镶贴，宜安装木质过渡层后用石材胶或结构胶镶贴。三角形踢脚板镶贴应拉通线调校平直，板块出墙高度应一致，三角形踢脚板与踏步面、立面踢板的接触应吻合。每级楼梯踏步的三角形踢脚板镶贴应平直。

7. 瓷砖、石材楼梯踏步铺贴面的保护

瓷砖、石材楼梯踏步面铺贴在水泥砂浆硬化以前，铺贴面上禁止人员行走或踩踏，铺贴完黏结水泥砂浆硬化后，应对铺贴面适当洒水养护，以提高石材铺贴面的质量。同时，应及时对铺贴完工的踏步面进行覆盖保护。

8. 室内外台阶面瓷砖、石材装饰铺贴

室内外台阶面瓷砖、石材装饰铺贴饰面与楼梯踏步的铺贴装饰施工基本相同，可按照楼梯踏步的施工方法施工。

五、瓷砖、石材地面装饰铺贴的其他要求

（1）瓷砖、石材地面装饰铺贴板块边长与墙面砖或踢脚线板块长度相等的，地面铺贴板块应与墙面砖或踢脚线板块的拼缝相对应铺贴。常见的地面板块与踢脚线板块拼缝相对应的铺贴见图18－8。

图18－8　地面铺贴板块与踢脚线板块拼缝相对应铺贴

（2）门槛石铺贴。门槛石的长度，应与预留门洞的宽度一致，门槛石的宽度与门套宽度一致。门槛石的厚度不得小于20mm。厨房、卫生间、盥洗室等有排水要求的房间，门槛石宜高于室内地面约10mm，即在厨房、卫生间、盥洗室等室内的瓷砖或石材地面铺贴放线时或预留施工工位时，宜低于门槛石10mm计算。

（3）地面瓷砖、石材铺贴装饰设计有破色走边或石材拼花的，应按设计要求排砖或拼花铺贴。在墙、柱的阴阳角处，地面破色铺贴板块宜裁成45°边碰角后与之对应铺贴。常见的墙、柱的阴、阳角处瓷砖、石材地面破色走边铺贴的做法见图18－9、图18－10。

图18－9　铺贴板块的直角应与墙、柱的阴、阳角对齐

图18－10　地板压条、石材边线与墙、柱的阴、阳角对齐

（4）裙楼建筑物室内地面地砖、石材铺设。裙楼建筑物室内地面的沉降缝不得以地砖、石材板

块硬性压盖铺贴饰面，应外露留出沉降缝，避免建筑物的沉降而导致地面地砖、石材板块破裂影响工程质量或装饰效果。建筑物室内地面沉降缝处的饰面装饰，应进行柔性覆盖装饰饰面处理。具体的柔性处理方法应按照设计要求或根据施工现场的实际情况实施，但必须保证装饰地面的沉降缝不渗漏水。（注：包括沉降缝处的墙面瓷砖、石材镶贴，室内隔断安装，装饰天棚吊装等的施工，都应按照这一方法处理。）

（5）地面铺贴装饰板块设计为离缝铺贴的，在铺贴板块黏结水泥砂浆硬化后及时勾缝，由于铺贴板块板边造成预留缝不规整的，应弹线将其预留缝切割修整整齐后勾缝。

（6）严禁使用切割机或角磨机打磨瓷砖、石材的装饰面。

六、水磨石装饰地面铺设

水磨石是一种传统的装饰施工方法，20 世纪 70 年代以前，在国内的建筑装饰工程中使用比较广泛。水磨石即人造石，以水泥、有色碎块石子（粒径 1.0 ~ 1.5cm）骨料（一般使用白矾石）、沙子、无机色料或洁净水，分别按照一定的比例搅拌成混凝土，再将混凝土铺设在混凝土硬化的地面，或混凝土楼板上振捣密实、抹平，通过混凝土标准龄期养护硬化后经机械研磨抛光制成的人造石材地面，或制作成拱墙、柱面等装饰饰面镶贴的板块。

水磨石地面装饰的弱点：水磨石装饰地面施工有着很多的弱点，如水磨石混凝土铺设后养护硬化时间较长，对施工工期的准确把握有影响；地面墙角边缘无法机械研磨，只能人工研磨、耗费人力；研磨抛光时污水、泥浆污物排放量较大；饰面层易产生裂纹，装饰效果一般等。由于瓷砖、石材铺贴施工不影响工期进度，随着瓷砖、石材生产加工的技术进步，供给装饰工程使用的瓷砖、石材规格品种不断创新升级，板面的规格尺寸也在逐步扩大。所以，在 20 世纪 80 年代国内装饰装修工程中，基本淘汰了水磨石装饰地面的设计使用与施工，只是在少量低档的装修工程，或农房装修中使用。

水磨石地面装饰的优点：水磨石地面装饰也有一些优点，如水磨石混凝土拌制中可根据设计需要任意添加各种无机色料，加入各种有色大理石、花岗岩或玉石碎块骨料，通过高质量的研磨抛光后，有色大理石、花岗岩或玉石等碎块石料显露的石材纹理或花色，色彩斑斓、真实自然，装饰效果特别。水磨石石材的基本主色调可以人为配制，地面板块的大小可以任意分格，是天然石材无法比拟的。高档大型的黄铜、紫铜、不锈钢等金属花饰镶嵌装饰地面，目前还需水磨石配套施工安装。一些淘汰的装饰材料或施工工艺，通过生产技术的改进或施工工艺的革新后，也是可以古为今用的。

1. 水磨石混凝土的配制

石块骨料规格粒径以 1.0 ~ 1.5cm 为宜，水泥、石块骨料、沙子配比可参照国标 C15 或 C20 混凝土（普通混凝土）配比配制即可，水的用量适当控制减少。硬化养护与养护期，按照国标 C15、C20 混凝土的要求执行。水磨石可用各种花色的大理石、花岗岩，或玉石板材加工后的废料石块进行破碎加工后作为骨料，更能提高装饰美化效果。水磨石混凝土的配制：骨料的品种、骨料粒径的大小规格根据设计要求选用，应进行筛网筛选后使用。混凝土色料的添加，应按照设计要求进行小样调试确定添加比例。

2. 水磨石混凝土地面铺设

水磨石地面宜铺设在混凝土硬化的地面或楼板上，铺设厚度不宜小于 30mm。铺设层中应加入钢丝网以增强水磨石地面结构层的强度，防止装饰面产生裂纹。制作水磨石的混凝土搅拌要均匀，黏稠度以在地面堆积不自然塌落流动为宜。混凝土结构层铺设后应经振捣或拍打密实，铺设面水平找平后进行表面搓平收光。

3. **水磨石地面金属分格条嵌入分格或金属花饰嵌入安装**

水磨石地面分格可嵌入玻璃条、金属条分格，嵌入条的厚度一般不小于3mm。分格嵌入条可以使用玻璃、黄铜条或不锈钢条，黄铜条更显档次。玻璃分格条、金属分格条应在水磨石混凝土结构层表面搓平收光后，根据设计要求拉通线进行分格条嵌入安装。金属条嵌入应平直，深度不宜小于6mm，上部与水磨石地面结构层平面一致。

水磨石地面金属花饰嵌入属较高档地面装饰。金属花饰一般使用黄、紫铜或不锈钢制作，金属花饰的花形或图案应符合设计要求。金属花饰板块厚度不宜小于4mm，应平整、无翘曲变形。金属花饰嵌入前宜在花饰背面焊制或铆制嵌入钉，嵌入钉的间距根据金属花饰件的厚度情况或花形图案确定。嵌入钉的嵌入深度不宜小于8mm，以增强镶嵌牢固强度，防止金属花饰与地面之间出现松动或开裂，影响装饰效果。金属花饰板块应在水磨石混凝土结构层表面搓平收光后，根据设计要求定位嵌入安装。嵌入的金属花饰宜低于水磨石地面结构层平面2~3mm（具体根据地面研磨情况确定），以利于地面研磨抛光。

4. **水磨石地面研磨抛光**

水磨石地面研磨抛光必须在混凝土养护期满，已经硬化后进行研磨抛光。宜采用石材研磨抛光机械和研磨抛光工艺进行研磨抛光。水磨石装饰地面由于硬化养护期较长的原因，水磨石施工一般应安排在工程前期浇筑施工完成，中后期进行研磨抛光。水磨石装饰地面施工完成后，应及时做好成品的覆盖保护，防止其他项目施工时对其造成损坏。

七、各种柜类、窗台板等石材台面板铺贴施工

（1）各种钢结构柜体柜类的台板铺贴面，焊接接头应打磨砂平，铺贴面平整无锈蚀。各种木结构柜体柜类台板铺贴面应刨光刨平。砖砌结构柜体水泥砂浆抹灰面柜类镶贴面、铺贴面，应搓光搓平，水泥砂浆面应待硬化后铺贴。

（2）服务台、收银台、吧台、洗面台等的台面铺贴石材，天然石材厚度不小于20mm，人造石材不小于12mm。窗台板天然石材厚度不小于15mm。

（3）钢结构柜体柜类、木结构柜体柜类的台面板铺贴，可用石材胶或玻璃结构胶粘贴，台面板铺贴黏结面应满涂胶粘剂粘贴，保证粘贴牢固。砖砌结构柜体水泥砂浆抹灰面柜类的台面、窗台板的铺贴，可水泥砂浆铺贴，或石材胶、结构胶胶粘铺贴。但人造石材板块应使用石材胶、结构胶胶粘铺贴。窗台板铺贴，饰面板块内侧应紧靠窗框底框无缝隙，板块两端插入两侧墙体内20~30mm安装，板块延长铺贴应平直，板块接缝应紧密。

（4）石材台面板（包括人造石）板边有设计要求的按设计要求制作，无设计要求的台板边应以不小于25mm宽，与台板同质量的条石在台板边下部黏合做成“P”形或“L”形加厚边石材板块，板边磨圆或磨光。洗面台、橱柜台面板与墙面接触处应做挡水线。

（5）洗面台面盆安装，应以面盆取样制模板后，再进行台面板开孔，台面板开孔边缘应锯切加工整齐，确保孔洞与盆口吻合。

台下盆安装孔应将锯切面打磨光滑，倒角磨成半圆形边；台下盆安装，面盆应使用托架结构与台面板胶黏结安装，台盆口与台面板应满涂结构胶黏结，接缝吻合紧密不渗漏水。

台上盆安装，台盆与台面连接应平整、接缝吻合，不外露孔洞、不渗漏水。

八、玻璃装饰地面铺设施工

玻璃装饰地面铺设在装饰装修工程的设计中使用不是很广泛，一般只在演播大厅、舞厅，或有

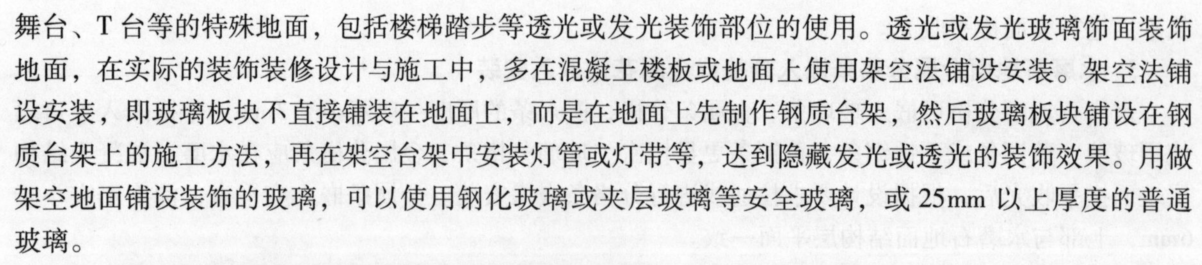

舞台、T台等的特殊地面，包括楼梯踏步等透光或发光装饰部位的使用。透光或发光玻璃饰面装饰地面，在实际的装饰装修设计与施工中，多在混凝土楼板或地面上使用架空法铺设安装。架空法铺设安装，即玻璃板块不直接铺装在地面上，而是在地面上先制作钢质台架，然后玻璃板块铺设在钢质台架上的施工方法，再在架空台架中安装灯管或灯带等，达到隐藏发光或透光的装饰效果。用做架空地面铺设装饰的玻璃，可以使用钢化玻璃或夹层玻璃等安全玻璃，或25mm以上厚度的普通玻璃。

1. 透光或发光架空玻璃铺设装饰地面的钢架制作

（1）透光或发光架空玻璃铺设装饰地面的架空钢架的高度一般在200～800mm。架空钢架制作时，根据平面设计图先在地面上用墨线标示出架空钢架安装的部位和几何形状，再按照钢架设计的几何形状、高度下料制作。

（2）架空钢架宜用普钢方管或矩形管焊接制作，方管的规格不宜小于60mm×60mm×2.5mm；架空钢架的立柱间距不宜大于1 000mm，宜成田字状双层设置横梁结构焊接制作。上部横梁压盖架空钢架立柱焊接固定，下部横梁可以作为触地脚或不触地与立柱对接焊接固定。面积较小的钢架可做成一个独立件焊接安装；面积较大的可以多个田字状结构件组合安装，组合安装可以螺栓连接或焊接连接。钢架的接缝处应四周满焊焊接，焊缝应饱满光洁、无裂纹、无夹渣。架空钢架也可使用钢管、钢球连接网架结构的方式制作。

（3）钢架与玻璃的铺贴面应打磨平整光洁，并进行玻璃铺贴面整体校平。普通型钢钢架，应多遍涂刷防锈漆做防锈处理，再根据设计要求涂刷装饰色油漆饰面。钢架立柱脚下或与地面接触的受力杆件下应加垫10mm厚的防震或减震橡皮垫。

（4）透光或发光玻璃装饰楼梯踏步，宜用型钢焊接制作。钢制结构楼梯、钢制踏步的设计或制作应有足够的强度，必须保证室内人员上下楼梯移动的安全。钢制结构楼梯踏步面应光洁平整，玻璃铺贴面焊缝应打磨平整。钢制结构楼梯，应多遍涂刷防锈漆做防锈处理。

2. 透光或发光架空玻璃装饰地面的玻璃铺设

（1）用于架空地面铺设装饰的玻璃质量要求。玻璃质量为国标等级，钢化玻璃厚度不得小于15mm；夹层玻璃不得少于三夹合成，厚度不得小于18mm；普通玻璃厚度在25mm以上。玻璃板块边缘应倒角磨光。

（2）玻璃板块与架空钢架之间宜使用双面结构胶黏结安装，使玻璃板块与钢架之间有一定的柔性。钢架与玻璃板边的黏结面宽度不得小于25mm，玻璃板边的黏结宽度不得小于25mm。玻璃板边满涂结构胶粘贴，及时清除挤压外露的胶渍。玻璃板块之间应预留8～10mm的伸缩缝，伸缩缝内填满结构胶，进行清缝密闭。

（3）架空钢架立面收边或收口安装使用的玻璃，宜同架空地面玻璃的质量要求。

（4）架空玻璃装饰地面设计为透光装饰效果的，宜使用磨砂玻璃、内藏安装冷光光源灯具发光。有花饰透光装饰效果的玻璃地面、楼梯踏步面，一般使用普通漆膜玻璃，或印花玻璃，或玻璃面贴膜达到各种花饰、图案的装饰效果。有透光装饰效果的玻璃地面，还应在钢架立面玻璃安装时设置检修口，或设置可拆卸的活动玻璃板块做检修口。

（5）玻璃楼梯踏步面的装饰铺贴安装施工，应严格按照透光或发光架空玻璃装饰地面的铺贴要求施工。

第十九章　地板装饰地面工程

以地板铺设地面，装饰效果典雅、舒适，给人以温馨、古朴、幽雅、亲切自然之感。地板具有隔音、保暖、耐磨、卫生、无污染、不危害人体健康等优点。在地板装饰地面上行走有弹性之感，踏感好，装饰效果彰显档次。地板在装饰装修工程中作为室内地面装饰材料，有其特有的使用功能和装饰效果。因此，地板在装饰装修工程的设计中被广泛采用，地板装饰地面施工也是装饰装修工程中的一项主要的、重要的施工项目。

由于木质材料具有吸水率高的特性，木质材料长期在潮湿或长期有水洒落的环境下，会吸潮膨胀变形，直至腐朽或霉烂，严重影响装饰效果，导致使用时间不长。故实木地板、强化复合地板不宜长期在潮湿、有水洒落的地方安装使用。地板更不适宜在有小推车或小拖车碾压的室内地面铺装。

地板安装后多为免漆饰面施工，地板的饰面层在施工中容易受到损坏。因此，室内地面地板铺装施工严禁与其他室内装饰施工项目同时进行或交叉施工。为了有利于施工中地面装饰地板的保护，地板铺装施工宜安排在工程的最后工期内独立施工，以保证施工质量。

一、地板的种类

装饰装修工程中地面装饰常用的地板种类主要有实木锯材板块地板、实木复合地板、木质纤维人造木复合地板、竹片层压复合地板等，包括特殊功能的防静电地板，以及其他轻质材料地板。随着装饰装修工程材料不断的研发和生产技术的进步，利用各种原材料生产的新品种地板还将会不断问世。

1. 实木地板

（1）长条实木地板。长条实木地板为企口板，板块之间通过企口咬合拼接安装，一般常用的规格有 450mm×90mm×16mm、760mm×90mm×18mm、760mm×120mm×18mm、910mm×135mm×18mm（或 20mm）等。长条实木地板是以圆木锯材板块加工而成，普通树种的地板有松木、杨木、杉木、柞木、榆木、椴木、水曲柳等，高档树种的地板有柚木、樱桃木、金丝木、花梨木、紫檀木、铁杉子等。实木地板产品有白坯地板、漆木地板（漆木地板又称淋漆地板或烤漆地板）。大型的地板生产厂家生产的高质量的实木淋漆地板大约要经过 40 道工序才能生产完成。一般高级淋漆实木地板多用高档贵重树种加工而成，优质地板必须经过精细加工而成。淋漆实木地板，即铺装后木板面不再用油漆进行饰面的地板，俗称免漆地板。实木淋漆地板有亮光型和亚光型，优质地板的漆面具有良好的耐磨性，地面装饰效果漂亮，给人以豪华气派、舒适之感；优质实木地板的木质紧密、细腻，表面光洁，天然色差小，含水率小于 8%，不易变形炸裂，不生虫、防霉、防腐，无有毒物质释放。实木地板用于较高档的公共建筑装饰和华贵家庭住宅的室内地面装饰。

（2）实木复合地板。实木复合地板又称三夹实木地板，实木复合地板一般由三层木板合成，也有多层木板合成。板块规格主要为 760mm×120mm×18mm、910mm×135mm×18mm（或 20mm）

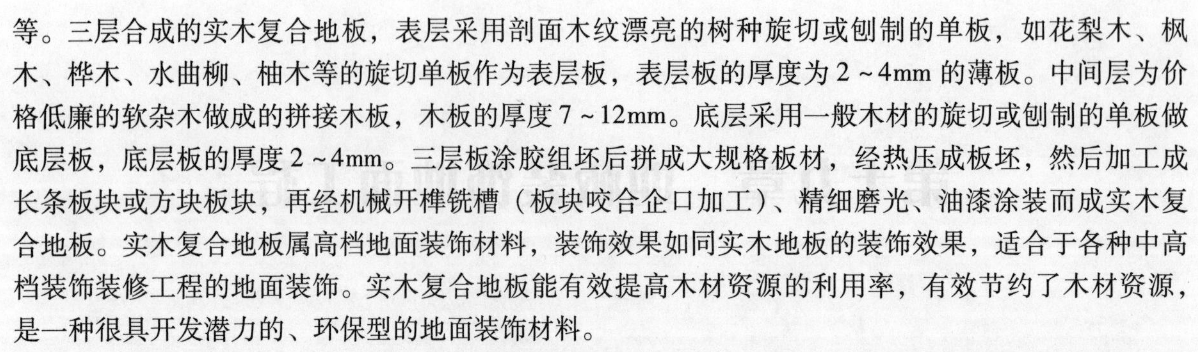

等。三层合成的实木复合地板，表层采用剖面木纹漂亮的树种旋切或刨制的单板，如花梨木、枫木、桦木、水曲柳、柚木等的旋切单板作为表层板，表层板的厚度为2～4mm的薄板。中间层为价格低廉的软杂木做成的拼接木板，木板的厚度7～12mm。底层采用一般木材的旋切或刨制的单板做底层板，底层板的厚度2～4mm。三层板涂胶组坯后拼成大规格板材，经热压成板坯，然后加工成长条板块或方块板块，再经机械开榫铣槽（板块咬合企口加工）、精细磨光、油漆涂装而成实木复合地板。实木复合地板属高档地面装饰材料，装饰效果如同实木地板的装饰效果，适合于各种中高档装饰装修工程的地面装饰。实木复合地板能有效提高木材资源的利用率，有效节约了木材资源，是一种很具开发潜力的、环保型的地面装饰材料。

（3）实木拼花地板。实木拼花地板是以圆木锯材板块加工而成，是一种板块板边平直无凹凸咬合企口的地板。一般常用的实木拼花地板多用硬质木材加工，如柚木、水曲柳、檀木、酸枣木、柞木、栲木、栎木等树种加工。常用的板块规格尺寸为长250～350mm、宽40～60mm、厚20～25mm。按标准生产工艺处理加工生产的产品干燥、不扭曲变形，不生虫、防霉、防腐，可拼出席纹、菱纹、斜纹等各种图案。图案美观，色泽华丽。实木拼花地板具隔音、耐磨、富有弹性等优点。实木拼花地板适用于体育馆、会议厅、舞厅等室内地面的装饰。体育场馆使用更能体现建筑场所的设计风格和特点。实木拼花地板属较高级的室内地面装饰材料。实木拼花地板属早期的产品，在20世纪90年代以前，装饰装修工程设计中使用比广泛，特别是家装中使用比较多。实木拼花地板的板块规格较小，板边平直没有凹凸咬合企口，加工简单。但由于实木拼花地板只适宜使用非架空方法安装，地板安装难度较大，安装后须刨平、刨光后油漆饰面，维修工作量大。现在市场上已不多见，已基本淘汰，只有极少数的体育场馆设计使用。

（4）实木立木地板。实木立木地板是以木材的横截面作为装饰面的一种新型装饰材料。实木立木地板是由多块立木拼接胶粘而成的板块，板块有六边形、菱形、长方形、正方形等形状。边长一般为100～300mm，厚度25mm以上。由于实木立木地板的装饰面是木材的横截面，与传统的木地板相比，抗压强度和耐磨性均大幅提高。因此，实木立木地板具有使用寿命长、纹理漂亮，装饰效果别具一格，装饰档次彰显高档等优点。实木立木地板适用于宾馆及其他公共建筑场所、家庭住宅的室内地面装饰。实木立木地板由于生产技术和安装方法有待于提高，目前装饰工程中使用不多。但实木立木地板对原材料的要求较低，可利用小径木材制造，能有效提高木材资源的利用率。是一种很具潜力的、待开发的室内地面装饰材料。

（5）其他实木地板。用于地面装饰的木地板品种还有软木地板、室外防腐木地板等。软木地板价格高昂、室外防腐木地板使用部位特殊，在室内装饰装修工程设计中使用不多。

2. 强化复合地板

强化复合地板是一种以植物纤维为原料的人造复合地板。其板块为长条板，目前生产厂家又开发出了方块形规格强化复合地板，方块形型压花地板的装饰效果更具特色。强化复合地板适合于会议室、办公室、宾馆、展览厅大厅、商场、店铺、酒楼餐厅、住宅等室内地面装饰；也可作为壁板装饰墙、柱面等。（注：设计以强化复合地板作为壁板饰面安装的，基层骨架可参照第十二章室内外墙柱面装饰艺术造型基层制作安装中有关的制作、安装方法施工，见第103页；壁板饰面安装可参照第十二章中木质类复合饰面板、科技木镶贴饰面施工的方法安装，见第108页。）在强化复合地板上行走没有实木地板感觉舒适，踏感差，装饰效果不如实木地板。强化复合地板属中低档类地面装饰材料。但复合地板具有装饰面漂亮、安装方便、耐磨、有一定的防水性能、价格低廉、装饰饰面适用面广等优点。因此，复合地板是装饰装修工程中地面装饰设计使用非常广泛的装饰材料。

强化复合地板由五层材料复合，经过高温高压而成，最后经地板专业机械开榫铣槽而成地板。强化复合地板是再生资源的开发利用，有效节约了木材资源，对保护大气环境发挥了较重要的作用，是装饰工程材料的生产发展方向。强化复合地板的结构大致为五层：

（1）表面耐磨层或称表层纸。地板的耐磨性能主要取决于这一层透明的耐磨层，表层纸中含有三氧化二铝、碳化硅高等耐磨材料。纸中耐磨材料的含量以 $75g/m^2$ 为好，耐磨材料的含量过低则耐磨度降低，过高则透明度降低。强化复合地板的质量与表面耐磨层有着密切的关系。

（2）装饰层。将漂白木浆或棉浆纸印刷成各种木纹、花饰图案、花纹、石头纹等纸张，粘贴在缓冲层上，形成各种木纹、花饰图案、花纹、石头纹等的装饰层，装饰层起着美化地板的关键作用。

（3）缓冲层。缓冲层是装饰层与基材层之间的过渡层，使装饰层具有一定的厚度或强度，缓冲层一般使用定量 $100g/m^2$ 左右的牛皮卡纸。

（4）基材层。基材层为中密度板或高密度板，俗称纤维板。强化复合地板的有毒物质释放量的大小及地板的质量，与基材层即密度板的质量有着密切的关系。

（5）底层平衡纸，即为了防止板材变形与装饰层对称和防潮，在地板底面粘贴一层浸渍酚醛树脂的牛皮卡纸，称之为底板平衡纸，进行板材底板封闭。

3. 活动地板

活动地板是一种较为特殊的室内地面装饰材料，活动地板主要功能不是用于地面装饰。室内常用的活动地板大致可分为防静电地板和轻质地板两类。

（1）防静电地板是一种具有特殊功能的地板，主要用于计算机房，以及有特殊要求的电缆、电线布放枢纽中心的室内地面安装使用。防静电地板板块规格一般为500mm×500mm，地板板块下面有四个可拆卸的活动金属支架脚。防静电地板安装以板块镶拼安装，板块之间、板块与地面之间不固定，可随时拆卸。防静电地板安装时通过金属支架脚的螺杆调节板块之间的高低程度，调整地面安装的平整度。防静电地板金属支架脚的高度一般在150mm左右，架空板块下面通过安装线槽布放线、缆。防静电地板的板面一般由底板、中间过渡层、面层组成，底板为金属冲压板，中间过渡层为轻质混凝土或其他轻质无机矿物填充料，表面一般以塑料板或橡胶板饰面，防静电地板安装后无须再进行后续装饰饰面。防静电地板安装时，规格板应排放在中间，非规格板排放在周边。防静电地板已是一种定型产品，应按照相关产品安装标准或要求进行安装施工，并进行施工质量验收。

（2）轻质地板与防静电地板的结构基本相同，主要用于钢结构楼房的楼地面铺设使用，形成架空地面以减轻建筑物的荷载，轻质活动地板的板块规格一般为400mm×400mm。地板板块下面有四个可拆卸的活动金属支架脚，其安装方法与防静电地板基本相同。不同的是活动金属支架脚的底板需与楼板黏结固定，活动地板面上须再进行纤维地毯或塑料地毯、木质地板等装饰饰面。以上防静电地板和轻质地板为定型产品，生产厂家已有较为规范的铺装施工工艺，关于防静电地板和轻质地板的铺装施工，本章不再介绍。

二、地板铺装地面的处理

地板宜在平整的混凝土地面或楼板上安装。楼地面水平高低差较大的地面，松软、沙化、凹凸不平的楼地面，应进行水泥砂浆找平修正。水泥砂浆找平层应搓平、收光。地面找平水泥砂浆配比不得低于1:2.5，厚度不宜小于20mm。地面水泥砂浆找平后适当洒水进行养护硬化，房间应通风，让地面干燥。室内钢质楼板地面地板安装，宜用细石混凝土或水泥砂浆做过渡层。钢质楼板地面过渡层的做法见第十八章中瓷砖、石材在钢质楼板面或钢质楼梯面上铺贴和用细石混凝土或水泥砂浆做过渡层的施工方法部分（第140页）。潮湿度相对较大的楼房底层地面宜做一道防水隔潮层，地面防水层施工见第二十九章相关部分（第213页）。

地板安装装饰地面，表面应坚硬、平整光滑、干燥。安装地面的平整度在3 000mm内，偏差不大于1.5mm。地板铺装前应清除地面杂物、垃圾、灰尘，潮湿的地面不得进行地板铺装。

架空实木地板木龙骨架安装前，在有隐蔽水管布放或隐蔽电线敷设的地面，且没有明确标志或标志不明的情况下，应查清隐蔽水管布放、隐蔽电线敷设的情况，并做出明确标志。以免膨胀螺栓安装时打穿隐蔽水管，打断隐蔽电线，造成其他施工项目的损坏。

室内应用地热管供暖系统采暖的地面，不宜使用实木地板装饰地面。

三、工程材料质量控制

室内地面设计使用实木地板或强化复合地板装饰的，地板装饰施工购置的实木地板或强化复合地板的规格品种、花色应符合设计要求。

对进入施工现场的实木地板、强化复合地板，应按照地板厂家的产品标准，对地板的外观质量进行开箱抽检查验，抽检率不小于20%；查验有效的复合地板产品的有毒物质释放限量检验合格报告，检测结果应符合国家《室内装饰装修材料人造板及其制品中甲醛释放限量》（GB18580－2001）标准；查验有效地地板油漆的有毒物质限量释放检验合格报告，检测结果应符合国家《室内装饰装修材料溶剂型木器涂料中有害物质限量》（GB18581－2001）标准。严格控制或杜绝不合格产品进入施工流程。

四、架空实木地板安装

1. 架空实木地板木龙骨架安装

架空实木地板安装，是指在楼地面上先安装好木龙骨架基层，再将实木地板板块铺装在木龙骨架上的安装方法。只有实木长条地板适用于木龙骨架架空安装。

（1）架空木地板木龙骨架安装，应先在地面弹出木龙骨间距安装分格线，木龙骨的安装间距不宜大于300mm。在混凝土楼板上安装，应根据安装分格线先在地面上用混凝土或水泥砂浆堆抹出地垄，水泥砂浆的比例不宜低于1:1.5，地垄的宽度和高度不得小于60mm（宽）×30mm（高），地垄中可适当加压金属网以增强强度。（*注：已使用水泥砂浆找平搓抹平整的地面，或旧的地砖、石材地面不用堆抹地垄。*）在混凝土或水泥砂浆地垄硬化前应进行纵横向水平找平、搓光。地垄硬化达标后即可在地垄上预埋木栓或预埋塑料膨胀管，使用钢钉或膨胀木螺钉固定安装木龙骨架，或在地垄硬化前插入木栓形成预埋木栓。架空法木地板安装的弱点是会占用较多的室内层高空间。架空木地板安装采用混凝土地垄安装木龙骨，不伤及或破坏建筑物的楼地板，能有效地保护建筑物。

（2）预埋木栓或塑料膨胀管孔径不得大于6mm、孔深不得大于40mm、预埋木栓或预埋塑料膨胀管的间距不大于500mm。木栓或塑料膨胀管预埋后，应从中心横向画线标明。木栓或膨胀管预埋打孔时，电锤应设置孔深控制装置，严禁伤及或打穿楼地板。钢钉或螺钉穿越木龙骨，应先在木龙骨上钻孔，让钢钉或木螺钉穿过木龙骨中的孔洞与地面固定，以防止钢钉或螺钉穿越木龙骨时，致木龙骨变形或炸裂。

（3）架空木地板木龙骨架安装，应先弹出室内墙脚四周安装水平线，按照水平线安装沿墙收边木龙骨，中间木龙骨应以墙脚收边木龙骨为基准安装。木龙骨加长连接宜使用帮接法连接。木龙骨与预埋木栓或塑料膨胀管之间的固定，应使用防锈钢钉或镀锌沉头木螺钉。钉帽应沉入木内4mm，以利木龙骨刨平刨光。

（4）架空木地板安装使用的木龙骨规格不宜小于50mm×50mm，应选用木质相对坚硬、含钉力强、含水率符合标准的木龙骨。挑出腐朽、有虫眼、有死结、渗冒木质油或木胶脂的龙骨。木龙骨应经杀虫或防白蚁处理，严禁使用沥青涂抹、喷涂液体农药，以及大量喷洒杀虫粉剂等进行木龙骨的杀虫与防腐处理，严格控制室内污染。

（5）龙骨应直接平铺触及地面安装，不宜再次使用支垫找平。安装应平直、牢固不松动，不得有炸裂、扭曲变形。龙骨安装后应用长靠尺进行纵横向平整度的校验，并刨平刨光。及时清除木龙骨架安装施工时的垃圾与灰尘。

2. 架空实木地板铺装

（1）架空实木地板铺装的特殊要求，宜选用 910mm × 135mm × 18mm（或 20mm）大规格的长条淋漆或烤漆地板（成品地板），也可以使用 910mm × 135mm × 18mm（或 20mm）规格的白坯实木长条地板铺装。地板板块与龙骨架呈纵、横向安装。架空实木地板安装应先固定沿墙板块，由墙体的一面向另一面铺装。板块拼接应在板块侧面垫板或使用地板专用拼板工具垫隔，用小锤轻轻敲击使板块的企口拼接咬合合拢，地板板块端头的接缝应在木龙骨上。地板板块校平校直后使用专用钢钉或射枪钉从板块侧面与龙骨钉固，钉帽不得露出而影响木地板企口的咬合安装。白坯实木长条地板铺装完成，应用平刨机刨平、机械打磨砂光，按照设计要求进行油漆饰面。

装饰装修工程施工中常见的实木企口地板、架空实木地板安装专用钢钉见图 19 – 1 至图 19 – 3。

图 19 – 1　实木地板的企口凸出边

图 19 – 2　实木地板的企口凹进边

图 19 – 3　实木地板安装专用钢钉

（2）架空实木地板铺装的其他施工方法。架空实木地板铺装的其他施工方法与非架空实木地板铺装基本相同，本章不再叙述。架空实木地板铺装的其他施工要求，按照非架空实木地板铺装的相关工艺施工。

五、非架空实木地板铺装

非架空实木地板安装（包括强化复合地板），是指不使用木龙骨架，将地板直接铺装在平整光洁的楼地面上，以地板的板边企口咬合连接组合成片的安装方法。

（1）非架空实木地板适合于平整、坚硬、光洁、干燥的混凝土地面，或平整、无松动、无空鼓、无破损的水磨石、地砖、石材地面上铺装。严禁在潮湿的、没有搓平收光的毛地坪上铺装。非架空实木地板宜用 12mm 及以上厚度的、优质的大芯板、密度板，或九厘板等木质板在底部做一层铺垫后安装。木质板铺垫层与混凝土地面宜以射枪钉或胶粘固定，水磨石、地砖、石材地面宜结构胶胶粘固定，铺垫板块之间应使用马钉钉固，钉距不大于 30mm。

（2）非架空实木地板或架空实木地板安装，地板与楼地面之间应铺放防潮纸（膜）垫隔；防潮纸的拼幅搭接重叠不小于 200mm，搭接处用不干胶黏结固定；墙脚处防潮纸应折成 90°沿墙铺放，铺放高度不得高于踢脚线的宽度；铺放的防潮纸（膜）不得有破洞。

（3）非架空实木地板安装不用钢钉钉固，主要靠板块的企口咬合连接成片。所以，实木地板使用非架空法安装，必须选用 910mm × 135mm × 18mm（或 20mm）等板块规格较大的、木质结构紧密、板块拼接咬合企口加工精良、板块平整不翘曲变形、淋漆（烤漆）饰面的地板铺装。

（4）非架空实木地板或架空实木地板安装应先固定沿墙地板，由墙体的一面向另一面铺装，板块拼接应在板块侧面垫板或使用地板专用拼板工具垫隔，用小锤轻轻敲击使板块的企口拼接合拢咬紧。地板板块与墙面之间应留有8～10mm的伸缩缝，但伸缩缝的宽度，严禁超过踢脚线的厚度。伸缩缝内塞入经防锈处理的塔形金属弹簧，每块板板边塞入不少于2个，每块板端头塞入1个。实木地板安装使用的专用塔形金属伸缩弹簧见图19－4。

图19－4　实木地板安装专用防锈塔形金属伸缩弹簧

（5）非架空实木地板安装或架空实木地板安装，安装前应按照设计要求进行板块的预排计算。横向尾端收尾短板的长度：非架空实木地板安装不得小于200mm，架空实木地板安装不得小于300mm（即不小于龙骨的间距）；纵向尾端沿墙收边板块的宽度不得小于板宽的1/3。地板铺装应以板块企口的凹边起始安装，严禁以板块的企口凸边起始安装和板块收尾。

（6）非架空实木地板安装或架空实木地板安装，板块锯切断料应指定专用地点锯切，板块断料锯切面应平直光洁，严格控制粉尘污染。

（7）非架空实木免漆地板或架空实木免漆地板安装施工，板块安装时应注意漆面的保护，施工中不得造成地板的损伤。

六、实木拼花地板、实木立木地板铺装

实木拼花地板、立木地板使用非架空法安装。适宜在平整、坚硬、光洁、干燥的混凝土地面，或平整、无松动、无空鼓、无破损的水磨石、地砖、石材地面上铺装。严禁在潮湿的、没有搓平收光的毛地坪上铺装。铺装前应在铺装地面上用12mm及以上厚度的大芯板、中密度板等木质板，在底部做一层铺垫层。木质板铺垫层的安装同非架空实木地板的安装方法。实木拼花地板或立木地板安装应选用板边平直、无炸裂、不变形的板块。地板板块应紧密拼接后使用40型沉头螺钉将地板板块固定于木质板铺垫层上，每块板块不少于两颗螺钉，沉头螺钉钉帽应沉入木内4mm，以利地板装饰面刨平砂光、油漆饰面。螺钉穿越地板板块应先在板块上钻引导孔，让螺钉在孔中穿过板块与地面固定，以避免螺钉穿越板块时，致使板块膨胀炸裂或变形。

七、强化复合地板铺装

（1）强化复合地板只能使用非架空法铺装，可直接在水泥砂浆找平搓光、干燥的混凝土地面或楼板上安装；可在平整、无松动、无空鼓、无破损的水磨石地面、地砖地面、石材地面上直接铺装。

（2）地板与楼地面之间应进行防潮纸（膜）铺放垫隔。防潮纸的拼幅搭接重叠不小于200mm，搭接处用不干胶黏结固定。墙脚处防潮纸应折成90°沿墙铺放，防潮纸的铺垫高度不得高于踢脚线的宽度，铺放的防潮纸不得有破洞。

（3）强化复合地板板块拼接可以按板块长度的1/2、1/3、1/4编排错缝拼接安装，各种编排错缝显现的装饰效果也各不相同。复合地板施工应按照设计要求进行板块预排计算铺装，但横向尾端收尾短板的长度不得小于200mm，纵向尾端沿墙收边板块的宽度不得小于板宽的1/3。地板铺装应

以板块企口凹边起始安装，严禁以板块的企口凸边起始安装或收边。地板板块锯切断料，锯切面应平直光滑；指定专用地点锯切，严格控制粉尘污染。

（4）强化复合地板安装。由墙体的一面向另一面铺装，板块拼接应在板块侧面垫板或使用地板专用拼板工具垫隔，用小锤轻轻敲击使板块的拼接企口合拢咬紧。地板安装沿墙应留有4～6mm的伸缩缝，伸缩缝的宽度严禁超过所用踢脚线的厚度，以保证踢脚线能完整压盖伸缩缝，不得有伸缩缝外露。

（5）强化复合地板安装后免漆施工，应注意装饰面的保护，施工中不得造成地板的损伤。

八、地板装饰地面地脚线、地板压条安装

1. 地板装饰地面地脚线安装

地板装饰地面宜使用木质或不锈钢地脚线进行沿墙四周压边，或专用金属、塑料收边线条沿墙收边，线条应紧压地面地板，固定于墙脚上。具体的地板装饰地面的地脚线安装应按照第二十四章中的各种材质的装饰线条的安装方法、各种装饰部位线条的安装要求中相关的安装方法施工（第173页至177页）。

2. 地板专用压条安装

地板装饰地面使用的专用压条一般为铜质、铝质、不锈钢、高分子聚合物等材料制作。铜质压条装饰效果好，更显高档。常用的地板专用压条，形状为“T”形、“P”形两种，施工时根据实际情况选用。

地板与瓷砖、石材、地毯等其他不同装饰材料装饰地面之间的拼接过渡接缝，以及门洞处的板块转换拼接接缝等，应加装地板专用装饰压条进行装饰遮盖压缝。地板板块端头处的拼接缝应平直，宽度一般在10mm左右，以利地板专用压条收口压盖安装。装饰压条塞入接缝内的松紧适度。装饰压条安装，应在地板拼接缝注入玻璃结构胶黏结固定，压条塞入接缝内黏结后以临时压板或重物压住固定，待玻璃结构胶固化后拆除临时压板或移走重物。

第二十章　地毯装饰工程

地毯是一种以工厂化生产，供室内地面装饰饰面使用的成品材料。地毯可以多种材料生产，品种、规格多种多样，花色丰富多彩。各种不同品种、不同花色的地毯能满足各种不同档次的装饰装修工程的需求，或不同使用功能的室内地面装饰的需要。地毯铺设装饰地面，在装饰装修工程的设计中使用较为广泛，地毯铺设也是装饰装修工程中地面装饰常用的、主要的施工项目。地毯装饰铺设施工无大量废弃物、尘埃等污染物产生，铺设施工相对简单。

一、地毯的种类

1. 纤维地毯

纤维地毯主要用于影视剧院、宾馆大厅、宾馆客房、会议室、办公室、VIP 接待室、室内长廊走道、室内楼梯、住宅客厅及卧室等室内地面的铺设装饰，装饰效果给人以温馨舒适、高档华丽之感。

纤维地毯按材质分有：纯羊毛地毯、棉麻纤维地毯、化纤地毯、混纺地毯；按生产工艺分有：机织地毯、针刺地毯（又称簇绒地毯）、无纺地毯、手工编织地毯等。其中簇绒地毯是装饰装修工程设计中使用最广泛、施工用量最大的品种，其次是无纺地毯。

簇绒地毯是在用子午线或帘子线织成的、厚实的底布上，用针刺枪将各种染色的地毯纱线，按照毯面设计图案织入底布上形成织入簇绒。毯面簇绒织入后再向地毯背面底布上涂胶，使底布背面与簇绒黏结形成地毯胶背，簇绒面再经过修剪或整理成簇绒地毯。修剪整理后毯面簇绒的长度在 15mm 左右。簇绒胶背地毯结构紧密结实、厚重，毯边平直，不易翘边卷曲。簇绒地毯为卷幅生产，随着纺织机械长轴加工技术的进步，市场上已出现 4 000mm 以上幅宽的地毯，基本能满足各种尺寸的室内地面铺设。用纯羊毛地毯线织入的叫纯羊毛地毯，用麻纤维线织入的叫麻纤维地毯，用棉纤维线织入的叫棉纤维毯（多作为挂墙毯使用），用化学纤维织入的叫化纤地毯。

（1）羊毛类地毯。工业化生产的羊毛地毯，一般是以羊毛线生产过程中的下脚料，或羊皮制革过程中的板皮脱毛经过机器梳洗、开松后纺成羊毛地毯线，纯羊毛地毯线经染色后织成的地毯称为纯羊毛地毯。纯羊毛地毯属地毯中的高档品，价格较高，在装饰装修工程中使用纯羊毛地毯属于高档装饰。在羊毛中加入化学纤维纺成地毯线织成的地毯叫羊毛化纤混纺地毯。在羊毛化纤混纺地毯装饰地面上行走舒适、踏感较好、簇绒不易倒伏，装饰效果也显高档，价格适中，能满足各种高中档装饰工程的要求。

（2）麻纤维地毯，是用麻纤维纺成地毯纱线，纱线经染色后织成的地毯。麻纤维属纯天然纤维，无毒、无异味、环保。麻纤维地毯装饰效果不如化纤地毯，簇绒易倒伏，在毯面上行走舒适度与踏感较差，毯面易褪色，地毯厚重，使用年限不如化纤地毯，相对化纤地毯价格较高。在实际装饰装修工程中，麻纤维地毯的使用不多。

（3）化纤类地毯，是指用尼龙纤维（锦纶）、聚酯纤维（涤纶）、聚丙烯纤维（丙纶）、聚丙烯腈纤维（腈纶）等化学纤维纺成地毯纱线后织成的地毯。化纤地毯有着较好的装饰效果，地毯经久耐用，毯面不易褪色，价廉物美。化纤地毯适合于中低档装饰工程装饰，是装饰装修工程中地面装饰地毯的主流品种。

2. **塑料类地毯**

塑料类地毯，又称塑料地板，俗称地胶。可以多种配方生产，品种、规格多种多样。塑料地毯属中低档地面装饰材料。在这里主要介绍聚氯乙烯聚氯乙烯（PVC）塑料地毯、石英砂橡胶地毯。（注：塑料地毯、石英砂橡胶等地毯应称之为地板。由于塑料地板、石英砂橡胶地板等与无纺纤维地毯的安装工艺基本相似，为了便于叙述，有利于读者学习，了解塑料类地毯的有关性能、用途，以及铺装施工工艺，故将聚氯乙烯塑料地毯、石英砂橡胶等地毯的装饰施工编著在本章中。）

（1）聚氯乙烯塑料地毯。塑料地毯以聚氯乙烯为主要材料，经改性、发泡、压延、复合（复合耐磨装饰层，复合底层）等工艺制作而成。塑料地毯由耐磨装饰层、芯层、底层组成，厚度一般为3mm，厚度越大舒适感越强。塑料地毯是以聚氯乙烯为基材，经加热压延复合而成。产品多为卷材，少有片材。塑料地毯价格较廉，具有表面光洁、不吸附灰尘、不存在纤维脱落、色彩多样、防水、防滑、易清洁、柔性好、隔音等优点。主要用于室内公用通道、舞美健身房、幼儿园、医院、化验室、公共汽车、火车、轮船等清洁无尘度要求较高，或有防水要求的地面装饰铺设。卷材塑料地毯安装难度较塑料片材地毯要高，维修较复杂。但接缝少，装饰效果好，价格高于片材地毯。聚氯乙烯塑料地毯抗压、耐磨性较差，易燃烧。

（2）石英砂橡胶地毯。石英砂橡胶地毯又称水晶地毯，以石英砂为骨料填充，加入橡胶及其他材料，以树脂为胶结剂等材料混合，经压延而成的地毯。厚度一般在3mm以内，舒适感不如聚氯乙烯塑料地毯。产品为卷材或片材两种规格。石英砂橡胶地毯色彩多样，具有良好的耐磨性或弹性，具有防滑、防水、不吸附灰尘、抗污、阻燃等优点。片材拼块安装简便，维修方便。主要用于体育场馆、商场、超市、舞美健身房、幼儿园、公共汽车、火车、轮船地面的装饰铺设。石英砂橡胶地毯属于早期的地面装饰材料，现在的装饰装修工程中基本不使用，产品有待创新升级。

二、工程材料质量控制

（1）地毯铺设施工应根据设计选用符合要求的规格品种或花色的地毯，地毯、地毯衬垫、胶粘剂的质量必须合格。

（2）对运到施工现场的产品应进行检查，核对其地毯的规格、品种或花色；检查有无受潮霉烂、虫蛀、鼠咬、褪色等；查验地毯、地毯衬垫、胶粘剂产品的生产合格证，及产品有害物质限量释放合格检验报告。地毯的有害物质限量释放应符合国家《室内装饰装修材料地毯、地毯衬胶及地毯胶粘剂有害物质释放限量》（GB18587—2001）、《室内装饰装修材料聚氯乙烯卷材地板中有害物质限量》（GB18586－2001）标准。杜绝不合格品进入施工流程。产品签收后应妥善保管，防止污损、受潮、鼠咬等。

三、地毯铺设地面要求

纤维地毯应在坚硬、平整、光洁、干燥的混凝土楼地面上铺设，也可在平整、无松动、无空鼓、无破损的水磨石地面、瓷砖地面、石材地面上铺设。

塑料地毯宜在坚硬、平整、光洁、干燥的混凝土楼地面上铺设。

地毯严禁在潮湿的、没有搓平收光的毛地坪，或疏松起壳、疏松粉化掉粉、凹凸不平的楼地面上铺设。不合格地面应整改达标后铺装。因为地面灰尘会影响胶粘质量，引起地毯起壳脱胶、松动，所以，地毯铺装前，应清扫地面，清除垃圾、灰尘。

聚氯乙烯为基材的塑料地毯较薄，厚度一般在3mm左右。塑料地毯铺设前应在表面坚硬、干燥的混凝土楼地面上满批专用腻子找平，并抹平砂光，直至地面凹凸疵点消除，铺设地面应达到平整光洁。清净铺设地面灰尘达到无尘要求后宜刷清漆一遍，以提高地毯的铺设质量。

四、纤维地毯倒刺钉板法铺设

各种羊毛、棉麻类、化纤或混纺的机织卷幅地毯、簇绒胶背厚重的卷幅地毯，适宜用倒刺钉板法铺设安装。

1. 倒刺钉板（又称倒刺钉条）的制作安装

倒刺钉板的制作，一般先将5mm厚的木板锯成木条，木条的宽度不小于20mm、长度不宜短于1 500mm。木条边刨直后，在木条上钉入小型号钢钉，并斜穿过木条形成倒刺钉板。钉刺的外露长度不宜超过6mm，即不得超过地毯的厚度。倒刺钉应成双排状，倒刺钉之间的间距不大于40mm，倒刺钉应错位安装。实际施工中的倒刺钉板由地毯厂家生产配套供给。

图20－1 倒刺钉板的正、反面图

图20－2 常见的倒刺钉板安装方法

倒刺钉板安装，倒刺钉板以倒刺钉尖向上，沿墙、柱脚或踢脚线安装，用水泥钢钉钉入铺装地面固定，水泥钢钉的间距不得大于150mm。门洞口、走道出入口应平行排列安装两至三条倒刺钉条，以避免室内人员行走时脚踢毯边翘起或卷边。倒刺钉板及安装见图20－1、图20－2。纤维地毯地面装饰中常见的倒刺钉板地毯铺设安装见图20－3。

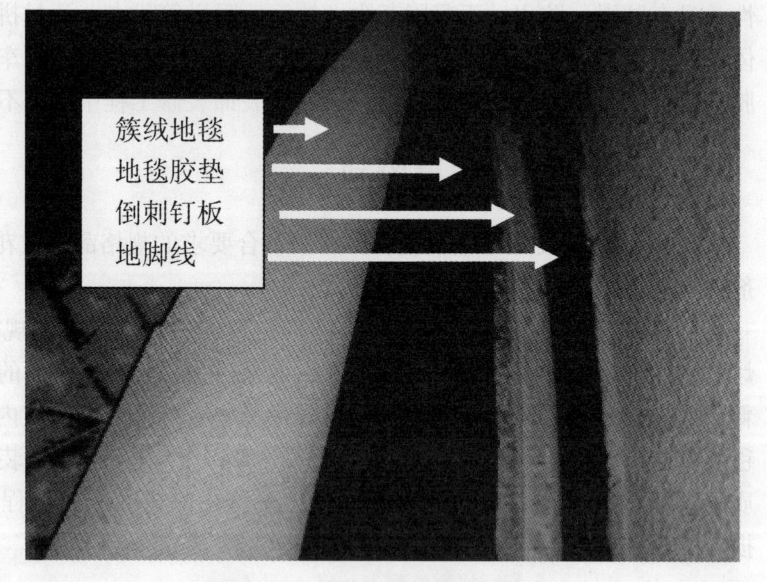

图20－3 簇绒地毯倒刺钉板铺设

2. 地毯胶垫铺设安装

地毯地面装饰根据设计要求或实际需要，地毯下部可铺垫相配套的发泡地毯胶垫。发泡地毯胶垫简称地毯胶垫，发泡地毯胶垫有多种材质生产的品种。地毯铺设衬垫发泡胶垫可增强地面的柔软性和舒适感。发泡胶垫铺垫时不得盖住倒刺钉板，与倒刺钉板之间应留有10～15mm的距离，以利于地毯毯边扎紧收边。铺垫的发泡地毯胶垫拼接接缝处应用不干胶带黏结固定，毯垫不得有开裂或破洞。容易受潮的地面，毯垫与地面之间可以加垫防潮纸（膜）进行隔垫防潮。地毯铺设中常用的地毯垫胶见图20－4、图20－5。

图 20－4 塑料发泡铝膜复合地毯铺垫专用垫

图 20－5 橡胶发泡地毯铺垫专用垫

3. 纤维地毯铺设裁剪拼幅

有花纹或图案设计的地毯铺设，需要进行地毯裁剪，特别是有拼幅对花要求的，裁剪时应注意花纹的对接吻合。地毯裁剪边应裁剪光洁整齐，地毯底边宜用胶粘剂收边，控制毯边簇绒绒毛或地毯纱线松脱。地毯铺设拼幅接缝应拼接紧密，使用专用的热熔胶带黏结或其他地毯接缝专用胶胶粘连接加固，防止地毯接缝开裂露缝，簇绒倒伏形成塌陷，影响地毯的铺设质量或装饰效果。地毯裁剪拼幅对花、地毯拼缝黏结见图 20－6 至图 20－8。

图 20－6 对花纹地毯的拼幅对花进行吻合完整的裁剪

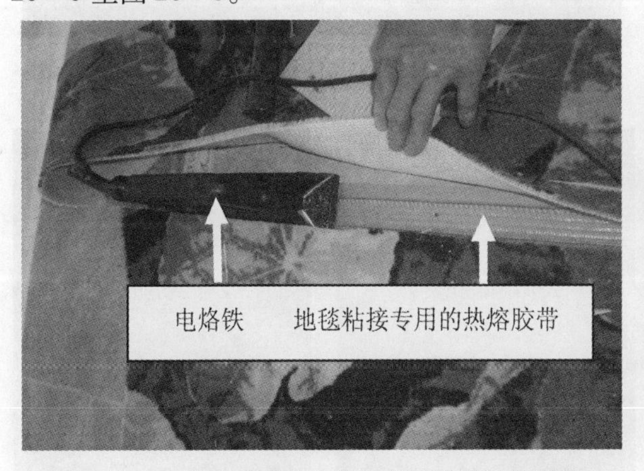

图 20－7 用电烙铁将专用的热熔胶带加热黏结

图 20－8 黏结时将其花纹拼幅对接吻合

4. 纤维地毯铺设

地毯铺设应从室内最长边开始，先将地毯的一边扎入倒刺钉板上扎紧，再在毯面上用倒刺铺设抓板将地毯绷紧后扎入另一边倒刺钉板上。沿地脚线铺设的地毯应预留出 15mm 的毯边，以利于扁铲将预留边插入地脚线与地面的预留缝隙中，使其扎紧收边。无地脚线扎紧收边铺设的，应将地毯边平直整齐地扎入倒刺钉板上，外侧与收边石或其他整齐边镶嵌紧密。外侧无收边石或其他整齐边的，应加装金属地毯装饰压条收边。地毯铺设的接缝处、边缘不得有脱胶簇绒或地毯纱线显露，或绒毛倒伏塌陷。地毯铺设中的有地脚线压边地毯铺设、无地脚线压边地毯铺设见图 20－9 至图 20－13。

图 20－9　不锈钢地脚线压边地毯铺设

图 20－10　木质地脚线压边地毯铺设

图 20－11　门洞处无地脚线压边地毯毯边的铺设收边

图 20－12　墙脚处无地脚线压边地毯毯边的铺设收边

5. 其他地毯铺设

其他地毯是指用手工或机械编织的纯羊毛地毯或混纺高档工艺品类的，质地厚重、不翘边卷曲、不用裁剪拼幅的整块地毯的安装。这一类地毯的毯幅面积一般不大，多为方块形、长方形、椭圆形、圆形等，适宜局部地面的装饰铺设。适宜局部地面的装饰铺设的地毯，可直接在瓷砖地面、石材地面、地板装饰地面上铺设，必要时可用薄型双面胶点状黏结固定。

图 20－13　室内长廊走道中无地脚线压边的地毯铺设

6. 楼梯踏步面地毯铺设

楼梯踏步面地毯铺设，宜使用薄型的机织纤维地毯或无纺地毯铺设，厚重的簇绒等纤维地毯、塑料地毯不适宜楼梯踏步铺设。由于楼梯踏步面多为石材等材料饰面，倒刺钉板不宜钢钉钉固。楼梯踏步面若使用倒刺钉板安装，应将倒刺钉板粘贴固定在踏步的两端，倒刺钉板可使用石材胶、玻璃结构胶、热熔胶等粘贴。楼梯踏步面地毯铺设后，应再在楼梯踏步面与踏步立面阴角处毯面上加装不锈钢或黄铜等有色金属压条，使毯面固定不滑动。黄铜压条更显装饰档次。毯面金属压条的固定件应在地毯铺设前安装好。

五、纤维地毯胶粘法铺设

（1）各种薄型纤维无纺地毯，或以塑胶或橡胶为底背的无纺地毯，适宜胶粘法铺设安装。装饰装修工程中无纺化纤橡胶底背地毯及地毯装饰地面见图 20－14、图 20－15。

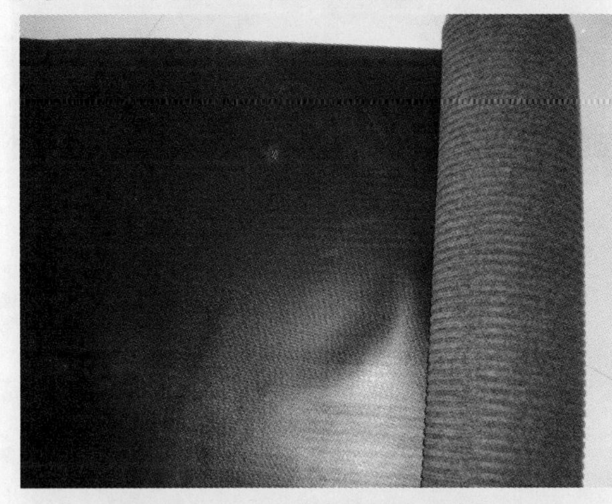

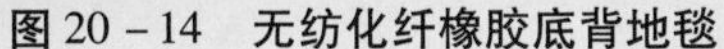

图 20－14　无纺化纤橡胶底背地毯

图 20－15　橡胶底背小块地毯拼幅黏结铺装装饰地面

（2）胶粘法地毯铺设。铺装前应在地面进行分幅弹线，设计有图案或花纹拼接的，应进行图案或花纹裁剪试拼。胶粘地毯安装板块裁剪规格多为 500mm×500mm，地毯裁剪边应光洁整齐。裁剪边宜用胶粘剂收边，控制裁剪边绒毛脱胶外露。

（3）按照地毯的幅宽或拼块的规格尺寸，先在地面分幅弹线内涂抹地毯专用胶，后粘贴地毯。卷幅地毯宜呈卷幅状，边涂胶边铺设，铺设后及时拍打压紧地毯或地毯接缝边。拼块地毯的四角对接宜按图 20－15 对接铺设，可有效防止四角对接处隆起翘边，提高地毯的铺装质量。

（4）沿地脚线铺设的地毯应留出 10～15mm 的宽度预留边，以利扁铲将预留毯边插入地脚线与地面的预留缝隙中扎紧收边。预留毯边插入地脚线内扎紧收边见图 20－9、图 20－10。无地脚线扎紧收边铺设的，应将地毯边整理平直后粘贴，不得脱胶，粘贴应牢固。地毯接缝处不得有脱胶绒毛显露或绒毛倒伏凹陷见图 20－11、图 20－12。

六、塑料地毯铺设

1. 塑料地毯适宜胶粘铺装

（1）塑料地毯铺设应在铺设地面上进行分幅弹线，确定拼幅或图案花形的对接。塑料地毯分幅下料宜使用直靠尺和刀片进行划裁，异型拼幅宜用薄板制成模板裁剪下料，保证裁剪边光洁整齐，拼幅或图案、花型的对接应吻合、美观。装饰装修工程中常见的室内地面塑料地毯拼接铺设见图 20－16、图 20－17。

图 20 – 16　塑料地毯的普通直边裁剪接缝

图 20 – 17　异型的塑料地毯图案花型拼幅裁边接缝

图 20 – 18　无地脚线的塑料地毯铺装墙脚收边的做法

（2）塑料地毯铺装应使用专用胶粘剂粘贴。铺设前按照地毯的幅宽在分幅弹线内涂抹地毯专用胶，涂胶要均匀，不得漏涂。卷幅地毯应呈卷幅状铺设，铺设时不得强行拽拉调整。胶粘剂干燥前用刮板擀压挤出空气，消除鼓包，擀刮平整压紧。

（3）塑料地毯具有较好的防水性，墙脚边不加装地脚线收边的，墙脚处宜折成 90°黏结铺贴于墙面。墙面铺贴高度按设计要求裁剪，无设计要求的高度一般不低于 120mm。墙脚安装地脚线的，地脚线与塑料地毯接缝处宜打玻璃胶密封。无地脚线的塑料地毯铺装墙脚的做法见图 20 – 18。

（4）塑料地毯焊接。塑料地毯铺设黏结剂干燥后，对地毯的拼幅接缝应用塑料焊枪和塑料焊条进行焊接密闭。拼幅接缝焊接宜使用与地毯同色的塑料焊条，接缝焊缝时应控制好温度，焊条压盖接缝焊接，焊条和塑料地毯应熔化黏结紧密吻合，焊缝应平直光洁，接缝应无漏焊、无疙瘩、无孔洞、无砂眼。塑料地毯的拼幅焊接接缝见图 20 – 16、图 20 – 17、图 20 – 18。

2. 石英砂橡胶地毯铺设

石英砂橡胶地毯铺设与塑料地毯铺设方法基本相同，施工可按照塑料地毯的铺设工艺实施，或按照产品说明书实施。

第二十一章　室内乳胶漆饰面装饰工程

现代室内装饰装修，用于天棚面、墙面、柱面装饰的饰面材料多种多样，但其中施工最简便、维修或更新最方便、最为经济的饰面材料则是乳胶漆，而且在抹灰墙、柱面上涂装乳胶漆不会对建筑的结构造成损伤。乳胶漆可采用涂刷、辊涂、拉条、拉毛、喷涂压光等不同的方法施工，可以显现出不同质感的饰面装饰效果，而且色彩可按个人的喜好任意调配。乳胶漆色彩的任意调配，使得建筑物室内的装饰美化更加美观协调，具有很好的装饰性。乳胶漆可适用于各种高、中、低档次的装饰装修工程。所以，乳胶漆饰面装饰在装饰装修工程的设计中使用最广泛，乳胶漆饰面也是装饰装修施工中的主要施工项目。

乳胶漆是将合成树脂以极细的微粒分散于水中构成乳液，按照一定比例添加乳化剂，并加入适量的颜料、填料、辅料生产成的一种涂料。由于这种涂料以乳液为主要成膜物质，所以俗称乳胶漆。乳胶漆以水为分散介质，形成的涂膜是人的肉眼看不见的微孔状。基层水分可以通过漆膜微孔挥发，有一定的透气性。符合国家标准的乳胶漆产品有无有毒物质释放、无异味、不污染空气，不危害人体健康，不燃烧等技术要求。目前，可供室内天棚面、墙面、柱面涂装饰面装饰的乳胶漆品种多种多样，但主要成分大同小异。

一、工程材料质量控制

对进入工地的乳胶漆，应按设计要求核对品种。查验、核对有效的乳胶漆有害物质限量释放检测合格报告，有害物质限量释放应符合国家《室内装饰装修材料内墙涂料中有害物质限量》（GB18582－2001）标准；查验乳胶漆产品的生产日期或有效期。杜绝不合格的工程材料进入施工流程。乳胶漆饰面施工应根据装饰饰面基层的实际情况，选用相适应的专用腻子粉或打底腻子。

二、基层处理

(1) 乳胶漆适用于室内水泥砂浆抹灰面、石膏板、埃特板、GRC 板、玻镁板等为基层面的装饰喷涂饰面。室内乳胶漆不宜直接在木质基层上喷涂饰面。木质材料具有较强的吸潮性，以及受室内潮湿度的影响产生的膨胀与收缩率较高。乳胶漆底层腻子粉的成分主要为石膏粉和其他矿物细粉。由于两种材料之间的吸潮与膨胀率系数不同，乳胶漆底层腻了刮在木质基层面上容易炸裂起壳，导致乳胶漆装饰面漆膜开裂或脱落，而且木质纤维素的色素容易产生透底导致乳胶漆装饰面泛黄，影响装饰效果，施工质量没有保证。室内乳胶漆直接在木质基层上喷涂饰面的难题，目前尚无有效的技术解决方法。目前，乳胶漆在木质基层上喷涂饰面，常用的做法是先在木质基层上安装一层纸面石膏板过渡层再涂装饰面。过渡层纸面石膏板与木质基层之间可以满涂白乳胶黏结后射枪钉钉固。

(2) 不同墙体材料的相互接处部位、轻质硅钙材料板块墙的拼接处部位未挂网（钢丝网或其他抹灰专用抗裂网）处理的，应进行挂网处理，挂网处再进行水泥砂浆抹灰修补搓抹整平。挂网处理主要是防止装饰面出现裂纹。

（3）水泥砂浆抹灰面基层应铲除表面疏松起壳、起沙、粉化缺陷，铲除后的部位应水泥砂浆修补搓平收光。大的孔洞、裂缝应用石膏粉腻子嵌批补刮填平。墙、柱、梁、天棚的阴、阳角应修整平直。

（4）乳胶漆的漆膜有一定的透气性，因而可在未干透的基层上施工，但含水率过高，会影响漆膜的附着力，并会使乳胶漆装饰面出现粉化及色泽不均匀等质量问题。基层的含水率宜控制在8%以下，pH值在10以下。

（5）石膏板及其他轻质硅钙板基层面，有断裂、粉碎、大的破洞的应更换，钉眼应用防锈漆做防锈处理。板块的接缝、板面微小孔洞、钉眼应用石膏腻子批嵌填平。板块接缝紧密无缝隙的部位，宜用裁纸刀将其修成3~4mm宽的缝隙后，再用石膏腻子批嵌填平。板块的接缝干燥后应用专用的抗裂胶带（俗称牛皮纸带）粘贴或白布结合白乳胶粘贴，防止板块接缝处出现开裂或漆膜脱落。

三、基层腻子批刮

（1）乳胶漆涂刷饰面施工为装饰工程中的后续施工工序，应严格控制打底腻子批刮、乳胶漆涂刷对各种装饰线条、门套等成品的污损。满批腻子前应做好装饰线条、门套成品等的贴纸、贴条的覆盖保护。乳胶漆的打底腻子的砂纸打磨施工中会产生大量粉尘，还应该做好装饰装修工程中其他已完工成品的覆盖保护，防止腻子粉尘和乳胶漆涂刷过程中对已完工成品造成次生污损。

（2）乳胶漆涂装基层应满批腻子打底，进行基层覆盖遮底、找平。满批腻子打底宜使用同一批次的白色腻子批刮，以消除腻子批刮打底色差。基层腻子宜薄层多次批刮，批刮腻子干燥后手持砂纸板夹，用400号砂纸反复打磨平整。腻子批刮层打磨后应手持工作灯照射检查平整度，不合格处复补腻子，并再次打磨平整。粗糙的表面会使乳胶漆的耗量增加，而太光滑的表面会影响乳胶漆与基层的黏结强度，腻子批刮面应以坚实平整，并具有细微小麻面状为佳。特殊设计粗糙面的乳胶漆装饰面，应按设计要求处理。

（3）乳胶漆涂装面阳角处批刮腻子时应使用长靠尺批刮，阴角线批刮腻子时应弹出阴角墨线，确定中心垂直线后批刮，保证阴阳角平直、角正。乳胶漆涂装面阴、阳角处也可衬入专用塑料线条后进行阴、阳角腻子批刮。使用专用塑料阴、阳角线条，更能保证乳胶漆装饰面的阴、阳角的平直、角正，提高工程施工质量和装饰效果。衬入专用塑料阳角线后，还有利于增强凸出阳角的强度，提高防止碰撞损伤的性能。使用专用塑料阴、阳角线做角，虽然会增加腻子批刮的成本，但可以大幅度地提高人工功效。

（4）基层腻子批刮处理达标后应做乳胶漆涂装饰面的小样测试，检验乳胶漆液的浓度，测试遮盖力；观察稀释后的涂装效果，评判或测定有色乳胶漆的调色是否符合设计要求。

四、乳胶漆调配、调制

（1）白色乳胶漆的调配。正规厂家生产的产品开桶后要适当添加洁净水来稀释，比率一般在10%~20%之内，最多不超过25%。具体稀释量按说明书添加，或根据涂刷实际情况、涂刷要求调配。乳胶漆应使用城市生活洁净水稀释调制，严禁使用被污染的水或污水稀释调制。乳胶漆过稠刷不开，起胶花，会增加乳胶漆用量；过稀则影响漆膜质量。乳胶漆涂刷应严格控制稀释调配比例。

（2）有色乳胶漆的调制。乳胶漆的色彩可任意调配，有色乳胶漆应由无色透明基漆加色精或色素调配而成，色彩应按照设计要求进行调配。有色乳胶漆调色应使用厂家或商家专用的调色设备准确计量调制，不宜现场人工调制。

（3）调好的乳胶漆在使用前应经过电动搅拌机充分搅拌，使之均匀。乳胶漆的调配应严格做到根据当日用量调配，当日调配当日用完。涂刷施工过程中仍需不断搅拌，以防止乳胶漆沉淀结块造成色泽不一。涂刷施工过程中乳胶漆的黏稠度可能会增大，严禁再加水稀释，以防止装饰面的色彩产生色差或差异。当涂刷过程中乳胶漆出现黏稠度过大或因存放时间相对较长而呈现增稠现象时，可通过搅拌降低黏稠度呈流体状再涂刷。

五、乳胶漆涂刷施工

（1）由于气温过低涂层不会成膜而影响装饰效果，所以，乳胶漆涂刷施工应在室内温度5℃以上进行。漆液如冻结，应让其自行化开，严禁用火加热或沸水炖化。

（2）乳胶漆的漆膜可呈丝光面、亚光面、皱纹面等多种装饰效果。施工时应根据设计要求的装饰效果，确定手刷、辊涂、手压泵喷涂或空压机喷涂等操作方式。乳胶漆手刷、辊涂应选用毛细、不掉毛的漆刷和滚筒。

（3）乳胶漆涂装饰面，应先涂刷底用乳胶漆一遍，砂光收平后，上面用乳胶漆一至两遍。一般三道漆就有了较好的漆膜堆积感，就可达到很好的饰面装饰效果。如设计有特殊要求的按设计要求施工。不同色彩的装饰面应分开涂刷，后涂面涂刷前应在交接处对已完成的涂刷面用分色纸做好贴条分隔与保护，以保证分色交接处色泽清晰、美观。渐变色彩喷涂，应按照设计要求，宜先进行小面积的试涂，观察效果后再进行大面积喷涂。

（4）乳胶漆干燥较快，大面积涂刷应多人配合施工，互相衔接，顺一方向涂刷，把搭头搭接好。一遍涂刷一次完成，两遍漆之间宜间隔两小时以上。

（5）乳胶漆装饰面涂装完成，交工前应做好涂装面的覆盖保护。

第二十二章　木质面油漆饰面装饰工程

木质面油漆饰面施工，是指在设计要求中为达到装饰美化效果或提高装饰美化效果，在木质板（各种实木，人造密度板、刨花板等）面上进行的油漆涂刷装饰施工。木质面油漆涂刷饰面，同时提高了木质板的防潮、防水、抗污性能，也是对木质板面的有效保护。装饰装修工程中的木质面油漆饰面装饰施工，主要包括对天棚面、墙面、柱面、白坯木质地板面、门扇及门窗套、各种装饰柜类等的木质面板，以及木坯线条的涂装饰面。可供装饰装修工程装饰饰面用的油漆品种有很多，但装饰装修工程施工中木质板饰面常用的主要饰面油漆品种为溶剂型的硝基漆、聚氨酯漆、水性漆三大类。随着各种装饰涂料的研发与生产的技术进步，将会有涂装质量更好、装饰效果更好、更环保的木质涂装饰面油漆产品生产出来，满足装饰装修工程的需要。木器油漆是装饰装修工程施工不可缺少的饰面材料。有木质板饰面就必须使用木器油漆，木质面油漆饰面施工是装饰装修工程中的一项主要的施工工艺，也是工程量较大的施工项目。但在施工现场进行木质饰面油漆涂装施工所需求的洁净无尘的环境难以达标，油漆的涂装质量与装饰效果也难以保证，而且涂装施工时还会有有毒物质释放，对人工施工环境的污染也较大。不过，随着装饰装修工程施工技术的不断进步，施工现场木质饰面板的油漆涂装施工会逐步减少或淘汰，将以工厂化制作的成品油漆饰面板的安装为主。

溶剂型的硝基漆、聚氨酯漆涂装饰面，显现的美化效果主要为光亮型漆面效果、亚光型漆面效果，或亚光开放型漆面效果。水性漆涂装显现的美化效果主要为亚光型漆面效果，或亚光开放型漆面效果。开放漆面，即漆料涂装饰面后显现出木质面板中的木纹效果，给人一种自然、舒适的视觉感受。但开放漆的施工技术要求或施工环境要求较高。本章主要对装饰装修工程中使用的溶剂型的硝基漆、聚氨酯漆油漆、水性漆三大类木质饰面漆及施工进行一些介绍。

一、硝基漆、聚氨酯漆、水性漆的性能

1. 硝基漆

硝基漆分金属饰面漆和木质饰面漆。硝基漆漆膜坚硬，打磨、抛光性好。当多层涂刷达到一定的层次厚度后，经打磨、抛光可获得很高的光泽效果。硝基漆漆膜丰满、色彩鲜艳，漆面平滑、细腻，手感好，装饰效果高档。木质饰面硝基漆在装饰装修工程中作为一种高档的饰面漆而被广泛使用。硝基漆易燃易爆，施工时散发有害气味，对施工环境的污染较大，施工时应保证良好的通风，施工人员应戴防毒面具喷涂施工。硝基漆的涂刷工艺比较复杂，有时需要多达 10 遍的涂刷。由于硝基漆涂装面的划痕或缺陷不易修复，以及漆品的价格与施工成本较高等缺点，硝基漆在装饰装修工程施工中的使用在逐渐减少。

2. 聚氨酯漆

聚氨酯漆漆膜丰满度好，平滑、光洁，坚硬耐磨，耐热、耐水、耐酸，涂装面易修复。聚氨酯漆具有很好的装饰性。涂刷施工相对于硝基漆要简单一些，一般 3 ~ 4 遍即可有较好的装饰效果。聚氨酯漆在装饰装修工程中作为一种中、高档的木质饰面漆而被广泛使用。聚氨酯漆易燃易爆，施

工时散发有害气味，对施工环境污染较大。但涂装后漆膜干燥快，稀释剂溶解物短时间内即可挥发掉。施工时施工现场应保证有良好的通风，施工人员应戴防毒面具施工。聚氨酯漆价格适中，中、高档装饰装修工程皆宜，是目前装饰装修施工中的主流涂装油漆品种。

3. 水性漆

水性漆是以水作为稀释剂的水溶性涂料，施工简单方便。水性漆漆膜丰满，漆面平滑、细腻，质感好，具有耐水性，不易出现气泡、颗粒等油性漆常见的毛病，涂装面易修复。同时，不易燃烧，室内装饰使用无毒环保，施工喷涂时无有害气体释放，不危害施工人员的健康。水性漆装饰彰显高雅效果，但漆品价格较高。部分水性漆的硬度不高，容易出现划痕，在选择时要特别注意。水性漆有着其他油性漆不可比拟的先进性能，无论从施工还是环保方面看，室内装饰使用水性漆都是不错的选择。这类环保无毒的饰面涂装材料生产，是装饰装修材料生产未来发展的趋势。

二、工程材料质量控制

对进入工地的油漆品种、稀释剂应检查其包装，核对其品种。有渗漏的包装应剔除或进行防漏处理。查验油漆产品的有效生产合格证、核对有效期。查验油漆产品有效的有害物质限量释放检测报告，油漆、稀释剂的有毒物质限量释放应符合国家《室内装饰装修材料溶剂型木器涂料中有害物质限量》（GB18581－2001）标准要求。杜绝不合格产品进入施工流程。油漆、稀释剂应置于专用场地存放保管，远离火源。

三、检查基层面及施工现场的清理

（1）涂装面木质板应安装牢固、平整，无翘边起壳、无炸裂，无颜色污染等。检查钉眼，外露冒头钉应用小的钢冲将其冲入木板内。不合格的涂装面应整改达到符合施工要求。涂装面上影响油漆涂刷操作且可拆卸的设施及附件，应拆卸下来妥善保管。不可拆卸的应做好覆盖、包裹保护，不得受到油漆涂刷的污损。

（2）油漆饰面施工一般为装饰装修工程中的后续施工工序，应严格控制油漆对其他各种装饰施工项目成品的污损。批嵌腻子前应做好各种成品部位的贴纸、贴条或其他方式的覆盖保护。

（3）油漆涂装前，应清除施工现场的垃圾和进行降尘处理，清除涂装面上的污垢、灰尘。施工现场应清洁无尘，严格控制油漆涂装时施工现场的灰尘或污物对漆膜的玷污。

（4）施工现场应通风、严禁烟火。油漆饰面施工室内温度应在8℃以上，相对湿度不高于85%，作业中施工人员应着有效的劳动防护服或用品。

四、油漆涂装施工工序

1. 无色漆施工工序

无色漆，俗称清水漆。无色漆施工，即油漆涂装到木质面后，不改变木质面的颜色，其木质的自然色及木质纹理，或木质面经过处理后的底色依然显现的油漆饰面装饰。

（1）腻子补钉眼，粗砂纸（300号）打磨砂平。

（2）满批第一道腻子，腻子干透后砂纸（400号）打磨砂平。满批第二道腻子，腻子干透后砂纸（400号）磨平砂光。

（3）底色漆调色。涂刷第一遍底漆或底色漆，漆膜干透后砂纸（400号）打磨砂平，复补腻子，涂刷第二遍底漆。有色透明漆底色应做小样色板，确定底色标准小样。

（4）二遍底漆漆膜干透后细砂纸（500号）磨光，涂刷面漆。漆膜干透后细砂纸（500号）磨光，后多次轻磨砂光，多层涂刷面漆，直至符合设计要求。漆膜硬化后打蜡、抛光。

2. 有色油漆施工工序

有色油漆，相对清水漆而言俗称浑水漆。有色漆施工，即油漆涂装到木质面后，其木质的自然色及木质纹理被覆盖，显现饰面油漆的色彩或装饰效果的油漆饰面装饰。

（1）腻子补钉眼，节疤等处的着色遮盖处理。涂装面满批腻子打底，腻子干透后粗砂纸（300号）打磨砂平。满批第二遍腻子，腻子干透后砂纸（400号）磨光砂平。

（2）调色做小样色板试涂，确定色彩装饰效果。涂刷第一遍底漆，砂纸打磨砂平。涂刷第二遍底漆，漆膜干透后砂纸（400号）磨平砂光。

（3）涂刷第一遍面漆，漆膜干透后砂纸（400号）打磨砂光，如有不平之处，复补腻子进行修补，砂纸砂光磨平。

（4）涂刷第二遍面漆，漆膜干透后细砂纸（500号）打磨砂光，后多次轻磨砂光，多层涂刷面漆，直至符合设计要求。漆膜干透后打蜡、抛光。

五、调 漆

1. 木质硝基漆调配

木质硝基漆为双组分调配，即主漆与稀释剂调配。硝基漆使用的稀释剂（俗称香蕉水或天那水）主要起调节硝基漆的黏稠度及固化作用。硝基漆严格禁用甲苯、二甲苯、松香水稀释。硝基漆在潮湿天气施工时，漆膜可能会有发白现象，可适当加入稀释剂量的10% ~15%化白水即可消除，具体情况参照所使用产品的说明调配或咨询厂家。漆料、稀释剂混合后应充分搅拌均匀，搅拌时要注意防止灰尘和汗珠落入。搅拌均匀后过滤静置15 ~20分钟，待调漆过程中产生的小气泡消失后使用。木质硝基漆的一次使用量应计算或估准用量，一次性用完，以保证涂刷质量或装饰效果。

2. 聚氨酯漆调配

聚氨酯漆为三组分调配，即主漆、稀释剂、固化剂调配。聚氨酯漆调配一般应根据不同的气温环境调整稀释剂、固化剂的用量。冬天气温低，要加快漆面成膜，宜适当增加固化剂成分。但不能相差太大，以免树脂量不够，降低漆膜遮盖力，产生透底。夏天气温高，为避免漆面成膜过快，形成外干内不干，溶剂来不及逸出而造成气孔，可适当减少稀释剂成分。具体情况参照产品的使用说明调配或咨询厂家。油漆三组分混合后应充分搅拌均匀，搅拌时要注意防止灰尘和汗珠落入。搅拌均匀后过滤静置15 ~20分钟，待调漆过程中产生的小气泡消失后使用。聚氨酯漆调配的一次使用量应计算或估准用量，一次性用完，以保证涂刷质量或装饰效果。

3. 水性漆调配

水性漆为有色漆，以洁净水为稀释剂，涂饰前一般约添加20%洁净水稀释调配。水性漆调配好后应上下充分搅拌均匀，搅拌时要注意防止灰尘和汗珠落入，搅拌均匀过滤静置20分钟后即可涂刷。水性漆的一次使用量应计算或估准用量，一次性用完，以保证涂刷质量或装饰效果。水性漆在涂刷中增稠时可适当加入水性漆搅匀以降低黏稠度，不得再添加洁净水稀释，以保证色泽一致。在较潮湿环境中涂刷施工调漆时，漆液可适量加入酒精调配，以加快涂刷过程中漆液的成膜。具体情况参照产品说明调配或咨询厂家。水性漆的稀释调制，产品说明规定使用洁净水稀释调制的，应使用城市生活洁净水，严禁使用被污染的水或污水稀释调制。

4. 有色漆调配

装饰装修工程中的木质面涂装使用的有色漆，油漆厂家一般不生产，只生产为数不多的或常用的色漆，但装饰装修工程施工中又需要多种多样的色漆。工程中需要的色漆一般是通过调配来满足工程中各种色漆的需要。大的油漆厂家或规范的商家都配有专用的有色漆调配计量设备，可为用户免费提供有色漆的调配服务。装饰装修工程中的各种涂装色漆，不宜施工现场人工调配，应使用油漆厂家或商家的专用设备调制，可以有效地保证设计要求的涂装装饰效果，包括有色透明漆的底色调色，也应使用油漆厂家或商家的专用调色设备调制为宜。如现场调制，色精或色素的计量难以准确把控，调配的漆色难以达到设计要求。

5. 仿古做旧漆调配

仿古做旧漆，即在装饰装修工程中为使某些装饰面具有某种陈旧的装饰效果，通过油漆的调制、涂装后模仿出陈旧装饰饰面效果的油漆施工。仿古做旧漆多以模仿或仿制陈旧的金属，如模仿陈旧的古铜色做旧，以及金、银等金属的陈旧效果，但其中最多的是模仿古铜色的陈旧效果。仿古铜色做旧漆宜使用黑色硝基漆做底漆，以无色硝基漆、金粉调配涂刷。硝基漆漆膜薄，漆膜干燥快，模仿做旧效果好。模仿做旧漆涂刷适宜薄层多道涂刷。模仿陈旧木质面及其他材质的陈旧效果，应根据设计要求调制底漆、面漆施工，宜多次小块做涂装试验。

六、油漆饰面涂刷操作

（1）木质面油漆饰面涂刷，应根据设计要求达到的装饰效果，分别选定涂刷、辊涂、喷涂等不同施工方式。

（2）油漆涂刷层宜薄不宜厚，多道涂刷。涂刷应均匀，不留刷痕。

（3）油漆涂刷的间隔重涂时间，硝基漆、聚氨酯漆不宜少于 5 小时，水性漆不宜少于 10 小时。

（4）各种不同类型的油漆，禁止在同一装饰涂装面同时涂刷饰面，应严格控制漆膜起皱、龟裂、咬底、剥落等，以及其他不可预知的缺陷出现。

（5）油漆涂装面的每次施涂打磨后，装饰面要清理揩抹干净，待水渍干后进行下道工序。但水性漆不宜水泡后砂纸打磨。

（6）油漆涂装，漆刷、辊筒的毛长应适中，长则不易刷均匀，易产生皱纹、流坠现象；短则易留刷痕、露底。水性漆应使用专用的纤维弹性漆刷或滚筒涂刷，不得使用普通羊毛刷和普通滚筒涂刷。

（7）影响油漆涂刷操作而拆卸的设施及附件，应及时安装还原。

（8）油漆涂装施工完成后及时做好装饰面的覆盖保护。

第二十三章　外墙涂料装饰饰面工程

建筑物外墙面涂料装饰饰面的主要功能是使建筑物的外貌整洁、美观，同时起到保护建筑物外墙的作用，而又达到美化城市环境的目的。用于建筑外墙面装饰饰面的材料多种多样，如瓷砖镶贴饰面，石材、玻璃、铝塑板幕墙装饰等。但建筑物的外墙面使用外墙涂料涂装饰面，具有施工简单、易维修、美观、环保、节约资源、工程造价经济，不增加建筑物的外挂荷载、不对建筑物的墙、柱体造成损伤等优点，还有利于建筑物室外保温节能措施的实施。外墙涂料的装饰色彩，可根据需要任意调配，装饰面可以做到无色差，又能做到与城市的美化需要相协调。装饰面可采用涂刷、辊涂、拉条、拉毛、喷涂压光等不同的方法施工，从而造成不同质感的饰面装饰效果，对建筑物的室外具有很好的装饰性。所以，在装饰装修工程的设计中，使用外墙涂料进行建筑外墙面装饰的比较多。本章对我国当前使用的外墙装饰饰面涂料的主要性能要求、施工工艺进行介绍。装饰装修工程中的新材料日新月异，新研发和生产出来的涂装质量更好、装饰效果更好、施工工艺更简便的外墙装饰饰面涂料新品将不断上市。使用新的外墙面涂料品种时，施工企业在施工中应按照新的工艺或要求施工。

一、外墙装饰涂料质量的基本要求

采用外墙装饰涂料进行建筑外墙面装饰饰面设计的，为了让建筑外墙面获得良好的装饰效果与墙体的保护效果，应根据建筑物所在地的气候条件、阳光照射条件、建筑物的围挡墙体结构等条件，选用相适应的外墙装饰涂料品种。用于建筑物外墙面涂装的，各种类型的涂料品种很多。但产品的配比、配方大同小异。根据对外墙涂料装饰饰面工程施工质量情况的研究结果表明，建筑外墙面装饰涂料的质量应满足以下 6 个主要方面的基本性能要求。

1. 耐候性好

外墙装饰涂料在自然环境中日晒夜露，饰面色彩应持久，保证在一定的时间内不褪色，一般的要求年限在 5 ~ 8 年。

2. 抗冻融循环性好

外墙装饰涂料在自然环境中应具有良好的抗冻融循环性，即涂层漆膜在夏天 40℃，冬天 -30℃ 的反复冻融环境中，涂层漆膜不粉化、不开裂。

3. 耐水性好

外墙装饰涂料应具有良好的耐水性，即外墙装饰涂层漆膜在被雨水冲刷、浸泡时不软化、不溶解。

4. 抗污染性好

大气中的灰尘及其他物质污染涂装层后，涂装层会失去装饰美化效果，因而要求外墙装饰饰面层不易被大气中的灰尘及其他物质玷污，或被玷污后容易清洗。

5. 抗裂性好

外墙装饰涂料应具有良好的抗裂性能，涂层漆膜不易开裂。

6. 漆膜附着力强

外墙装饰涂料应具有良好的附着力，即涂层漆膜在外墙基层上不起壳、不脱落。

符合国家标准的外墙涂料产品的以上 6 项主要技术指标，生产企业应该在自然环境中，或在人工模拟的条件下进行过多次试验检测，且送有关质检机构对产品进行检测，并出具有检测数据的合格报告。

二、工程材料质量控制

工程施工中使用的外墙涂料的品种，色泽应符合设计要求。施工使用的外墙涂料应根据设计要求的外墙面色彩做出小样，确定涂装色彩。对进入工地的外墙涂料，应查验、核对有效的外墙涂料产品生产合格证及质监机构出具的质量检测报告。对进入工程的材料应专人负责质量验收保管，进行分类堆放、标示，切实把好材料质量关。

三、外墙基层处理

（1）认真检查外墙面窗框与窗洞、穿墙管件等处缝隙的嵌缝密闭质量，检查女儿墙内侧及室内卫生间等用水房间墙面的防水处理质量。防止雨水、室内污水渗入墙体内，造成外墙涂装面污损，不合格处应进行整改处理。

（2）水泥砂浆抹灰面基层墙面处理。墙面凹凸不平部位，应用水泥砂浆修补搓平收光，抹灰墙面有水泥砂浆疙瘩的用角磨机磨平，空鼓面敲除后用水泥砂浆抹实搓平收光。裂纹较多的墙面，应查清造成墙面裂纹的具体原因，如抹灰水泥砂浆的质量、新型墙体砌筑材料引起的裂纹等。

（3）旧涂料基层墙面的处理。旧涂料基层墙面在满批刮腻子前，应铲除粉化、起壳及松软部分，并清除干净，用专用外墙腻子填平孔洞找平。

（4）马赛克墙面或外墙砖墙面的处理。应对墙面进行检查，清除掉空鼓和松动板块，对清除部位的墙面满批腻子一遍进行找平。马赛克墙面或外墙砖墙面在满批刮腻子前，应清除基层表面的灰尘和油污，用专用找平腻子填平表面孔洞和砖缝。

（5）清水砖墙面的处理。墙面批刮腻子前，应将风化的表面清除干净，清除部位满批找平腻子一道。已发生开裂的基层，宜先用弹性腻子填缝，围绕裂缝周边满批一道弹性腻子后，利用其弹性腻子的黏性在表面粘贴防裂网格布，并用批刀压实。干透后批刮第二道弹性腻子，弹性腻子总厚度不宜低于2mm。修补腻子完全干透后，用专用外墙腻子填平墙面砖缝，再在基层涂装面满批腻子一道进行找平。

（6）不同材料墙体板块接缝处的裂缝，宜铺钉金属网或高强度尼龙抗裂布网后水泥砂浆抹平，挂装网的宽度根据实际情况铺设。

（7）有泛碱现象的部位，应查清具体原因，如室内墙地面有水渗透等原因造成的，进行墙地面防水整改处理。泛碱部位整改处理后，应涂刷抗碱封闭剂进行隔离封闭或其他有效地防止泛碱的方法进行处理。

四、外墙面腻子批刮

（1）外墙面基层打底腻子应使用专用外墙腻子粉，腻子中宜根据外墙基层的实际情况或产品说明，适当加入增加附着力的、抗裂的外墙专用添加剂，提高漆膜附着力，控制墙面裂缝、起泡等现象出现，以保证面漆的涂装质量或装饰效果。

（2）腻子批刮宜用灰浆搓板在分割好的板块上沿水平方向满批一道腻子，沿水平方向用力刮平，凹陷的地方用腻子填充修补再刮平。待其表面干燥后，再沿垂直方向满批一道腻子。若平整度仍达不到要求，须重复上述步骤，直到满足要求为止。阳角线批刮腻子时，应使用长靠尺批刮后砂光磨平，以保证阳角线平直、角正。

（3）每道腻子批刮厚度不宜超过1.5mm，薄层多道批刮施工。每道批刮腻子干燥后适当洒水养护48小时，每天洒水2~3遍，养护干燥后采用400号砂纸打磨平整。

（4）批刮腻子砂磨后的基层应进行平整度的检查。平整度要求：3米靠尺检查，允许偏差不大于2mm。基层表面应光滑细腻，无刮痕、无砂磨粗痕，干燥。有霉菌滋生的墙面，宜适当用酒精溶液擦拭发霉的地方，保持24小时，然后用水冲清洗，干燥后再涂底漆。

五、外墙涂料调配

（1）外墙涂料调配，应使用洁净的专用容器调配。

（2）底漆开罐后先用搅拌机将其搅拌均匀，稀释剂配比按产品说明书要求添加，逐渐加入稀释剂，边加入边搅匀。一般抗碱底漆的稀释剂为清水，产品说明书要求以清水作为稀释剂的，应使用城市生活洁净水，严禁使用被污染的水或污水稀释调制。

（3）面漆开罐后先用搅拌机将其搅拌均匀，稀释剂配比按产品说明书要求逐渐加入相应比例（一般为10%~15%）的专用稀释剂或洁净水进行稀释。调制时要注意防止汗液或灰尘等杂质落入漆料中。

（4）外墙涂料在涂刷中，漆液增稠时不宜继续加水稀释，以防止出现色差，应通过一次性调配量或施工途中搅拌控制漆液变稠。漆料调配宜少量多次配料，一次配料应在6小时内用完。混合好的漆料超过6小时的不宜继续涂刷使用。

六、外墙面涂料涂装饰面

（1）涂装墙面宜先使用油性底漆封闭为好，即先用油性封闭底漆对涂装基层进行封闭，封闭底漆涂刷应做到涂刷均匀、无漏涂。

（2）外墙涂料底漆涂刷顺序应先边角后大面，边角用毛刷，大面自上而下进行辊涂，涂刷层应厚薄均匀一致，不漏涂。底漆干燥24小时后，用400号~600号砂纸打磨到完全平整光滑。施涂时相对湿度宜在85%以下，温度在10℃~35℃之间。

（3）外墙涂料面漆宜采用辊涂方式，应先边角后大面，自上而下进行辊涂。涂刷层应厚薄均匀一致，不漏涂，做到无色差。外墙涂料饰面一般为一底两面（一遍底涂，两遍面涂）涂刷施工或辊涂施工。工程另有设计要求的，应根据设计要求适当增加涂刷遍数或辊涂遍数。

（4）两遍面漆涂刷间隔的干燥时间为8~10小时。不同颜色墙面分色处应用分色纸贴成分隔线后涂刷，同时注意已涂外墙涂料装饰面的保护，防止污损，做好成品保护。

（5）外墙面涂料饰面涂刷施工时，要注意门窗洞口处的遮挡或覆盖保护。墙面外露管道及其他构件应进行分隔纸粘贴，防止误涂。管道及其他构件背后墙面应涂刷到位，不得漏涂。

（6）在脚手架横杆处要特别注意，不要形成辊涂接茬。脚手架支撑点应在涂料施工后及时移位，对支撑点处及时修补或补涂，避免涂装面颜色不一致。

（7）工作面所有工序完成后，要做最后检查。有不完善、受污染、受破坏的地方，应及时进行修补。属于部分或局部完工的，做好保护工作。面漆施工完毕后24小时内应尽量进行遮挡，不被雨水冲花，或沙暴污染漆面。

第二十四章 装饰线条工程

装饰线条工程，是指装饰装修工程中对各种基层结构或装饰艺术造型结构的阴角、阳角、接缝或接口、板边等的收口或收边，以及两种饰面材料之间的连接过渡，采用各种装饰线条进行覆盖或嵌入美化饰面装饰的方法。该工程包括各种装饰饰面板块拼接安装时，板块之间的离缝沟槽装饰线的制作，以及在镶贴的木质饰面板上或其他材质饰面板上镂刻沟槽，使之形成立体分格装饰线的施工方法。装饰装修工程施工中装饰线条的施工工程量虽然不大，但装饰线条施工在装饰装修工程中无处不在，使用范围极为广泛，用量很大。装饰线条直接关系到装饰工程的细节质量、装饰效果，乃至工程的装修档次和工程的整体施工质量，其作用非常重要。装饰装修工程设计中装饰线条的品种、品质的选用，以及装饰线条的质量与施工安装质量均不可忽视。

一、装饰线条的种类

1. 按照装饰线条的制作材料分类

按照装饰线条的制作材料分为：实木装饰线条、人造木（纤维模压或雕刻等）装饰线条、塑料装饰线条、橡塑发泡模压装饰线条、石膏装饰线条、GRC 装饰线条、玻璃装饰线条、瓷砖装饰线条、石材装饰线条，不锈钢、钛金板、铝合金、铜等各种金属装饰线条等，以及复合材料装饰线条。

2. 按照线条的结构分类

按照线条的结构大致可分为两大类：平面装饰线条又称平压装饰线条；阴、阳角装饰线条。

3. 按照线条的装饰部位或装饰效果分：

按照线条的装饰部位装饰效果可分为：①阴、阳角装饰线；②挂镜装饰线；③墙裙装饰线；④踢脚装饰线；⑤门窗套装饰线；⑥各种装饰艺术结构造型装饰线；⑦饰面板镶贴离缝分格沟槽装饰线；⑧饰面板镂刻沟槽线等。有关以上各种线条的定义或作用见第二章相关内容。

二、装饰线条质量控制

（1）装饰线条安装施工应核对所使用的成品装饰线条的尺寸或规格型号、漆色，以及线条表面的纹饰或图案等，不符合设计要求的应予以退换。逐一进行质量检查，挑出不合格品。轻微的不合格品，可截掉瑕疵部位后作为短料使用。工程施工现场制作的线条必须符合设计要求。

（2）进入工地的实木木坯线条应涂刷透明底漆进行防污保护。金属、木质、石膏等成品线条的包装保护膜不得提前撕毁。装饰线条使用前应按要求堆码存放，应进行整体覆盖保护，不得污损。

三、各种材质的装饰线条的安装方法

各种装饰线条的安装应进行安装基层检查与处理，基层面凹凸不平处应修整或补平、校平校直。横向线条安装前，在基层上拉通线找平找直后弹出墨线。竖向线条安装前，应用线坠进行垂直校正。各种装饰线条安装连接的接头端面要锯切平直、光滑或打磨平整，接头拼接缝隙应紧密、高低一致，有花纹或图案的应注意花纹或图案的吻合对接。线条贯通安装的延长连接短节应合理错开。以木板、石膏板的锯切条板平压叠级做装饰线安装时，接头处应错缝安装。线条的外露端头不得呈现锯切毛坯面。同一墙面或柱面的清水漆实木线条，应进行木纹肌理和色调一致的挑选比对后使用。线条90°转角处的拼接安装：非金属线条转角处宜将线条端头开成45°的端面后相拼接安装；不锈钢等有色金属装饰线条转角处应包裹安装，或开成45°的端面后焊接安装，严禁将线条端头开成45°的端面后直接相拼成角安装，应严格控制金属线条90°转角处形成利刃带来的安全隐患。

1. 各种实木、人造木、塑料或橡塑发泡模压成品装饰线条安装

各种实木、人造木、塑料或橡塑发泡模压成品装饰线条，适宜在木质基层上安装。实木线条与木质基层之间涂刷白乳胶黏结；塑料或橡塑发泡模压线条与木质基层之间涂刷万能胶黏结。安装时黏结面满涂胶粘剂，应根据装饰线条规格尺寸的大小选用相适应型号的射枪钉适当加固。成品装饰线条安装后以不见明显钉眼为好，少量钉眼可使用油漆进行补色修复。

成品装饰线条在水泥砂浆抹灰面基层上安装，应用薄型大芯板、密度板等木质板材做过渡层后安装。水泥砂浆抹灰面基层上的过渡层可以预埋木栓法或射枪钉固定。预埋木栓的间距不得大于400mm，钢钉钉入木栓内固定，射枪钉应上下交错钉入，钉距不宜大于150mm。

成品装饰线条在GRC墙板基层上安装，应用薄型大芯板、密度板等木质板材做过渡层后安装。木质过渡层可直接使用射枪钉将其钉固在GRC墙板基层上，射枪钉上下交错钉入，间距不得大于150mm，射枪钉的钉入深度不宜小于25mm。

成品装饰线条在轻钢龙骨架石膏板面层基层上安装，应用薄型大芯板、密度板等木质板材做过渡层后安装，木质过渡基层应使用自攻螺钉固定在轻钢龙骨架上，间距不得大于400mm。

2. 植物纤维模压、电脑刻花密度板及其他人造木等木坯线条安装

植物纤维模压、密度板电脑刻花及其他人造木等木坯线条，可直接在木基层上安装，或水泥砂浆抹灰面、GRC墙板基层、石膏板面层基层上安装。在实际施工中使用的植物纤维模压、密度板电脑刻花及其他人造木等线条，为半成品木坯线条。

木坯线条在木基层上安装，线条与基层之间应涂刷白乳胶黏结后，射枪钉直接钉固于基体上，钉距不宜大于300mm。

木坯线条在水泥砂浆抹灰面基层上安装，可用预埋木栓法固定或射枪钉直接将木坯线条钉固于基体上。预埋木栓的间距不得大于400mm，射钉间距不得大于150mm。

木坯线条在GRC板基层上安装，可用射枪钉直接将木坯线条钉固于基体上。射钉上下交错钉入，射钉间距不得大于150mm。

木坯线条在轻钢龙骨架石膏板面层基层上安装，宜用薄型大芯板、密度板等木质板材做过渡层后安装，木质过渡层应使用自攻螺钉固定在轻钢龙骨架中。

由于植物纤维模压、密度板电脑刻花及其他人造木线条为木坯半成品，所以只限于有色油漆饰面。木坯线条在批刮腻子前，应对人造纤维木质线条表面涂刷清漆两遍进行封闭，防止线条受潮炸裂，或防止木质纤维素造成面漆透底泛黄影响装饰效果。各种白坯木质线条的油漆饰面参照第二十二章相关部分的施工工艺施工（第166页）。

3. 塑料线条安装

塑料线条可在水泥砂浆抹灰面基层、GRC墙板、木质基层上安装。塑料线条为成品装饰线条，多用于地脚装饰线。成品塑料装饰线条一般都配有专用金属连接件安装固定和线条延长专用连接件。塑料线条安装时应先将专用金属连接件的基座安装固定在基层上，再将线条安装固定。塑料线条在轻钢龙骨架石膏板面层基层上安装，宜先将线条的专用金属连接件的基座安装固定在轻钢龙骨架中，再将线条安装固定。

4. 石膏线条安装

石膏线条适宜水泥砂浆抹灰面、石膏板面、GRC 墙板基层或其他的无机轻质硅钙材料等基层上安装。石膏线条使用石膏粉加腻子胶液调制的浆料粘贴安装。石膏线条不宜直接在木质基层上黏结安装，因为石膏与木质材料的吸水率或膨胀率不一，容易导致石膏装饰线条与木质基层之间起壳炸裂或脱落。石膏线条如在木质基层上粘贴安装，宜在木质基层上安装一层纸面石膏板过渡层后再安装。过渡层纸面石膏板与木质基层之间应满涂白乳胶黏结后射枪钉钉固，以控制石膏板与木基层出现开裂或脱落。

5. GRC 线条安装

GRC 线条适用于室内外装饰，多用于建筑的外墙、柱面，室外屋檐或门头等部位的装饰。GRC 线条适于在水泥砂浆抹灰面墙体基层上安装。薄型轻质小型的线条，一般使用水泥砂浆或专用的水泥基型砂浆粘贴安装，线条黏结后及时擦净挤压外露的水泥砂浆。规格较大、厚重的线条应使用预埋钢筋或金属支架等做加强筋后安装。

6. 瓷片、石材线条安装

瓷片、石材线条适宜在水泥砂浆抹灰面、GRC 板基层、木基层上安装，不宜在石膏板基层上安装。瓷片、石材线条在水泥砂浆抹灰面、GRC 板基层上安装，可用水泥砂浆或石材胶粘贴安装；在木基层上应使用结构胶或石材胶粘贴安装。瓷片、石材线条的质量较厚重，木基层安装应牢固、不松动，表面无起壳炸裂缺陷，胶粘安装时，胶粘剂的黏结面不得小于装饰线条黏结面的 60%。线条黏结后及时擦净挤压外露的胶渍。

7. 玻璃线条安装

玻璃线条适宜在木质基层、水泥砂浆抹灰面基层、GRC 墙板基层上安装。不宜在石膏板基层上安装。玻璃线条应使用玻璃胶粘贴安装，漆膜玻璃线条、银镜玻璃线条应使用中性玻璃胶粘贴安装。玻璃胶的黏结面不得小于装饰线条黏结面的 60%。线条黏结后及时擦净挤压外露的胶渍。

8. 不锈钢、钛金板、铝合金、铜等各种金属装饰线条安装

不锈钢、钛金板、铝合金、铜等金属装饰线条应根据设计要求，或根据装饰部位的结构取样制模后机械下料、机械冲压或折叠加工，加工线条的金属板材的厚度不宜小于 1.2mm。不锈钢等金属装饰线条安装，须按照线条的规格尺寸、外形制作好内衬木坯基层条。内衬木坯基层条可以密度板、九厘板等板材锯条制作，厚度不宜小于 8mm。木坯基层内衬条在水泥砂浆抹灰面墙体上安装，可使用预埋木栓法固定，间距不得大于 400mm；可使用射枪钉直接固定于基体上，钉距不得大于 150mm，射枪钉的钉入深度不得小于 25mm。木坯基层内衬条安装应校平校直后固定。木坯基层内衬条安装，与各种实木、人造木、塑料或橡塑发泡模压成品装饰线条在各种非木质基层上的过渡层的安装方法相同。

不锈钢装饰线条或其他有色金属装饰线条安装，应将金属装饰线条扣在木基层内衬条上进行调试、比对，调试、比对到位后在镶贴黏结面上涂抹中性玻璃胶或玻璃结构胶黏结，涂抹面不小于装饰线条黏结面的 50%，再将金属线条在木基层内衬条上扣压紧密，接缝对接吻合后，用木板压条或夹具压紧固定。用玻璃胶 72 小时固化后拆除固定压条或夹具，及时铲刮干净挤压外露的胶渍。金属装饰线条安装，应严格控制胶粘剂挤压外露，造成胶渍污染，严禁使用酸性玻璃胶，防止酸性玻璃胶污损有色金属线条表面。金属线条的外露端头部位，应使用与线条同质的材料进行封闭处理。

四、各种装饰部位线条的安装要求

1. 天棚阴角装饰线安装

天棚阴角装饰线。线条装饰面宽达 50mm 以上的石膏、实木、模压等阴角线，应固定在天棚和墙壁两个面上。集成材料（金属扣板、塑料扣板、浮搁板、卡式金属凹槽扣板、格栅等装饰天棚）吊装天棚的阴角装饰线安装，可参见第四章中卡式龙骨金属凹槽板装饰天棚阴角线安装（第 42 页）。

天棚以 200mm 及以上宽度的石膏线条为叠级装饰艺术造型，并以石膏线条背面的隐形沟槽作为灯槽，安装灯带或灯管发光的，宜在石膏线条的背面制作支撑安装，或在石膏线条制作时通过改变线条的结构，或在倒模加工时增加肋筋提高石膏线条本身结构的强度，以防止石膏线条破损、开裂或脱落。石膏线条安装支撑可以木质材料制作，支撑安装间距不大于 1 000mm。装饰装修工程中常见的以天棚石膏装饰线条背面的隐形沟槽作为灯槽的做法见图 24 – 1。

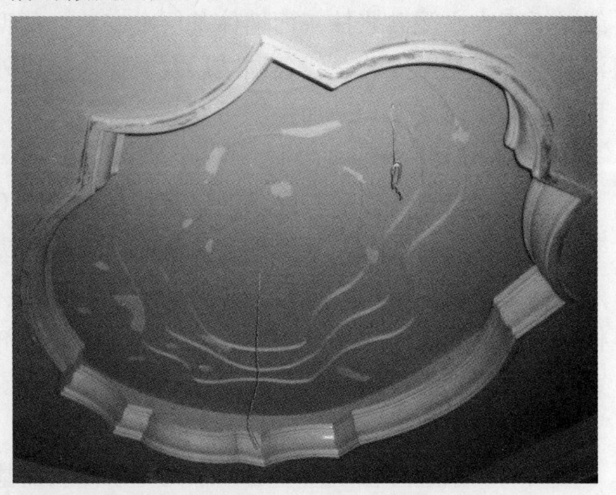

图 24 – 1　以 150mm 宽石膏线条背面的沟槽作为灯槽安装灯带发光的艺术天棚造型
（左图为直线型造型、右图为外非直线型造型）

2. 装饰挂镜线安装

装饰挂镜线一般安装在离天棚 200mm 上下的墙面上，装饰装修工程设计中对装饰挂镜线条的设计最随意，没有设计规则。挂镜线的外观、结构各种各样，可使用多种材料制作安装。装饰挂镜线与墙柱面的安装连接应紧密、牢固、平直，墙、柱面上下不同材料的饰面，要处理好两种饰面材料之间的平整度。在实际施工中装饰挂镜线条多为木质材料现场制作。通常的做法是将木质板材制成设计尺寸的坯料，用预埋木栓法或射枪钉安装固定于墙、柱面上，再进行坯料的装饰面板镶贴饰面，或玻璃饰面，或油漆饰面，或贴装饰膜、墙纸粘贴饰面等。现场制作的线条坯料应加工精细，外形及安装等应符合设计要求。挂镜线设计使用实木线条、密度板线条、塑胶或橡塑发泡模压等成品线条安装的，按照本章中成品线条的安装方法施工（第 174 页）。

3. 墙裙装饰线安装

墙裙装饰线又称腰线，一般安装在离地面 1 000mm 上下的墙面上，即门框的中部。墙裙装饰线安装时要处理好墙、柱面上下不同饰面材料之间的平整度。墙裙装饰线可以木质、金属、塑料、玻璃、瓷片、石材等多种材料制作安装。墙裙装饰线条安装，线条与墙、柱基层面，线条的端头与门套线，与墙、柱面的接触应紧密，无缝隙。设计以瓷砖、石材镶贴装饰饰面的墙、柱面，墙裙装饰线条的镶贴高度的确定，应考虑墙裙装饰线条上下横向整砖匹数的合理排列。墙裙装饰线多为成品装饰线条，安装时应注意线条装饰面的保护。

4. **踢脚线安装**

踢脚线又称地脚线、踢脚板。踢脚线可以木质、金属、塑料、玻璃、瓷片、石材等多种材料制作安装。踢脚线安装应紧压装饰地面固定于墙脚上，装饰地面与装饰墙面的接缝或地板的伸缩缝应小于踢脚线的厚度，踢脚线安装后不得有装饰地面与装饰墙面的接缝外露，踢脚线的端头与墙、柱面，与门套线的接触应紧密，无缝隙。

5. **门套装饰线安装**

门套线可以木质、塑料、不锈钢、石材等材料制作。门套线安装固定于门套框架上，门套线下端应紧压在装饰地面上。门套装饰线上部的90°转角拼接应紧密、转角拼接端正，90°转角拼接应美观。

6. **其他特殊装饰部位的装饰线安装**

其他特殊装饰部位的装饰线安装，主要指特殊装饰部位的阴、阳角装饰线，平压装饰线的安装。如各种装饰艺术造型结构形成的装饰线条安装；各种服务台、收银台、吧台、吧台吊帽、演讲台上的装饰线条安装；门扇的艺术图案造型装饰线条安装；墙、柱面上的线条装饰造型安装等。其他特殊部位装饰使用的线条主要有木质、石膏、不锈钢、钛金、石材、玻璃等材质的线条。其他特殊部位阴、阳角装饰线条，平压装饰线条应按设计要求或根据实际情况安装。装饰线安装，线条的品种、线条的外观、线条造型应符合设计要求，安装应牢固、平直，接缝紧密。装饰装修工程中常见的其他装饰艺术造型的装饰线条安装见图24－2至图24－5。

图24－2　硬包墙面平面不锈钢线条分格装饰造型

图24－3　松香玉透光墙面平压不锈钢线条分格装饰造型

图24－4　墙面平压木线条装饰造型

图24－5　天棚平面平压石膏线条装饰造型

7. **各种材质的圆、曲面及特殊形状的线条安装**

各种材质的圆、曲面装饰线条及特殊形状的线条，应根据基层实物放样，制成模板后在现场制作或到厂家定做，线条安装应根据设计要求或实际情况确定安装方法。但装饰线安装应牢固、平直，接缝紧密，线条的品种、线条的外观、线条造型应符合设计要求。

五、饰面板镶贴预留离缝沟槽装饰线施工

装饰饰面板镶贴预留离缝沟槽装饰线，在装饰装修工程的设计中使用比较广泛。预留离缝沟槽装饰线一般有三种形式：专用填缝线条填缝装饰线，胶料填缝装饰线，预留离缝沟槽外露装饰线。

1. **专用填缝线条填缝装饰线施工**

专用填缝线条填缝装饰线，即在木质饰面板、玻璃等镶贴饰面时，板块之间预留出离缝沟槽，再向离缝沟槽中嵌入用铝合金、不锈钢、黄铜、塑胶等材料制作的专用填缝装饰线条。专用填缝线条填缝装饰线一般在木质饰面板、玻璃、软包面等装饰饰面设计中使用较多。通常的做法是在基层板安装或饰面板镶贴前，按设计要求在饰面基层上，弹出预留离缝沟槽线，在基层过渡板块安装和饰面板镶贴时按照设计要求预留出专用填缝线条的填缝沟槽，再向离缝沟槽中嵌入设计要求的专用装饰嵌缝条，形成饰面板块分格线条，以增强装饰板块装饰面的分格立体感。离缝沟槽进行专用装饰线条填缝前，应清理修整离缝沟槽，保证沟槽的深度一致、宽度一致。嵌入的装饰线条应镶嵌紧密、黏结牢固。线条嵌入后，应调平凹陷或凸出点，线条接头应紧密无缝、平直美观。装饰装修工程中室内墙面饰面装饰中常见的预留离缝沟槽专用铝合金线条镶嵌填缝装饰线见图 24－6、图 24－7。

图 24－6　木质板块镶贴离缝嵌入铝合金线条装饰

图 24－7　漆膜玻璃镶贴板块离缝嵌入铝合金线条装饰

2. **胶料填缝装饰线施工**

胶料填缝装饰线，是指向镶贴饰面板块，或石材钢挂饰面板块之间预留的离缝沟槽中填入或注入有色玻璃胶或结构胶等胶料，包括使用专用勾缝剂勾缝的施工方法。胶料填缝装饰线可用于木质板、铝塑板、石材、瓷砖、玻璃的装饰面的填缝。如向石材钢挂装饰幕墙、铝塑板装饰幕墙的饰面板块离缝沟槽中填入胶料封闭，形成饰面板块分格线条。在增强装饰板块装饰面的分格立体感的同时，又起到了防水作用，同时还增强了石材、铝塑板等饰面板块的安装强度。离缝沟槽在饰面板镶贴或挂装时应按设计要求预留出离缝沟槽，但饰面板的离缝沟槽宽度一般在 8～12mm 以内为好。离缝沟槽进行胶料填缝前，应清理修整沟槽，保证沟槽的深度一致、宽度一致，在沟槽两边粘贴好分隔纸，再向填入离缝沟槽内填入有色玻璃胶或结构胶。使填缝沟槽线清晰，线缝边缘整齐、美

观。离缝沟槽内填胶应均匀、饱满，施胶应控制凹陷或凸出点出现。待填入的胶料固化后清除离缝沟槽两边的粘贴分隔纸。装饰装修工程中常见的石材板块饰面预留沟槽内结构胶填缝装饰线见图24－8、图24－9。

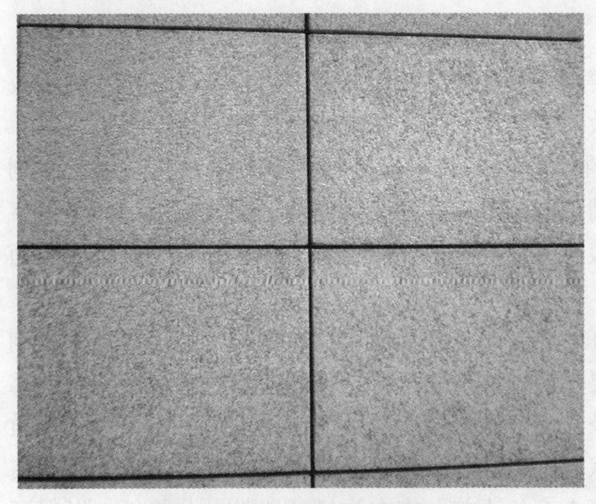

图24－8　钢挂石材饰面板块拼接时预留的离缝沟槽

图24－9　钢挂石材饰面板块经胶料填缝后的离缝线

3. 预留离缝沟槽外露装饰线施工

预留离缝沟槽外露装饰线，是指用较厚的基层面层板块或较厚的饰面板块，在基层板安装或饰面板镶贴拼接时，根据设计要求预留出离缝沟槽，让其离缝沟槽外露形成的板块立体分格线。装饰装修工程中室内墙面饰面装饰常见的板块拼接离缝外露沟槽装饰线见图24－10、图24－11。

图24－10　乳胶漆饰面装饰墙面石膏板基层板块拼接安装时预留的离缝装饰分格线条

图24－11　木质饰面板镶贴装饰墙面大芯板基层板块拼接安装时预留的离缝装饰分格线

预留离缝沟槽外露装饰线一般用于木质饰面板、乳胶漆、软包面等装饰饰面的墙、柱面中。预留离缝沟槽外露装饰线制作，应在墙面基层板安装或饰面板镶贴前，按照设计要求在装饰部位上弹出板块的预留离缝沟槽装饰线。基层面层板或饰面板块安装时，应按照墨线预留出离缝沟槽装饰线。板块拼接预留离缝沟槽装饰线，宜使用10mm以上厚度的板块镶拼预留，离缝沟槽的宽度宜在10mm以上，才会有较好的立体感和较好的装饰效果。离缝沟槽分格装饰线应横平竖直，槽口板边应刨平刨光，槽口应平整、宽度一致。离缝装饰线槽沟内应磨平砂光，按设计要求进行油漆或涂料着色饰面处理。

六、饰面板镂刻装饰线施工

饰面板镂刻沟槽装饰线施工，是指根据设计要求，在各种镶贴饰面板上进行弹线分格或图案放样后镂刻出的装饰线条。镂刻沟槽线条应深度一致、宽度一致，线槽内平直光滑。

瓷砖、石材、金属饰面板块镂刻装饰线，宜在下好料的板块上进行机械刻制或化学的方法刻制。瓷砖、石材、金属板块的镂刻形式主要有沟槽装饰线条、各种线条型装饰图案或纹饰，美术字镂刻等。瓷砖、石材、金属板块的镂刻沟槽内一般不再进行色彩饰面处理。瓷砖、石材、金属饰面板块镂刻沟槽的开口宜呈⊔状或∪状。

木质饰面板镂刻沟槽装饰线，一般是在镶贴好的装饰面上镂刻而成。镂刻时将靠尺固定于镂刻分格线处，根据镂刻沟槽装饰线的宽度或深度的要求调好镂刻机刀头，镂刻时双手紧握镂刻机紧靠靠尺匀速推进刻出线条。镂刻时要保证刻出的线条深度一致、宽度一致，线槽内应平直光滑。木质板装饰面镂刻沟槽装饰线条的开口宜呈现∪或Ⅴ状，木质板装饰面的镂刻形式主要为各种线条型装饰图案或纹饰、美术字。木质饰面板镂刻沟槽内填入有色漆前，应在沟槽两边粘贴分隔纸。以保证沟槽边缘清晰、整齐、平直、美观，镂刻沟槽内的填色应根据设计要求进行。镂刻沟槽内填色应用毛笔尖轻轻填涂油漆，均匀填涂，油漆填涂不宜少于两遍，不得使用墨汁或染料代替油漆填色。镂刻沟槽内的填色应清晰、漆膜光滑。常见的在室内天棚、墙面木质饰面板镶贴装饰面上，镂刻的沟槽分格装饰线见图 24－12、图 24－13。

图 24－12　木质饰面板装饰墙面上人工镂刻出的沟槽装饰分格线

图 24－13　木质饰面板装饰天棚面上人工镂刻出的沟槽装饰线

第二十五章　装饰栏杆、扶手安装工程

栏杆，即设置在建筑物的楼梯边缘、凌空平台边缘的围栏。根据安装部位的不同，建筑物中的栏杆大致可分为楼梯栏杆、凌空平台栏杆。室内楼梯是人们在建筑物内步行上下移动的主要通道，栏杆是一项重要的安全设施，栏杆保护着室内人员在楼梯上、凌空平台边缘行走时的人身安全。栏杆不但具有十分重要的安全围挡功能，而且又是需要装饰美化的重要部位和亮点之处。所以，装饰装修工程中的栏杆不但要具有安全围挡功能，还必须具有装饰性。装饰装修工程中的室内装饰栏杆的外观与结构设计、材料的选用、制作水准，对提升工程的装饰效果、工程的装饰档次有着极其重要的作用或影响。但装饰栏杆与扶手的设计，材料的选用与施工，必须以结构安全为前提。装饰栏杆、扶手设计所用的材料、连接结构必须符合相关的安全要求。

一、装饰装修工程中装饰性栏杆的种类

装饰装修工程中的装饰性栏杆主要有：玻璃栏杆、不锈钢栏杆、金属型钢栏杆、铁艺花饰栏杆、实木（车制或雕刻）栏杆、铝合金栏杆等。由于不锈钢、玻璃具有不锈蚀的优点，适合于室内外装饰。不锈钢、玻璃栏杆在室内外装饰工程的设计中使用最为广泛。

装饰性栏杆的扶手主要有：实木扶手、不锈钢扶手、铝合金扶手、高分子聚合挤压成型扶手等。室内外装饰装修工程中常见的装饰栏杆及其结构见图 25－1 至图 25－14。

图 25－1　室内不锈钢管扶手及不锈钢装饰楼梯栏杆

图 25－2　室内不锈钢管扶手及不锈钢装饰楼梯栏杆

图 25－3　室内不锈钢管扶手全钢化玻璃装饰楼梯栏杆

图 25－4　室内实木扶手全钢化玻璃装饰楼梯栏杆

图 25－5　室内方形不锈钢扶手钢化玻璃装饰楼梯栏杆

图 25－6　室内不锈钢立柱、钢化玻璃栏板、高分子聚合挤压成型扶手组装成的装饰楼梯栏杆

图 25－7　室外凌空不锈钢管扶手钢化玻璃装饰栏杆

图 25－8　室外凌空钢化玻璃无扶手装饰栏杆

图 25－9　室内实木扶手金属方管装饰楼梯栏杆

图 25－10　室内实木扶手铁艺花饰装饰楼梯栏杆

图 25－11　室内实木扶手铁艺栏板装饰凌空栏杆

图 25－12　室内不锈钢扶手玻璃铁艺栏板装饰凌空栏杆

图 25－13　室内实木扶手实木装饰楼梯栏杆

图 25－14　室内实木装饰凌空楼台栏杆

二、栏杆的结构

室内栏杆由主要垂直受力杆件（又称栏杆受力柱）、一般杆件（又称栏板）及扶手连接组装而成。

1. **栏杆主要受力杆件**

栏杆主要受力杆件，是指栏杆主要的垂直受力立柱，主要垂直受力柱与地面连接固定形成栏杆的主要受力结构立柱，起着连接稳固栏杆的作用，是围挡功能的主要受力部件。主要垂直受力杆件决定栏杆的高度，多以黑色金属材料、不锈钢、实木材料制作。

2. **一般杆件**

一般杆件与主要受力杆件连接组装成围挡结构，即栏杆。一般杆件可以多种材料制作，一般做成长约 1 200mm 长以内的栏板件。栏板件可制作成各种具有装饰美化效果的艺术花形或图案结构。

3. **扶　手**

扶手具有提高栏杆安全强度的功能，起着行人在楼梯上下行走时抓扶的作用。扶手可以多种材料和多种结构形式制作。

三、各种栏杆主要受力杆件、一般杆件制作材料的要求

1. 不锈钢栏杆制作材料要求

不锈钢栏杆主要受力杆件制作。管材管径不小于60mm、管壁厚度不小于3mm，扁钢厚度不小于5mm。

一般杆件制作。管材管径不小于30mm、管壁厚度不小于1.2mm，板材厚度不小于3mm。

2. 型钢、铁艺栏杆制作材料要求

型钢、铁艺栏杆主要受力杆件制作。方钢不小于30mm×30mm、圆钢不小于Φ25；管材管径不小于60mm，管壁厚度不小于3.5mm。

一般杆件制作。扁钢厚度不小于3mm、方钢不小于20mm×20mm、圆钢不小于Φ16；管材管径不小于30mm，管壁厚度不小于2mm。

3. 铝合金栏杆制作材料要求

铝合金栏杆主要受力杆件制作。管材不小于60mm×60mm×3mm，型材厚度不小于8mm。

一般杆件制作。管材不小于40mm×40mm×2mm，型材厚度不小于4mm。

4. 木质栏杆制作材料要求

木质栏杆主要受力杆件制作。材径不小于150mm，木质结实、干燥，经杀虫处理。

一般杆件制作。材径不小于80mm，木质结实、干燥，经杀虫处理。

5. 金属骨架玻璃栏杆制作材料要求

金属骨架玻璃栏杆主要受力杆件制作。金属骨架型材的厚度不小于6mm；金属管材骨架的管径不小于60mm、管壁厚度不小于3mm。

玻璃栏板制作。应使用国标质量等级钢化玻璃或多层钢化夹胶玻璃的安全玻璃制作玻璃栏板，厚度不小于8mm；玻璃板边倒角磨光，严禁使用普通玻璃。

6. 全玻栏杆制作材料要求

全玻栏杆制作。应使用国标质量等级钢化玻璃或多层夹胶玻璃的安全玻璃制作全玻栏杆，严禁使用普通玻璃制作栏杆。有扶手栏杆，栏杆玻璃的厚度不小于12mm；无扶手的栏杆，栏杆玻璃的厚度不小于15mm。栏杆玻璃板边应倒角磨光。

四、栏杆的制作安装

（1）栏杆的制作材料，主要垂直受力杆件的形状、结构，以及一般杆件的结构与造型图案或形状应按照设计图制作。但主要垂直受力杆件之间的间距不得大于1 500mm，主要垂直受力杆件与一般栏杆的间距不大于150mm；金属制作的一般杆件（栏杆）中的杆件间距不大于120mm（净空）；玻璃栏板与主要垂直受力垂直杆件的间距不的大于150mm（净空）；一般杆件（栏杆）、玻璃栏板与地面的距离不宜大于150mm。具体的间距要求除保证栏杆有足够的强度外，还有防止幼童行走时坠落的作用。

（2）楼梯栏杆的垂直高度，即从地面或踏步面至扶手上部的高度不得低于1 000mm；凌空栏杆的高度不得低于1 100mm。主要受力杆件的高度决定栏杆的高度，主要受力杆件加工时的长度控制很重要。

（3）栏杆安装前应进行基础放线，弹出栏杆安装地面线，确定主要垂直受力杆件的固定预埋点或全玻栏杆沟槽安装固定位。

（4）主要垂直受力杆件与楼梯踏步面或与地面的连接安装。有栏杆固定预埋装置的，按照设计

方案制作好主要垂直受力杆件直接与预埋装置连接安装固定。无预埋固定装置的主要垂直受力杆件安装，应进行后置固定装置件的预埋。预埋方式、预埋件的规格、数量，栏杆与预埋件连接点的结构按设计要求施工。无设计要求的混凝土楼梯或混凝土楼板，每个主要垂直受力杆件的安装预埋螺栓不少于四颗，螺栓直径不小于10mm，螺栓预埋深度不小于70mm。钢结构楼梯或钢质楼板的栏杆安装，主要垂直受力杆件的固定安装装置或安装底座应采用焊接连接，焊接处应涂刷防锈漆做防锈处理。常见的主要垂直受力杆件与地面的连接见图25－15、图25－16。

图25－15 栏杆主要受力杆件与地面连接螺栓外露的安装

图25－16 主要受力杆件与楼层板连接螺栓不外露的安装

(5) 主要垂直受力杆件与一般杆件（栏板）连接安装：

以不锈钢、型钢制作的主要垂直受力杆件、一般杆件。主要垂直受力杆件与一般杆件的连接应焊接安装。焊接点应无漏焊、无虚焊，焊缝光洁。

以铝合金型材制作的主要垂直受力杆件、一般杆件的连接应使用专用的内衬连接件或外套连接件安装紧固。

以实木制作的主要垂直受力杆件、一般杆件的连接，应以榫接、接头涂胶黏结安装或使用隐形专用金属连接件安装，安装结构应牢固、美观。

玻璃栏板与不锈钢制作的主要垂直受力杆件的连接，宜使用螺栓或不锈钢专用连接件安装固定。

主要垂直受力杆件与一般杆件连接安装时，应先将主要受力垂直杆件调平调直固定后，再安装一般杆件。常见栏杆的主要受力杆件与一般杆件的安装及间距、一般杆件（栏板）中的杆件间距、栏板与地面的间距见图25－17。

图25－17 凌空栏杆中的金属栏杆、玻璃栏板与主要受力垂直杆件的间距

(6) 全玻栏杆安装应采用沟槽直埋安装。全玻栏杆安装应先用型钢制作安装沟槽，沟槽深度不小于80mm，沟槽的宽度为栏板玻璃厚度＋10mm。沟槽骨架固定于楼梯外侧坡面上，钢结构楼梯可直接焊接固定，混凝土楼梯应采用预埋件连接。型钢沟槽宜用大芯板或密度板外包钢骨架形成沟槽基座，全玻璃栏板插入沟槽内调平调直后用木楔塞紧定位固定，塞入木楔的间距不得大于300mm，或使用金属专用定位固定件固定，玻璃栏板固定后再向沟槽内注满高强度结构胶胶固。全玻栏杆玻璃栏板板块的长度不宜小于1 200mm，玻

璃板块之间应留8~10mm的伸缩结构缝，伸缩缝内注入玻璃结构胶固。全玻栏杆安装沟槽基座可用石材、不锈钢、铝塑板等镶贴装饰饰面。实际施工中全玻栏杆安装沟槽基座的镶贴装饰饰面材料应按设计要求选用，进行沟槽基座镶贴装饰饰面。装饰装修工程中常见的全玻栏杆安装沟槽的做法见图25－18、图25－19。

图25－18　室内钢制全玻栏杆安装沟槽的结构与做法

图25－19　密度板面层后的钢制全玻栏杆安装沟槽

五、扶手的制作材料及制作安装

1. 木质扶手制作材料及制作安装

木质扶手的外形应符合设计要求，扶手的横切面尺寸不小于75mm×55mm。制作扶手的木质材料应结实，不扭曲变形，无炸裂。扶手的延长接头锯切面应平整光滑，榫接胶粘，接头接缝应紧密，结实牢固。木质扶手的转弯处连接应顺畅美观，扶手表面应打磨光滑。扶手与栏杆应螺钉连接，螺钉间距不大于300mm，螺钉钉入扶手深度不小于25mm。扶手与栏杆应成为牢固的整体，不松动，手扶时不摇晃。

2. 不锈钢扶手制作材料及制作安装

不锈钢管扶手制作外观应符合设计要求。管材管径不宜小于70mm，管壁厚度不小于2.5mm。不锈钢冲压异型材料制作扶手，扶手的横切面尺寸不小于70mm×55mm×2mm。扶手的接头焊缝应饱满、无漏焊、打磨抛光。扶手转弯处连接应顺畅美观，扶手表面应打磨光滑。不锈钢扶手与不锈钢栏杆应焊接安装成为整体，手扶时不摇晃。

3. 铝合金扶手制作材料及制作安装

铝合金异型管扶手制作，外观应符合设计要求。异型管的横切面尺寸不小于70mm×55mm，管壁厚度不小于3mm。扶手延长连接应用专用内衬连接件连接，接头锯切面应平直光滑、接头紧密牢固。扶手转弯处连接应顺畅美观，扶手表面应打磨光滑。扶手与栏杆应采用专用的连接件安装成为整体，牢固不松动，手扶时不摇晃。

4. 高分子聚合挤压成型扶手制作材料及制作安装

高分子聚合挤压成型扶手的外形、颜色符合设计要求；异型管状横切面的尺寸不小于75mm×55mm，圆形材不小于Φ75mm；扶手延长连接应胶粘加金属专用连接件连接；转弯处连接应顺畅美观，扶手表面光滑。扶手与栏杆上部连接点应使用专用连接件连接成为整体，牢固不松动，手扶时不摇晃。

5. 钢管扶手制作材料及制作安装

钢管扶手的装饰档次较低，在装饰装修工程中使用的非常少。钢管制作扶手，管径不小于

70mm、管壁厚度不小于3mm，接头焊接打磨抛光，转弯处顺畅美观，扶手表面光滑。钢管扶手与型钢或铁艺栏杆之间应焊接连接，与非型钢或非铁艺栏杆之间应使用专用连接件连接成为整体。扶手栏杆之间安装应牢固不松动，手扶时不摇晃。

6. 扶手端头与墙、柱面的接触安装

扶手端头与墙、柱面的接触安装，宜使用化学螺栓植入墙、柱内预埋的方法连接。扶手外露端头应加装装饰盖封闭装饰，不得对使用者构成危害。

六、栏杆、扶手表面的涂装饰面处理要求

（1）实木栏杆、扶手，铁艺栏杆油漆颜色按设计要求调配涂刷。实木栏杆、扶手油漆饰面施工见第二十二章相关部分（第166页）。

（2）型钢栏杆杆件经镀铬处理或按设计要求处理。

（3）金属铁艺栏杆应除尽锈迹，喷涂防锈漆两遍，喷涂面漆1~2遍。

七、室内装饰装修工程中楼梯的制作安装

装饰装修工程中的楼梯，多为房屋建筑时预制的混凝土楼梯。但装饰装修工程中也有在现场用各种材料制作的楼梯，如：大型商场、高级宾馆、影剧院等的室内大厅或大堂处的楼梯，小型商铺、复式住宅中的楼梯等。室内装饰装修工程中楼梯的设计制作，一般使用钢材、实木在现场制作，少有用混凝土在现场浇注楼梯。装饰装修工程中设计现场制作的楼梯，涉及的楼层不多，但室内层高一般较高。多为直跑式楼梯、弧线式楼梯、双跑式楼梯、螺旋式楼梯等。设计多以各种装饰艺术造型结构出现，以满足室内的装饰美化或最大化利用空间的需要。室内大厅或大堂处的楼梯，一般都是装饰装修工程中的装饰亮点，楼梯的装饰效果能直接影响室内的装饰效果或装饰档次。设计师往往容易偏重于楼梯的装饰美化效果，致使楼梯的造型结构设计各种各样。但楼梯的结构设计或制作安装应有足够的安全保障。装饰装修工程中楼梯的设计与制作，楼梯踏步面的宽度不宜小于260mm、台阶的高度不宜大于180mm；在楼梯的楼层中间休息平台（又称换步台）处的空间净高不得低于2 200mm。装饰装修工程中楼梯的制作设计，在公装工程中的室内楼梯设计宜使用型钢制作，型钢制作既有较高的安全系数，且又防火。在家装工程中的楼梯设计宜使用型钢制作或木质材料制作。装饰装修工程中的楼梯宜选用由专业化工厂专业人员设计、生产配套供给的成品楼梯。成品楼梯的安装由生产厂家的专业施工人员安装更为适宜。楼梯的设计与制作安装质量的优劣，对装饰装修整体工程质量有着重要的影响。室内楼梯是人们上下楼行走移动的唯一通道，人流上下移动时楼梯的结构安全、畅通与否至关重要，楼梯的装饰效果与使用安全二者均不可偏废。

第二十六章　装饰门及门窗洞口装饰套工程

装饰门及门窗洞口装饰套施工，是指按照装饰工程的设计要求，进行的各种装饰门及门窗洞口装饰套的制作与安装。装饰门及门窗洞口的装饰套，是每一项装饰装修工程中都不可缺少的设计和施工项目。装饰装修工程中的门窗，特别是门，已从实用功能需要的普通型，逐步向着实用与美化一体的装饰型方向发展。在装饰装修工程施工中，各种装饰门及门窗洞口装饰套的现场人工制作在减少，正逐步向着专业化工厂生产、成品化供给的方向发展。装饰门及门窗洞口装饰套是装饰装修工程中装饰的重点与亮点。装饰门及门窗洞口装饰套的设计、材料选用、施工质量，直接影响到整体装饰工程的装饰效果，以及装饰工程的装饰档次。装饰装修工程中涉及各种功能、各种结构装饰门的制作与安装，门的种类多达数十种。将装饰装修工程中的门进行相对归纳分类，有利于读者对装饰装修工程中各种门的了解。装饰装修工程中的门有以下几种分类。

(1) 按照制作材料分有：木质门（实木门、人造木质门）、玻璃门、塑料门、金属门（黑色金属门、不锈钢门、铝合金门、铜质门），以及塑料金属复合材料门、钢木复合材料门等。

(2) 按照门的使用功能分，大致有：室外门、室内门、防盗门、防火门，以及影厅的特殊隔音门等。

(3) 按照制作结构分有：镶板门；全玻门（又称安全玻璃门）；各种金属框架玻璃门、木质框架玻璃门、金属框中空玻璃保温隔热节能门；各种木质花饰门、铁艺花饰门；地弹簧门、自动门、旋转门；各种下滑轨梭门、上吊滑轨梭门；折叠门、百叶门、伸缩门；全钢防盗门；金属卷帘门、金属卷闸门；卷闸式防火门、平开防火门等。

由于各种装饰门的功能与作用的不同，有着各种各样的外观设计，致使门的结构多样、繁杂，可以多种材料制作，有着各种不同的装饰效果。因此，装饰门及门窗洞口装饰套的制作工艺、安装技术也各不相同。装饰门及门窗洞口装饰套的制作、安装应有科学、规范的施工工艺，以保证结构安全、保证施工质量或装饰效果。下面对装饰装修工程中一些常用的、主要的装饰门及装饰门窗洞口套的制作材料、制作与安装技术进行论述，以达到规范装饰门及门窗装饰套施工的目的。

一、检查预留门窗洞口

(1) 装饰门、门套制作或安装前，应根据工程中装饰门设计要求的尺寸或规格，检查预留洞口的预留尺寸，洞口的平整度、四角及垂直度。较长的走廊应水平方向拉通线，检查门洞上框水平高度，确定门框上槛和门锁的统一高度，做到排列整齐美观，不合要求的应进行修整。

(2) 窗框或窗套制作或安装前，应根据工程设计要求的窗框尺寸或规格，检查预留洞口的尺寸、洞口的平整度、四角及垂直度，不合要求的应进行修整。多层建筑房屋应沿窗洞口垂直方向，自顶层从上至下用线坠吊线，检查洞口是否在一条垂直线上。水平方向拉通线，检查确定窗框上下槛的统一高度，统一量出每樘窗框的进深距离，保证排列窗的进深距离一致、整齐美观。

二、工程材料质量控制

查验各种进入施工现场的木质门窗及门窗洞口套制作的人造木质板材、胶粘剂的产品生产合格证，或有害物质限量释放合格检验报告；查验室内外成品套装装饰门等的有效产品生产合格证，或有害物质限量释放合格检验报告；防盗安全门的安全性能应符合国家的相关质量标准要求，并查验有效的质检机构出具的质量检验合格报告。室外成品铝合金、塑钢等节能型门、窗，还应查看门窗的气密性、水密性、耐风压测试及隔热保温性能检测报告。

制作木质门窗及门窗洞口套的木质类饰面板材进入施工工地后，装饰面宜涂刷透明底漆做防污保护或覆盖保护。金属板材及其他非木质饰面板材、门扇安装铰链（合页）、锁具、拉手等应为合格产品，规格型号符合设计要求。室内外成品套装装饰门包装应完整，装饰面无划痕、碰损缺陷，品种规格符合设计要求。

进行工程材料质量检验控制，其目的是杜绝不合格的门窗及门窗洞口套制作材料，或室内外成品套装装饰门进入施工、安装流程，确保门窗洞口套工程的施工质量。

三、室外成品铝合金、塑钢门窗安装

（1）室外成品铝合金、塑钢门窗，是指由专业厂家使用铝合金、塑钢等标准型材，用专用机械设备生产的成品门、窗。木质门窗用作室外装饰的使用年限没有铝合金、塑钢材质门窗的使用年限长，须定期刷漆或刷油维护，隔热保温节能效果差，火灾发生时可燃烧。为了节约木材资源，有利于林业资源和生态环境的保护，提高建筑节能效果，有效防范室内火灾事故发生，装饰装修工程中室外门、窗应安装使用国标铝合金、国标塑钢或其他金属材质制作的新型节能门、窗。窗扇应安装双层中空隔热节能型玻璃窗扇；门扇应安装双层中空隔热节能型玻璃门扇，或钢质内衬保温材料的节能型门扇。室外门扇、窗扇的隔热保温效能，应符合国家有关建筑节能规范要求。装饰装修工程中室外门、窗的设计、安装，应禁止使用木质门、窗。

（2）门、窗框与墙体之间可用膨胀管安装和膨胀螺栓安装固定，或使用专用的金属预埋安装连接件安装固定。如室外门安装使用膨胀螺栓安装的，膨胀螺栓的预埋深度不宜小于80mm，膨胀螺栓安装间距不大于500mm；使用膨胀管安装的，膨胀预埋的深度不得小于60mm，膨胀管安装间距不大于300mm；使用专用金属预埋安装连接件安装的，安装连接件的间距不大于400mm。门、窗框嵌入洞口内进行垂直度和平整度调整、四角调校定位固定后，固紧安装螺栓，门、窗框架周边与墙体缝隙内注入泡沫胶，或专用防水填缝剂，或玻璃胶密闭严实，阻断室外雨水渗入墙缝内，及时清除外露胶渍。窗框安装完成后及时做好保护，不得在窗框上踏脚、放置脚手架或悬吊重物等。门、窗框安装质量高，是保证门、窗扇合格安装的基础。

（3）室外成品铝合金、塑钢门门扇安装。门扇结构为推拉滑动门的安装，应按产品安装要求实施。门扇结构为平开推拉门的，安装与室内成品套装门扇安装方法基本相同，按照本章中室内成品套装装饰门门扇安装的要求施工（第190页）。

四、室内成品套装装饰门安装

室内成品套装装饰门（包括门套及门套装饰线），是指由专业化工厂配套批量生产的，只在施工现场安装，不再进行任何锯切加工或油漆饰面等施工的成品门。室内门以美观、漂亮装饰为主，其隔音、防盗等功能为辅。室内成品套装装饰门的品种、型号多种多样。但在结构上主要有单扇门、子母门、双扇对开门。室内成品套装装饰门可多种材料生产，生产工艺也各不相同，其品种主要有木质套装门、塑料套装门、铝合金玻璃套装门，木质金属板复合饰面套装门等。在实际装饰装修工程中设计选用的室内成品套装装饰门，以木质成品套装装饰门最为广泛。木质门有油漆饰面门、各种防火板饰面镶贴门、仿木纹纸皮或其他装饰贴膜饰面门等。木质室内成品套装装饰门高档、豪华，多用于写字楼办公间或会议室、餐馆或酒楼包间、宾馆客房、住宅房间及卧室等的室内门。塑料门、铝合金型材玻璃等室内成品套装装饰门，适用于卫生间、洗浴间、盥洗间、茶水间处。

装饰门及门窗洞口装饰套是装饰工程中施工量较大的施工项目。装饰装修工程设计选用专业化工厂批量生产的成品套装室内装饰门，可以有效地节约木材资源；可以有效地减少施工现场的手工制作，提高工效；可以逐步改善装饰装修工程依靠劳动力密集型施工的状况，降低工程施工的人工成本；可以有效地减少装饰装修施工现场粉尘的产生、降低噪音、有毒气体排放，减少施工垃圾、废弃物的产生；可以有效地减少油漆喷涂施工过程中的污染，净化施工环境。室内成品套装装饰门有利于施工工期的控制；有利于工程施工质量的控制；有利于装饰装修工程装饰效果的提升。

1. 室内成品套装装饰门的安装要求

套装门由专业化工厂批量生产，其品种以本质门为主。木质室内成品套装装饰门，在生产线上已做好油漆饰面或装饰粘膜饰面等，安装后免漆施工。室内成品套装装饰门在安装施工中应认真做好套装装饰门的保护，严禁碰撞和滥用钢钉，胶粘剂施胶时不得污损装饰面。木质套装装饰门适宜在地面干燥的房间安装使用。由于木质材料容易吸潮致漆膜脱落，或致木质霉烂，影响装饰效果，所以，木质室内成品套装装饰门用于卫生间、洗浴间、盥洗间、茶水间等有水或常年潮湿的室内房间处时，门扇的下框底部（向地的一面）要多遍涂刷油漆封闭，或进行防水防潮封边处理，包括门框的触地下段，要保证装饰质量。

2. 室内成品套装装饰门门套安装

室内木质成品套装装饰门一般没有门框，以门套代之。门套嵌入砖砌墙体门洞中或在其他轻质隔断门洞中安装，门套框架与墙体之间应有 15 ~ 20mm 的缝隙，以利门套框架左、右两面垂直度与上部门洞直角度的调正校平定位，定位后应用专用的门套安装连接件固定，再向预留门洞缝隙中注入泡沫胶密闭固定，及时清除外露胶渍。严禁泡沫胶污损装饰门套。门套固定后安装门套线，门套线安装见第二十四章中各种材质的装饰线条的安装方法、各种装饰部位线条的安装要求中相关的安装方法施工（第 173 页至 177 页）。门柳（门柳的含义，见第二章第 12 页）上的密封条应粘贴紧密、不松脱，密封条 90°转角处拼角要正，接缝应紧密美观。

3. 室内成品套装装饰门门扇安装

在室内成品套装装饰门门扇安装前，应检查门扇的尺寸及四角，再进行门扇与门框的试比调校与门扇铰链安装定位。该安装，宜使用厂家配套的铰链安装。无配套的，安装前应根据门扇的规格大小或重量确定铰链的规格与数量。尺寸较大或重量较重的门扇，宜使用四个铰链安装，以防止门扇下垂变形，影响门扇的关闭。铰链安装在门套上后，应再次进行上中下调平调直后安装门扇。安装合格的门扇推拉开关应轻松自如，不会出现自关或自开门现象，门扇关闭严密，门扇与门框四周间隙宽窄一致。

4. 成品塑料、铝合金型材玻璃等套装门安装

成品塑料、铝合金型材、塑钢型材玻璃套装门，玻璃门扇有透明门扇或不透明门扇之分，一般为有门框不带装饰门套，防水性能好，适合于卫生间、洗浴间、盥洗间、茶水间等有水的室内房间安装使用。成品塑料套装门、成品铝合金型材玻璃套装门、成品塑钢型材玻璃套装门的门框、门扇安装方法与木质套装门的安装基本相同，参照木质套装成品门的安装方法进行安装。

五、装饰装修工程中施工现场装饰门及门窗洞口装饰套制作安装

装饰装修工程施工现场装饰门及门窗洞口装饰套制作安装，是指设计师为了追求某种装饰效果而设计的较为特殊的，以及根据施工部位的实际情况，或成品门、门窗洞口套无法满足设计要求或工程实际情况要求的，而必须在现场进行的装饰门及门窗洞口装饰套的制作与安装施工。现场门窗洞口装饰套制作施工还应包括室内其他通道等特殊洞口装饰门套的制作与安装施工。在实际装饰装修施工中，现场门扇、窗扇的制作并不多，一些设计较为特殊的、数量不多的装饰门扇及门窗装饰

套一般在施工现场制作，且多为木质材料制作。

1. **施工现场装饰门扇的制作**

（1）木门扇框架现场施工制作。一般是根据设计尺寸要求先用木方制作成门扇框架，木方料的规格不宜小于65mm×45mm（坯料）。使用实木木方制作门扇框架应用选用干燥的、无节疤的松木、杉木或其他更好的树种小木方；使用大芯板或中密度板制作门扇框架的，应将大芯板、中密度板锯成65mm宽的条板叠加制作成65mm×45mm的仿木方材，条板叠加制作小木方，条板的接头应错缝相叠，条板之间涂刷白乳胶黏结，射枪钉钉固而成，小木方刨光后待用。门扇木框架应使用扣合榫榫接、白乳胶胶粘、射枪钉钉固的方法制作成框架，再在木框架中等距嵌入与木框料规格相同的木横撑。但门扇中部的木横撑宽度不宜小于120mm，以利于门锁安装，横撑的间距不宜大于300mm。门扇木框架两面、四边应刨平刨光。门扇木框架的木方料净宽度不宜小于60mm，净厚度不得小于38mm。由于实木框架易翘曲变形，可在实木框架垂直木方的两面，宜400mm等距横向错位锯槽，锯槽的深度不超过框架厚度的1/4，可有效防止门扇翘曲变形。

（2）木门扇框架面层。木框架做成后两面宜再用3mm厚的密度板或三夹板（3mm厚的板）进行面层。木框架粘贴面涂刷白乳胶与面层板黏结后用射枪钉钉固。在白乳胶干燥以前，木坯门扇应放在平整、干燥的地面或台面上压上平整的木板，再均匀压盖上重量不小于100kg的重物，如使用其他木板或沙袋压盖，以保证木坯门扇平整定型，不翘曲变形，直至白乳胶干燥。这种做法的门扇俗称镶板门（包括木质的室内成品套装装饰门基本也是这种工艺做法）。木坯门扇制作完成后，再根据设计要求进行门扇框四周封边和装饰饰面。门扇四周边框封边常用的做法有两种：一种是使用木质饰面板镶贴封边，或使用平压实木线条压边；另一种是使用不锈钢、钛金板冲压的成型扣条扣装封边。

（3）木质门扇装饰饰面。木质门扇装饰饰面可以各种木质胶合饰面板镶贴、油漆饰面；可以不锈钢板及其他金属板、铝塑板、防火板、玻璃等镶贴饰面；可以软包（软包主要用于隔音门）、木质花饰或金属花饰等装饰饰面。门扇木质胶合饰面板、铝塑板、防火板，不锈钢、钛金等金属板镶贴饰面见第十二章中室内外墙柱面装饰艺术造型基层饰面板镶贴施工（第106页至109页）。玻璃镶贴饰面、软包饰面、花饰饰面等分别见第十七章、第十五章、第十六章等相关部分。

2. **现场装饰门、窗套基层制作安装**

（1）装饰门套基层的制作安装。装饰门套的框架可使用12mm及以上厚度的大芯板或中密度板做基层框架，将下好料的板块制成三方框架镶入门洞内安装。门套框架基层安装时地面为毛地坪的，门套框架下部应用木板铺垫找平到与地面装饰水平一致的高度后安装，已铺门槛石的直接压在门槛石上，门套应紧压地面。门套基层框架的宽度应与墙的厚度一致，以利于门套线条平压安装。门套框架嵌入门洞内调校平整定位后，用钢钉钉入预埋木栓，或射枪钉钉入墙体内稳固，或使用专用连接件固定，再向门洞缝隙中注入泡沫胶密闭固定，形成装饰门套饰面板镶贴基层。

（2）装饰门套的门柳做法。门柳主要用于向内或向外单向开启的门扇，施工中门柳的制作俗称裁柳。门套框架固定后宜再用十二厘板，或九厘板+三夹板，在框架上进行面层，面层板安装时应窄于门套框架基层板的宽度约60mm（留出门扇厚度+门扇密封胶垫的厚度），形成叠级做成门柳。面层板与门套框架基层板使用白乳胶粘贴、20mm射枪钉固定。为节约成本，也可不用面层板做成无叠级门柳，即在门套基层上直接进行饰面板镶贴后，再以12mm厚的实木条钉做门柳，形成门扇关闭接触面。以实木条钉做的门柳，在门扇打开时木条门柳凸出门套，装饰效果不如叠级门柳。以实木条钉做无叠极门柳的做法，仅适用于木质饰面板饰面的门套制作。

（3）装饰窗套基层的制作安装。窗套安装前应先安装好窗框，窗套可使用12mm厚度的大芯板或密度板做窗套框架，将下好料的板块做成四方形框架后镶入窗洞内，框架应紧靠窗框安装，内侧平窗框安装不留缝隙。窗套框架外侧不得凸出墙面，应与墙面高度一致，以利窗套装饰线条安装。

窗套框架在窗洞内定位调校平整后用钢钉钉入预埋木栓，或射枪钉钉入墙体内固定，或使用专用连接件固定，再向框架与墙体缝隙中注射泡沫胶固定，形成装饰面板镶贴基层。

（4）装饰门窗套饰面板镶贴。装饰门窗套可以各种木质胶合饰面板、塑料板、防火板、石材、玻璃，或不锈钢、钛金等板材镶贴饰面。木质胶合饰面板、铝塑板、防火板、石材、玻璃透光及其他透光材料等进行门、窗套镶贴装饰饰面，分别见第十二章中室内外墙柱面装饰艺术造型基层饰面板镶贴施工第106页至109页；石材镶贴装饰门套饰面见第八章；玻璃透光及其他透光材料镶贴装饰门套见第十七章。

装饰门窗套木质胶合饰面板镶贴的其他要求：木质胶合饰面板下料前要对使用的饰面板材进行摊开比对挑选，选出色泽一致、木质纹理基本一致的板材统一下料。木质胶合饰面板与面层板之间涂刷白乳胶黏结，10mm射枪钉钉固。木质胶合饰面板延长相拼接，应使用同一张饰面板下料对接，确保木质纹理、颜色基本吻合一致。装饰门窗套两侧立面板块宜顺着木纹下料，上部天花面宜横着木纹下料。板边应刨直刨光，保证板块接缝对接紧密无缝隙。每块饰面板宜裁成整块镶贴，不宜多块小板拼接镶贴。

（5）门柳收边。木质类等不可进行冲压折边的饰面板镶贴门套形成的门柳毛面，宜用与门柳同宽度的薄型材料平压线条覆盖收边；铝塑板镶贴饰面的门套应通过板块折角收边处理，不用再进行线条收边；不锈钢、钛金板等金属板进行门套饰面可通过整体冲压折边，能直接解决门柳毛面收边的问题。

3. 施工现场制作的装饰门门扇安装

门扇安装应在门套中进行比对调试，门扇左右两边及上部与门洞缝隙的宽度应一致，缝隙宽度不宜大于5mm。门扇下部与地面的缝隙宽度应符合设计要求，无设计要求的缝隙不得大于8mm。尺寸较大或重量较重的门扇，宜使用四个铰链安装，以防止门扇下垂变形，影响门扇的开合。铰链在安装到门套上前应进行安装间隔距离计算，线坠校正确定安装位，并用小于安装螺钉直径的钻头先行钻出螺钉引导小孔，以防止螺钉旋入木板时歪斜，影响门扇的安装质量。铰链在螺钉固紧前应再次进行上中下调平调直后安装门扇。铰链安装应使用不锈钢或镀锌、镀铜的不锈蚀的沉头自攻木螺钉，螺钉的长度不得小于30mm，螺钉的直径不得小于4mm，严禁使用钢钉钉固。门扇安装到位后应进行检查，门扇不得出现自关或自开门现象，门扇关闭严密，门扇与门框周边间隙宽窄一致，门扇开闭无碰擦、无噪音。

4. 门锁、拉手安装

室内成品套装装饰门的锁具拉手安装，宜使用厂家配套的锁具、拉手，现场制作的装饰门，应根据设计要求配制锁具、拉手。锁具安装前仔细阅读安装说明书，了解门锁的工作原理或安装要求。按照锁体的尺寸确定好安装位，根据锁体直径的大小选用相应的专用圆形开孔钻头开凿锁体孔洞，严禁使用木工凿开凿圆孔安装。锁体安装应牢固不松动，不得有木质孔洞外露，拉手不扭曲变形。长廊中的门锁、拉手的排列高度应一致。锁具安装后应进行锁闭、开启的调试。门锁钥匙、开锁磁卡应进行统一编码，妥善保管，以免错乱遗失。定门器（让开启的门扇固定不动的装置，又称门吸、门碰）的型号、安装位置、高度按照设计要求配制、安装。定门器安装使用的螺钉不宜少于3颗，安装应牢固。

六、地弹簧门制作安装

1. 地弹簧门的特性与种类

地弹簧门现代、洋气，具有较好的装饰效果。适合于室内外安装，可以满足装饰装修工程中较大规格尺寸的、高档豪华门的装饰需要，所以地弹簧门在装饰工程的设计中使用非常广泛。地弹簧门是由地面的地簧结构托撑门扇重量，由地簧轴心与上部支架中的圆轴固定门扇。由于地弹簧轴心可以180°旋转，液压控制轴向90°定位，门扇具有可推、拉开关，室内外双向开启的性能。地弹簧门可分为独立门框架地弹簧门（又称龙门架地弹簧门）、门洞框架地弹簧门、无门框架地弹簧门。地弹簧门的门扇可以木质材料、各种金属、玻璃等多种材料制作，装饰装修工程中设计使用最多的是玻璃门扇。玻璃地弹簧门门扇又分为：有框玻璃门扇和无框全玻门扇两种。装饰装修工程中常见的各种地弹簧玻璃门见图26－1至图26－6。

图26－1　不锈钢饰面独立门框架地弹簧门

图26－2　天然石材饰面独立门框架地弹簧门

图26－3　预留门洞金属框架嵌入安装地弹簧门

图26－4　金属门框架地弹簧门

2. 地弹簧门独立门框架的制作

地弹簧门独立门框架一般使用型钢制作门框骨架，又称龙门骨架，门框骨架多以优质的不锈钢、钛金板，或名贵高档石材装饰饰面，装饰效果彰显大气、高档、豪华，多设计使用在星级宾馆、会展中心、影剧院、图书馆、大型商场、办公大楼、金融营业大厅、大型医院等公共建筑的出入口处。地弹簧门独立门框架结构比较复杂，施工难度或要求相对较高。独立框架可使用角钢或其他型钢焊接制作成独立支撑骨架，门框洞口的高、宽尺寸应按设计要求制作。但龙门骨架

图26－5　施工中的无门框架单扇全玻地弹簧门

图26－6　无门框架双扇全玻地弹簧门

焊接成型的柱框外观规格尺寸，不得小于200mm×200mm。两边立柱在地坑中校平校直后，用混凝土浇筑形成基础，或在已浇筑好的混凝土基础上安装立柱。混凝土基础的大小按设计或按实际安全要求挖基座坑浇注，保证地弹簧门独立门框架不得下沉变形而影响门的使用。型钢龙门骨架应涂刷防锈漆处理后用大芯板或密度板进行面层形成门框架。骨架面层板与龙门骨架应使用钻尾螺钉连接安装，螺钉的安装间距不得大于300mm。（注：钻尾螺钉是一种不用先在钢架上钻孔，而用电钻套住螺钉的尾部旋转，直接将螺钉钻入角钢等钢架内的一种自攻螺钉。）门框架的阴、阳角处应校正，面层板安装应平整、牢固。门框架外侧为橱窗玻璃墙结构的，面层板安装时应预留制作好玻璃板块的安装沟槽，沟槽的深度不得小于30mm，沟槽应平直。采用石材钢挂饰面装饰的门框架上可不安装面层板，直接在独立钢构门框架上进行石材挂装饰面。独立门框架进行镶贴装饰饰面前，应计算好门框架与门扇固定支架的预留安装位，保证门扇与门框左、右、上三面的间隙宽窄一致。大型商场、会展中心、影剧院、体育场馆等，人流量较大的出入口处，应设计或根据实际情况制作成六扇门扇至十扇门扇的对开门，消除瞬间人流进出的拥挤。门框架的镶贴装饰饰面应按照设计要求进行，各种材料的门框架镶贴装饰饰面施工分别见本书中的相关章节。

3. 有框地弹簧门扇制作安装

装饰装修工程中的有框地弹簧门扇，多设计为有框玻璃地弹簧门扇，即玻璃板块嵌在门扇框中做成的门扇，见图26－1至26－3。门扇框架可用黑色金属、不锈钢、黄铜或紫铜等金属方管或矩形管焊接制作门扇框架，或选用标准铝合金门窗型材制作门扇框，或以木质材料制作门扇框。有框地弹簧门扇的结构安全系数较高，更适宜制作尺寸规格较大的，质量考究、豪华高档的室外装饰门的门扇。

门扇框下料制作。下料制作前应量准门框架内的尺寸，预留出门扇与门框三面的配合间隙。门扇与门框左、右、上三面的间隙一般按10mm（净空尺寸）计算预留，门扇与地面的间隙按设计要求预留，无设计要求的按10mm（净空尺寸）预留。木质门扇框以实木方制作的，应选用干燥、不易炸裂、不扭曲变形的实木方制作。木质门扇框以大芯板或密度板制作的，应先将板材锯成门框设计尺寸的板条叠加制作仿木方，板条之间叠加应用白乳胶黏结、射枪钉钉固形成仿木方后制作成门扇框料，板条叠加时接头应错缝黏结。制作门扇框的木方料的宽度不宜小于80mm，净厚度不得小于60mm。木质门扇框架应使用扣合榫榫接、白乳胶胶粘、射枪钉钉固的方法制作。木质框地弹簧门扇安装应在门框底边嵌入400mm×40mm×5mm的扁钢做垫层，用垫层扁钢与地弹簧托架轴连接安装，提高安装质量，减少维修。

门扇框装饰饰面。黑色金属门框可用不锈钢、钛金板、铜板包裹饰面或油漆涂装饰面，黑色金属门框油漆饰面宜使用金属氟碳漆。木质门框宜采用不锈钢、钛金板、铝塑板包裹饰面，或木质饰面板镶贴、油漆涂装饰面。具体的门框饰面装饰按照设计要求施工。有框地弹簧门扇中嵌入的玻璃厚度不宜小于8mm，玻璃面的装饰处理，如磨花、磨砂、漆膜印花等按照设计要求制作。

4. 全玻地弹簧门门扇制作安装

全玻门扇，指以12mm及以上厚度的玻璃板块制作成的，没有门扇框的玻璃门扇。全玻门扇主要用于独立门框架中的地弹簧门门扇、墙体预留门洞嵌入门框架中的地弹簧门门扇、没有门框架的玻璃隔断中的地弹簧门门扇。全玻门扇因为没有门扇框，门扇为一整块玻璃，所以全玻门扇应使用国标质量等级的钢化安全玻璃制作。制作门扇的钢化玻璃的厚度不得小于12mm，门扇宽度在850mm以内为宜。全玻门扇的宽度超过1 000mm，高度超过2 400mm以上的，应使用12mm以上厚度的钢化玻璃制作。

全玻地弹簧门扇在没有门框架的玻璃隔断中安装，即地弹簧玻璃门扇安装的部位没有门框架，门扇上部固定支架直接安装在玻璃隔断或橱窗玻璃墙上，或玻璃隔断的上部框架梁中，玻璃门扇下部固定在地弹簧上，因其结构简单，又称之为简易全玻地弹簧门，俗称迷你门，见图 26 – 4 至图 26 – 6。由于无门扇框的全玻地弹簧门具有的简洁、现代、洋气装饰效果，制作安装简单，实用性强，造价较低廉等优点；又因为有门框的门扇不适宜在玻璃隔断、橱窗玻璃墙中安装，所以简易全玻地弹簧门在装饰装修工程的设计中使用非常广泛，多用于室内房间或小的商铺铺面等。但无门扇框的全玻地弹簧门的结构安全系数不高，抗震、防撞能力较弱，不宜制作成尺寸规格较大的门扇。

全玻门扇制作下料，应量准门框架、玻璃隔断或橱窗玻璃墙中的门扇安装洞口尺寸，预留出门扇与门框架洞口内的配合间隙，门扇与玻璃隔断、橱窗玻璃墙洞口三面玻璃的配合间隙。全玻门扇与洞口左、右、上三面预留的间隙不宜大于 8mm，门扇与地面的间隙按设计要求预留，无设计要求的不宜大于 10mm。全玻门扇上、下支托架的安装孔加工应正圆，孔径大于支托架安装螺栓直径 1.5mm 为最佳配合间隙。全玻门扇玻璃板块的四边应磨边倒角，保证使用安全。

5. 地弹簧门的地弹簧选用与安装

地弹簧选用。装饰装修工程中常用的地弹簧门门扇的宽度一般为 850mm、950mm、1 100mm，门扇尺寸越宽大，门扇的质量越重。地弹簧的承载重量等级大约有 100kg、150kg、200kg、300kg 多个等级。按国标生产的地弹簧应为双向开启，最大开启角度 116°，止动角度 90°，闭门速度为两段调节，开关自如，开关运行 30 万次无故障。地弹簧使用设计或施工安装时应按照门扇的质量选配相适应荷载等级的地弹簧。

地弹簧安装。地弹簧安装前要严格检查其产品的品牌型号，核对荷载等级，查看有无液压油渗漏等质量缺陷。门扇与门框之间的间隙尺寸的计算预留，以及上、下门扇支托架轴的垂直度的精准度，是地弹簧门安装质量高低的关键。地弹簧安装时一定要认真进行门扇与门框间隙尺寸的预留，以及上、下门扇支托架安装垂直度的调校。地弹簧适宜在混凝土硬化的地面上安装。地弹簧在混凝土硬化的地面上安装应开槽，将地弹簧壳体放入槽中用水泥砂浆凝固固定，待预埋水泥砂浆硬化凝固后再安装门扇。地弹簧的装饰盖板面应与地面（装饰饰面后的地面）成水平状，否则将影响门扇的安装或开关。地弹簧在其他钢质楼地面安装，应先制作专用的钢质底盒与钢质楼地面焊接固定后再安装地弹簧。门扇安装调试合格后应及时固紧上下支托架螺栓，安装好地簧盖板及上框支架的装饰盖。

七、全钢成品防盗门安装

全钢成品防盗门，是主要用于住宅的入户门，财务室、机要室等房间的门。全钢成品防盗门必须具有良好的防撬防盗安全性能，同时还应具有良好的隔热保温、隔音等性能。钢质安全防盗门国家已有严格的产品标准，装饰装修工程设计或施工中应选用符合国家标准要求的产品。防盗门的外观结构一般为单扇门、子母门。安装前应确定正确的安装位置，不符合要求的墙体门洞应修整。特殊尺寸的门洞安装，宜加工定做特殊尺寸的门。门框嵌入门洞中后应用水平尺或线坠调校平整，门底框应紧压地面，门框在门洞中调校好后临时固定，再安装膨胀螺栓紧固。膨胀螺栓的直径不宜小于 12mm，螺栓的植入墙体中的深度不宜小于 120mm，埋植数量不宜少于 8 颗，膨胀螺栓安装间距应均等。门框与门洞的缝隙应宽窄一致，门洞缝隙中应灌注水泥砂浆或注入专用胶镶嵌密实。安装时门扇、门锁外套保护膜应予以保护。

八、防火门安装

防火门，是一种具有功能和特殊作用的门，是一种定型的产品。室内装饰装修工程涉及的防火门主要为双扇对开防火门和卷闸防火门。双扇对开防火门一般安装在出入口通道处，处于自动常闭状态，由自动闭门器控制。卷闸防火门一般安装在大型商场、大型库房内，或较宽的出入口通道处，处于开启状态，在发生火灾事故时能及时自动关闭。防火门必须使用A级阻燃材料制作，在火灾事故发生时门及门框不致被烧毁。防火门在室内火灾事故发生时能发挥阻隔高温气流流动、切断火焰、阻止火势蔓延、阻挡有毒烟雾或有毒气体进入逃生通道的作用。因此，防火门是遇险人员的逃生门。在装饰装修工程中不可避免地要涉及公共通道的消防门、大型火灾隔断卷闸门等消防安全门的安装或维修。在装饰装修施工的设计与施工中，对防火门的安装要予以高度重视，严禁随意进行消防门的拆除、更换、改变结构或变动安装位置。施工应选用合格的消防门，消防门门洞处的门套饰面装饰，应使用防火阻燃板材做门套基层及饰面板，严禁使用可燃材料制作。

九、其他特殊结构装饰门制作安装

1. 自动玻璃门

自动玻璃门，装饰效果简洁、大气，现代气息感强，使用便捷。装饰装修工程中的自动玻璃门，有红外线热感应自动玻璃门、无线遥控自动玻璃门、普通开关触摸自动玻璃门、指纹触摸识别功能自动玻璃门等。红外线热感应自动玻璃门多安装在建筑物的室外出入口处，少有室内安装使用。无线遥控自动玻璃门、触摸式自动玻璃门多安装在室内的楼层出入口处（电梯间）。装饰装修工程中自动玻璃门的设计使用、安装，在追求完美装饰效果的同时，还应重视门的结构安全与产品质量的优劣。无框全玻门扇应使用钢化安全玻璃或其他夹层安全玻璃制作，门扇厚度不得小于12mm，玻璃门边倒角磨光。自动玻璃门的自动闭门速度为两段调节，应具有防夹伤人的功能，同时保证玻璃门扇之间柔性合拢。门扇开启、关闭应灵敏，开、关次数应达到50万次无故障。由于成套产品质量有保证，产品售后的维修保养有保障，所以，装饰装修工程中的自动玻璃门，不宜为节约成本而购置零配件组装，应购置成套产品，且由生产厂家的专业技术人员安装、调试。

由于自动玻璃门的安装有一些特殊要求，如自动玻璃门的传动机械、滑轨、电器等部件，以及门扇开启时处于装饰美化结构的隐蔽之中。装饰装修工程施工方与自动玻璃门安装单位之间应相互协调，及时进行交流沟通，做好施工配合。装饰装修工程施工方应根据自动玻璃门的安装要求，预留好门扇运行轨道的安装部位、触摸屏的安装部位、电源控制开关的安装部位，以及电源接口、检修口的设置等，以保证装饰装修工程的整体质量与装饰效果。

2. 旋转门

旋转门是一种结构比较特殊，能360°左右旋转的门。旋转门彰显豪华的装饰档次，使建筑物的门庭更具浓郁的装饰效果。旋转门以中间直轴为轴心，中间直轴以上下轴承为支点结构旋转。玻璃门扇呈十字状或呈类似于十字状，以及呈丫字状等，类似于十字状和丫字状门扇的出入空间更大。门扇固定在中间的直轴上，在两边外围的弧形玻璃框中旋转。室内外人员进出，推着门扇旋转或门扇自动旋转出入。在无人出入的状况下，圆弧形玻璃框中的门扇始终保持闭合状态。旋转门安装在建筑物的出入口处，即入户门，冬天能有效地阻隔室外风沙或冷空气进入室内，夏天能有效地阻隔室内空调低温与室外热空气的交换，旋转门是一种有效地节能型门。旋转门在我国北方的建筑中使用得比较广泛，现在南方的装饰装修工程中设计使用也较多。

旋转门的安装部位一般处于建筑物内人流出入量最大的地方，如大型商场、星级宾馆、会议中心、大型写字楼、医院等公用建筑的出入口处，在追求门庭完美装饰效果的同时，还应重视门的结构安全与产品的质量优劣。旋转门现在已有专业厂家设计、专用材料工厂化生产，成品门的加工质量远比现场制作的门有保障。门业专业厂家已开发出了各种各样的自动旋转门供选择，装饰效果、质量更好。装饰装修工程设计宜选购成品旋转门，由生产厂家的专业技术人员安装、调试，产品的售后维修、保养有保障。

3. **滑轨门**

装饰装修工程中涉及的滑轨门主要有：下滑轨梭门、上吊滑轨梭门、上吊滑轨滑动折叠门。下滑轨梭门、上吊滑轨梭门，多以隐藏于墙体中设计安装，一般两幅门扇对开滑动安装，施工难度不大，制作、安装较简单。笔者将主要介绍上吊滑轨滑动折叠门的施工安装。

图 26－7　装饰装修工程中的软包装饰面上吊滑轨折叠门

上吊滑轨滑动折叠门，又称为滑动折叠隔断，或称滑动折叠装饰屏风更为准确。由于上吊滑轨滑动折叠门与其他滑轨门的结构，安装方法基本相同，为了便于叙述，称之为折叠门。装饰装修工程中常见的上吊滑轨折叠门、滑轨安装及滑轨与滑轮的结构见图 26－7 至图 26－9。上吊滑轨滑动折叠门可以多扇组合安装，门扇展开时或折叠状收拢时，可对室内空间瞬间进行分隔或展开，而且具有很好的室内分隔装饰效果。上吊滑轨折叠门适合于餐厅、酒楼、宾馆、写字楼等装饰装修工程，在装饰装修工程的设计中使用越来越广泛。上吊滑轨折叠门结构特殊，一般设计使用多幅门扇悬吊安装，悬吊跨度较大。上吊滑轨折叠门通过滑轮悬吊在上部滑轨中滑动开关、折叠。上部滑轨应使用型钢焊接制作专用钢梁安装，固定滑轨的钢梁应独立安装固定于楼板下，并用斜向金属支撑件支撑稳固，见图26－8。钢梁应与天棚装饰龙骨架连接成为整体，以保证结构安全和安装质量。钢梁应校平校直，涂刷防锈漆做防锈处理。滑轨为铝合金制作成的专用型材，包括滑轮也属通用型产品。上吊滑轨安装固定的螺栓间距不宜大于600mm，滑轨延长连接不得以多根短节连续连接安装，以减少滑动噪声。上吊滑轨折叠门的门扇可以木质材料、有色金属材料、塑料等材料制作。上吊滑轨折叠门的门扇不宜设计成规格过大、厚重的板块。实际中多以人造木质材料制作。门扇可以软包、墙纸、金箔、不锈钢、铝塑板、轻质马赛克，以及各种木质类油饰面漆涂装等装饰饰面。不宜使用厚重的饰面材料饰面，如玻璃、瓷砖、瓷质马赛克等。上吊滑轨折叠门已是一种定型产品，滑轨与滑轮结构件有多种规格，施工时应根据上吊滑轨折叠门扇的规格尺寸或重量选用相适应的滑轨与滑轮结构件安装。但滑轮中的吊杆螺栓的直径不得小于12mm。装饰装修工程中上吊滑轨折叠门的制作可按照设计要求，宜请专业厂家加工定做并请专业技术人员安装。外包请专业厂家加工定做质量更有保障。现场制作安装或专业厂家加工定做安装，都应保证门的结构安全、质量合格或装饰效果好。

图 26－8　楼板下上吊滑轨折叠门的上部滑轨安装方法

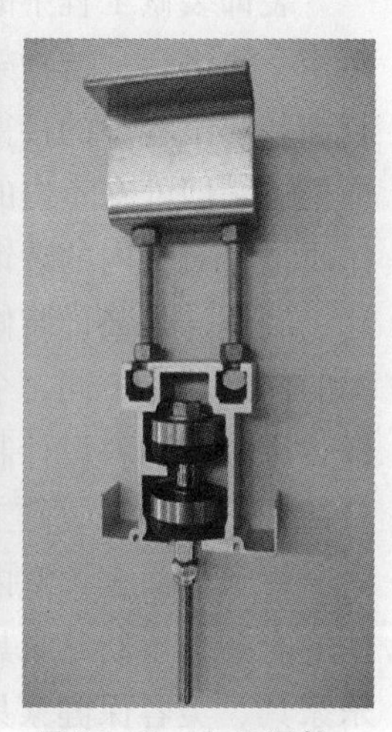

图 26－9　上吊滑轨折叠门的滑轨与滑轮结构件

4. **百叶门、铁艺装饰门等**

装饰装修工程中的百叶门、铁艺装饰门、铜质等特殊结构门，由于适用部位的局限性较大，或造价昂贵等原因，在装饰装修工程中设计使用不多。装饰装修工程中有设计使用的，在施工中应按照设计要求结合施工的现场实际情况制作安装，或外包请专业厂家加工定做、专业技术人员安装。

第二十七章　装饰装修工程中的装饰柜类工程

装饰装修工程中的各种装饰柜类，与各种家具的作用、功能不具有相同性。装饰装修工程中各种装饰柜类的设计、制作与家具的设计、制作有着明显的区别。各种装饰柜类的制作材料的选用更具有多样性。但在一些教材中，将装饰装修工程中的各种具有装饰性的柜类的设计与制作，解释为室内家具的设计与制作，这曲解了装饰柜类设计与制作的内涵。不利于读者准确了解装饰装修工程中各种装饰柜类的功能与作用。

装饰装修工程中的各种装饰柜类制作，主要指：各种接待前台、经营服务台、收银台、吧台、帽柜、演讲台，博物架、书架、酒格；各种装饰玻璃柜，洗面台、橱柜以及与橱柜配套的吊柜等。装饰装修工程中的接待前台、经营服务台、收银台、吧台、博物架、酒格或酒架、玄关柜等各种装饰柜，一般处在室内的重点装饰区域或重点装饰部位。各种装饰柜类的外观设计、材料的选用与制作质量，对室内的装饰效果、装饰档次，有着重要的影响。装饰装修工程中的各种装饰柜类的设计、制作，是装饰装修工程中的一项主要的设计事项，是施工中主要的施工项目。由于各种装饰柜类的使用功能不同，个性设计鲜明，柜体外形各异、规格尺寸也各不相同，结构形式设计多种多样、可多种材料设计制作。目前，装饰装修工程中的各种装饰柜类难以实现工厂标准化批量生产，只适合于在装饰装修工程施工现场制作或单件定做。

就家具而言，室内家具的种类从各种类型装饰装修工程的配套角度划分，大致可划分为：民居住宅家具、婴幼儿家具、办公家具、会议家具、教学家具、宾馆客房家具、酒店餐饮家具、休闲娱乐家具、美容保健家具等。各种家具的设计制作，已有相应的设计、生产标准，可工厂批量化生产。室内家具的制作材料主要以人造木质板材（纤维板、刨花板）、木器油漆、家具组装标准件为主，包括少量实木、钢材、玻璃、石材、人造革、布料、海绵等。家具已是一个独立的设计与制造行业。在实际的装饰装修工程中，进行室内配套的家具设计，以及在施工现场进行室内配套家具制作的并不多。家具在装饰装修工程中属工程的配套用品。各种室内家具在装饰装修工程的设计中属软装配饰品选用设计，属工程的配套采购事项。

一、装饰装修工程中装饰柜类的种类

在室内装饰装修工程的设计中，装饰设计师对室内的各种装饰柜类有着各种的不同个性设计，追求着不同的装饰效果。由于各种装饰柜类的外形设计各异，而导致不同的结构，制作使用的材料也各不相同（主要表现在柜体的饰面装饰材料方面）。因此，装饰装修工程中的各种装饰柜类，需要不同的材料、施工工艺或施工技术制作。但按照各种装饰柜柜体的制作材料进行分类，装饰装修工程中的装饰柜类大致可分为：砖砌柜类、木质柜类、玻璃柜类、人造石柜类。（注：人造石柜类，是指以使用人造石为主材料制作成的柜类。装饰装修工程中的人造石柜体大多由专业厂家制作，现场配制柜屉、柜门。）

下面将主要对装饰装修工程中的砖砌柜类、木质柜类、玻璃柜类的主要结构、主要的制作材料、主要的制作施工方法给予介绍。

二、砖砌柜体柜类制作

砖砌柜类，是指以使用砖块、水泥砂浆砌筑成柜体后，再用石材装饰饰面制作成的柜类。一般柜体长度在6 000mm及以上固定的柜类，适用于砖块砌筑柜体，如：金融行业金融网点的服务台，高级宾馆、酒店大厅服务接待台，民航机场、火车站售票服务台，医院收银台、药房服务台，行政办公服务性的接待服务台等适用于砖砌柜体。服务接待前台、服务台、收银台等多处于室内的大厅亮点部位，属于工程的重点装饰区域，柜台立面或台面一般都设计选用高档名贵的、加工精良的石材镶贴饰面装饰，以彰显豪华、大气的装饰效果或装饰档次。

砖砌柜体应在混凝土地面或混凝土楼板上砌筑，在混凝土楼板上砌筑应考虑楼板的荷载安全。砖砌柜体砌筑前应按照设计要求在室内放好砌筑线。柜体宜从室内墙面或柱面发砖砌筑，转角收尾。砖砌柜台多为上屉下柜、双层台面结构，立面墙和隔墙用以承载石材台面的重量，隔墙中间安装抽屉或柜门。砖砌柜体的砌筑高度不宜超过1 100mm，宽度不宜小于600mm，砖砌柜体的立面墙厚度不小于240mm。立面墙内侧应根据设计要求的尺寸砌筑隔墙形成柜体，隔墙厚度不小于120mm。砖砌柜体外侧应水泥砂浆抹面搓抹平整，以利石材镶贴饰面，柜体内侧墙面水泥砂浆抹面搓平搓光。洞口应角正平直，以利抽屉、柜门的嵌入安装。砖砌柜体立面的石材镶贴饰面见第八章中水泥砂浆抹灰面基层石材镶贴部分（第72页）；柜台台板面的石材铺贴饰面见第十八章中各种柜类、窗台板等石材台面板铺贴施工部分（第147页）。柜体石材装饰线条宜用石材胶、结构胶粘贴安装，安装应牢固，不得有松动脱落。柜体墙体砌筑时应按照设计要求敷设好强弱线缆、安装好电源开关插座底盒、弱电末端插座等。

柜台外立面或台板下部设计有装饰发光灯槽的，应在石材加工制作时按设计灯槽结构制作好发光灯槽，但发光灯槽的槽深不得小于120mm。发光灯槽应采用冷光光源，灯槽口宜用透光板或透光花饰板封闭透光，防止未成年人触摸发生触电安全事故。

三、木质装饰柜类制作

木质装饰柜类，是指以使用木质材料为主要材料制作成柜体或柜子骨架后，再用各种饰面材料装饰饰面后制作成的柜类。各种柜体长度一般在5 000mm以内，可移动的，长形的、圆弧形的、圆弧直角形的，以及曲线形的接待前台、经营服务台、收银台、吧台、演讲台。不可移动的橱柜、洗面台、帽柜，以及博物架、书架、酒格宜用木质材料制作。柜体或架体可用实木制作，可用大芯板、密度板、刨花板、拼接木等人造板材制作。木质柜类制作，应严格控制人造木质板材的质量，查验各种进入施工现场的人造板材、胶粘剂的有效产品生产合格证及有害物质限量释放合格检测报告，杜绝不合格的施工材料进入施工流程。

1. 接待前台、经营服务台、收银台、吧台、演讲台制作

接待前台、经营服务台、收银台、吧台的使用功能比较单一，一般为屉柜结构，由台板、底板、柜体外侧立板、内侧竖立隔板连接形成柜体。柜台外侧立面可用各种木质胶合饰面板、木质复合饰面板，防火板、玻璃、软包件、花饰、透光石材或人造透光片材，以及不锈钢等金属饰面板镶贴装饰饰面。内侧屉柜面多以木质板油漆涂刷或防火板镶贴饰面。

接待前台、经营服务台、收银台、吧台，以及橱柜制作，应按照设计外形尺寸、结构要求下料制作。但台面的宽度不宜小于550mm，柜屉的分隔立板间距不宜大于1 100mm，抽屉的宽度不宜大于550mm。演讲台可做抽屉、不做柜门，或抽屉、柜门都不做，其高度不宜高于1 100mm，宽度一般不宜小于1 000mm，台板面应低于三面外侧围板100mm左右。有的服务台、收银台、吧台为了有利于照明灯具的隐蔽安装，或桌面上的常用文件或资料等的整齐堆码或隐蔽放置，或经营现金的收取清点等，将台面设计为双层台面。各种木质台、柜的柜体宜使用12mm厚以上的密度板或大芯板、刨花板制作，制作时下料板块的锯切面应平直、刨光。木质柜体板块之间的连接面应涂刷白乳胶黏结，宜使用30型射枪钉，或自攻螺钉，或专用螺钉固定，柜体结构应钉固牢固。装饰装修工程施工中常见的屉柜结构的服务台、收银台的制作及成品见图27－1、图27－2。

图27－1　制作中的长形双层台面、木质屉柜结构收银台

图27－2　制作完成的圆形双层台面木质屉柜结构服务台

木质圆弧柜、圆弧直角柜的制作，应根据设计要求的外形，先制作出圆或弧形模板再制作其他部分。柜体常用的做法大致有两种：一种是按照模板将厚度在12mm以上的密度板或大芯板、刨花板先锯成圆弧形台面板、底板。圆弧形台面板、圆弧形台底板与竖立隔板连接在一起，形成圆弧柜体骨架，再在圆弧骨架上用三夹板或五夹板、薄型密度板进行圆弧骨架面层，形成圆弧骨架柜体，并形成柜体的装饰面板的镶贴基层面或油漆涂装面。但圆弧骨架面层板安装数量不宜少于两层。另一种是按照模板，下好圆弧形台面板、圆弧形台底板料后，用圆弧形台面板、圆弧形台底板与竖立隔板先制作成圆弧形骨架，再用10mm及以上厚度密度板做外侧立板，直接在外侧立板上等距画线锯切拉槽，将锯切拉槽板沿着圆弧柜体窝成圆弧形成柜体镶贴面，再进行后续的饰面板镶贴装饰。木质圆弧柜、圆弧直角柜架体与面层板的连接安装，连接面之间应涂刷白乳胶黏结和使用25型射枪钉钉固，柜体结构应钉固牢固。装饰装修工程中常见的圆弧柜、圆弧直角柜的做法及饰面见图27－3至图27－10。

图27－3　施工人员在进行圆弧形柜台板、底板的放样下料

图27－4　用密度板做出的圆弧形柜体

图 27－5　圆弧柜体的面层围板使用多层薄板叠加安装

图 27－6　面层板锯切拉槽窝成圆弧直角柜的做法

图 27－7　圆弧柜体立板面木质胶合饰面板镶贴安装

图 27－8　已完成的木质柜体木质饰面板镶贴饰面

图 27－9　木质饰面板镶贴油漆饰面、人造石材装饰台面圆弧直角服务台

图 27－10　不锈钢板饰面装饰的圆形服务台

木质服务台、收银台、吧台、演讲台等不得以柜体底板或隔板直接触地安装，宜另做底座安装，或使用金属支架脚或塑料支架脚触地安装。台面外侧下部设计有装饰发光灯槽的，应在制作时按设计结构制作好发光灯槽，但发光灯槽的槽深不宜小于120mm。发光灯槽应采用冷光光源，灯槽

口用透光板封闭，防止未成年人触摸发生触电安全事故。木质柜体饰面板镶贴见第十二章中室内外墙、柱面装饰艺术造型基层饰面板镶贴部分（第106页）；木质饰面板油漆饰面见二十二章相关部分（第166页）；立面设计有镂空雕花透光效果安装的，见十六章中花饰件安装部分（第131页至132页）；天然石材或人造石台面镶贴装饰见十八章中各种柜类、窗台板等石材台面板铺贴施工部分（第147页）。

2. **帽柜制作安装**

帽柜又称吧台吊帽，是一种特殊的装饰柜类，主要功能是用于营造出特殊的上下对应的装饰效果或氛围，柜类的使用功能较少，它属一种装饰艺术造型结构件。在装饰装修工程中主要设计安装在服务台、收银台、吧台等的上部，与服务台、收银台、吧台等相对应，供照明灯具安装或高脚酒杯的倒置悬挂装饰等。

帽柜宜用木质材料制作柜体框架，应使用独立的悬吊装置固定于楼板或横梁上，不得吊装在装饰天棚轻钢龙骨架上。帽柜宜用木质饰面板、防火板、玻璃、马赛克、不锈钢等的材料镶贴饰面，或木质花饰装饰饰面。不宜使用厚重的瓷砖、石材等材料镶贴饰面。装饰装修工程中常见的吧台吊帽见图27－11至图27－14。

图27－11　木质透光吧台及木质板饰面帽柜

图27－12　木骨架玻璃装饰饰面吧台及帽柜

图27－13　木格花饰装饰吧台及玻璃饰面帽柜

图27－14　木格花装饰吧台及吧台帽柜

3. **博物架、书架、酒格制作**

博物架、书架、酒格（又称酒架）不同于其他的木质装饰柜类，设计完美、用料考究、制作精美的博物架、书架、酒格本身就是一件具有文化品位的装饰品。博物架与书架没有严格意义上的区别，制作工艺和制作材料基层相同，在结构、使用功能上具有一定的通用性。博物架、酒格的主要功能是装饰美化室内环境，供精装典藏书籍、高档精美艺术品、古玩、高档酒品的陈列展示，如珍贵古玩、高档精美艺术品、精装或典藏书籍等，集中陈列展示在博物架上，会在室内给人营造出一种博古文化浓厚的氛围感受；各种包装精美的高档名酒，集中地存放于酒格之中会给人一种酒文化底蕴浓郁的气息。博物架、酒格的结构特点是开放式放置物品，无门扇，可近距离地观看或欣赏展示的物品，取拿物品方便。

博物架、书架、酒格的结构或外观设计多种多样，可以多种材料制作。在实际装饰装修工程中博物架、书架、酒格的设计、施工多以大芯板、中密度板等木质材料制作框架和柜体内的搁架（隔板），并以各种木质剖面纹理漂亮的、高档的木质饰面板镶贴油漆饰面，或使用高档的实木制作、油漆饰面。不锈钢方管、矩形管、圆管也是 种制作酒格的好材料。柜体内的搁架除木质板制作外，也有使用玻璃板、石材板块等制作的。博物架、书架、酒格的高度一般在 1 800mm 以上，宽度在 400mm 以内。柜体内的搁架分格尺寸应以存放物品的大小设置为好。搁架分格的形状可以各种形式设计，实际工程中大多是以方形、长方形、L 形、T 形、田字形、井格形等结构形式设计制作。

博物架、书架、酒格可靠墙固定制作安装，可以壁龛式嵌入制作安装，或独立双面通透以室内隔断结构形式制作安装。搁架内需要打光或照明的，宜在博物架、酒格部位的天棚上安装射灯打光或照明。装饰装修工程中常见的博物架、酒格及制作见图 27 – 15 至图 27 – 22。

图 27 – 15　靠墙安装制作的木质落地式博物架

图 27 – 16　靠墙安装制作的墙木质座柜式博物架

图 2 – 17　石材饰面装饰博物架

图 27 – 18　木质雕刻花饰壁龛嵌入式博物架

图 27－19　独立木质隔断式博物架

图 2－20　货架式木质酒格

图 27－21　施工现场博物架制作的材料与制作

图 27－22　制作中的木质博物架

四、玻璃装饰柜类制作

玻璃装饰柜，是指以玻璃为主要材料或全部使用玻璃制作成的，高度一般在 2 000mm 以下的，具有装饰美化室内空间作用的，供高档物品或高档商品陈列观赏或展示售卖的，不同结构的装饰玻璃柜。装饰装修工程中的装饰玻璃柜，按照柜体的结构可分为有骨架玻璃柜和无骨架全玻璃柜两种。装饰玻璃柜类在工程的施工中，根据设计要求一般需要在施工现场制作或安装完成。在装饰装修工程中，大致有以下三种结构形式的装饰玻璃柜类：

有骨架玻璃柜及木柜体玻璃门柜（木柜体玻璃门柜，见图 27－23 至图 27－26），主要用于贵重物品、高档或名贵商品的陈列、展示售卖。

无骨架全玻有柜门（玻璃门）玻璃柜（见图 27－27 至图 27－30），主要用于贵重物品、高档商品陈列展示，并可全方位地的观赏，便于高档商品取拿或售卖。

无骨架全玻无柜门玻璃柜，即柜体通透密闭无柜门的玻璃柜，主要用于不常更换的文物或其他贵重物品的陈列展示，供人全方位的观赏。柜体通透密闭无柜门的玻璃柜在博物馆、展览馆等装饰装修工程中设计使用、制作施工比较多。

1. 有骨架装饰玻璃柜制作

有骨架装饰玻璃柜，是指用木质材料，不锈钢方管、矩形管、铝合金方管、型材等先制作成柜体框架或骨架，再将玻璃板块嵌入安装在柜体框架或骨架中做成的玻璃柜。

（1）木骨架玻璃柜制作。木骨架可使用木质结实、干燥、不炸裂、不扭曲变形的实木制作，或大芯板、高密度板等人造板材制作。实木骨架玻璃柜的框架制作，实木框架结构应使用扣合榫榫接、白乳胶胶粘、射枪钉钉固方法制作。使用大芯板、高密度板等人造板材制作柜体骨架的，见第二十六章中大芯板、高密度板门扇框架的做法部分（第191页）。木质框架的装饰饰面按照设计要求进行饰面处理。木骨架玻璃柜，木质框架与玻璃板块可用木质线条双面压边固定安装，或者使用专用扣件连接安装。

（2）金属骨架玻璃柜制作。不锈钢骨架玻璃柜可使用相适应的不锈钢方管或矩形管采用焊接制作骨架，焊缝应打磨抛光。铝合金骨架玻璃柜可用铝合金型材或方管做骨架，方管的规格应与玻璃柜外观尺寸的规格大小相适应，铝合金型材厚度不宜小于3mm。铝合金骨架应采用专用的连接件连接制作。金属骨架与玻璃板块宜使用玻璃结构胶黏结安装或专用的连接件连接固定。

（3）有骨架装饰玻璃柜的玻璃厚度不宜小于6mm，有骨架玻璃柜宜用用木质板、铝合金、不锈钢等材料做底座。柜体按照设计尺寸规格制作，外观应符合设计要求。装饰装修工程中常见的木骨架玻璃商品展示柜见图27－23至图27－27。

图27－23 柱面木骨架玻璃商品展示柜

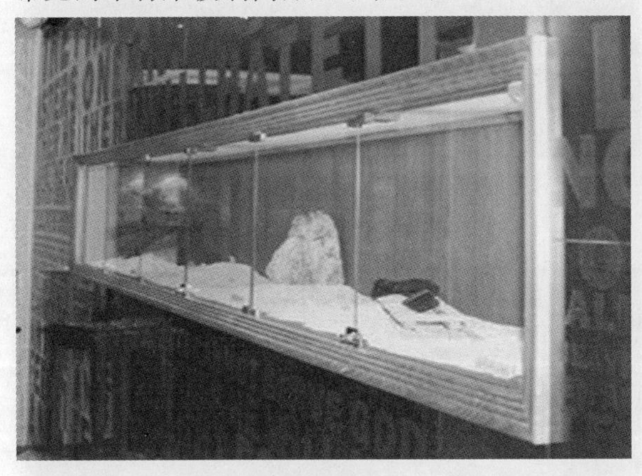

图27－24 墙面木骨柜体玻璃门商品展示柜

图27－25 壁龛式木骨架丝绸软包面玻璃门商品展示柜

图27－26 壁橱式木骨架玻璃门装饰艺术品陈列装饰柜

图27－27 木骨架柜体四面玻璃通透商品展示柜

2. 无骨架全玻璃装饰柜制作

无骨架全玻璃装饰柜制作，是指直接用玻璃板块相拼粘接制作成的四面通透的玻璃柜。无骨架全玻璃装饰柜宜使用钢化玻璃或夹层玻璃等安全玻璃制作，也可以用普通平板玻璃制作，玻璃可加工成弧形或圆形制作。但安全玻璃的厚度不宜小于8mm，普通平板玻璃的厚度不宜小于10mm。玻璃板块板边应平整，棱角打磨光滑。全玻璃装饰柜的玻璃板块之间宜用高强度无影胶黏结安装，或专用金属结构件安装。全玻璃柜宜用木质材料、铝合金、不锈钢等材料做底座。柜体应按照设计尺寸规格制作，外观应符合设计要求。

装饰装修工程中常见的、小型的、柜体通透的，有柜门（玻璃门）的商品展示售卖玻璃柜，见图27－28至图28－30。

图27－28　圆形木底座组合式全玻璃商品展示售卖柜

图27－29　小型的木质花饰底座全玻璃商品展示售卖柜

图27－30　小型木底座全玻璃商品展示售卖柜

五、装饰装修工程中装饰柜类的抽屉及柜门制作安装

1. 砖砌、木质装饰柜类的抽屉、柜门制作安装

服务台、收银台、吧台等，抽屉的宽度不宜大于550mm，抽屉长度不宜大于600mm，抽屉深度以200～250mm为宜。抽屉尺寸规格、抽屉深度过大不便物品的取拿。屉框（俗称屉帮子）可以大芯板或刨花板制作，厚度不宜小于12mm。底板宜用不小于6mm厚的人造板制作。板块下料应锯切平直，刨平刨光。屉框板块之间连接，应涂刷白乳胶黏结后射枪钉或自攻螺钉或专用螺钉钉固。

服务台、收银台、吧台等，柜门门扇应用厚度不小于12mm的人造板制作。圆弧柜、圆弧直角柜的抽屉面、柜门门扇应与柜台做成相对应的圆弧，以利抽屉的开启闭合。抽屉面、柜门的圆弧做法参见本章图27－3至图27－7。抽屉面板、柜门的装饰饰面可同柜体的饰面层一致，也可不一致。因为，抽屉面、柜门处于内侧。抽屉面板、柜门的面板应锯切平直，板边应平整光滑，四周可用专用的贴膜、封边条或专用的金属边框装饰条等收边。

服务台、收银台、吧台等，抽屉、柜门安装应与柜体进行反复比对调试，抽屉、柜门嵌入平整、四周间隙宽窄一致后进行定位。抽屉应选用多节伸缩、滑动无噪音、经防锈处理的专用抽屉滑槽安装。柜门门扇应使用可调节、可脱卸、经防锈处理的专用柜门铰链安装。拉手选用应符合设计要求。多个平行的抽屉、柜门、锁具、拉手安装时应拉通线水平线，保证平行安装高度水平一致、间距一致，协调美观。抽屉、柜门的饰面板镶贴见十二章中室内外墙柱面装饰艺术造型基层饰面板镶贴部分（第106页）。

2. 玻璃装饰柜类的柜门制作安装

玻璃装饰柜类一般只有柜门，无抽屉。有骨架玻璃装饰柜的柜门宜使用与柜体骨架材质相同的材料制作柜门框架。柜门玻璃的厚度不得小于5mm；柜门门扇与柜门框洞口四周的间隙宽窄一致，间隙不大于3mm；玻璃门扇与柜体连接宜使用金属铰链安装，保证牢固不松动。柜门铰链、锁具安装应精细、美观。有骨架玻璃装饰柜的柜门也可用厚度不小于6mm的玻璃制作成无框玻璃柜门门扇。无骨架全玻璃装饰柜应使用同柜体厚度的玻璃制作柜门，柜门门扇与柜门洞口四周的间隙宽窄一致，间隙不大于3mm；应用专用的不锈钢玻璃柜门铰链安装柜门门扇，铰链安装应牢固不松动，柜门门扇开、闭不擦碰柜门洞口。柜门门扇玻璃边应倒角磨光，柜门铰链、锁具安装应精细、美观。

六、洗面台、橱柜的制作安装

洗面台、橱柜及与橱柜配套的吊柜，是一种已能工厂标准化生产的产品，在装饰装修工程施工现场只需进行安装。工厂化生产的洗面台、橱柜以及与橱柜配套的吊柜等的柜体，一般使用防水刨花板制作。洗面台、橱柜一般为屉柜结构，抽屉面板、柜门多用双面涂装装饰的三聚氰胺板、玻璃、铝合金、不锈钢等板材制作。台面多用人造石，或天然石材、玻璃铺贴。台面铺贴施工见第十六章中各种柜类、窗台板等石板台面板铺贴部分（第147页）。木质板材抽屉面板、柜门的面板四周可用专用的贴膜、封边条或专用的金属边框装饰条等收边。洗面台、橱柜安装，应用金属支架脚或塑料支架脚触地安装，不得以柜体或木质底座触地安装。与橱柜配套的吊柜安装应使用专用的金属支托架或连接件在墙面上安装。

第二十八章　室内电气照明工程

室内电源线、缆敷设，电器件、照明灯具的安装设计、施工，是装饰装修工程设计中不可或缺的设计事项，也是施工中的主要分项工程项目。装饰装修工程中装饰照明灯具或配饰灯具的设计选用，对提高建筑物室内的使用功能、室内环境的舒适度、室内灯光下的空间美化效果，乃至工程的装饰档次，有着极其重要的作用。装饰装修工程中的室内照明灯具、电气件等的安装施工，既有隐蔽部位的安装，也有装饰饰面部位的安装。装饰装修工程中室内照明灯具、电器件等的安装质量，将直接影响到工程的施工质量或装饰效果。装饰装修工程中室内电气照明的安装施工的内容比较宽泛繁杂，有着一定的技术难度，工程的施工质量要求较高。因此，装饰装修工程中室内电气工程的安装设计、安装施工应严格执行现行的国家《民用建筑电气设计规范》（LGJ16—2008）、《建筑电气工程施工质量验收规范》（GB50303—2002）等规范。

装饰装修中室内电气工程的安装设计，应包括两个方面的设计：一种是各种照明灯具的布置与灯具控制开关、线路的敷设安装设计。另一种是工程项目正常运行中其他必需的用电系统的线路、电源控制开关、配电箱的安装设计等，如通风、空调、办公设施，以及其他室内电器设备、电器用品等的供电和用电安全的控制设计。一个装饰装修施工项目中的室内电气工程的安装设计，应根据各种照明和装饰灯具的选用设计方案，以及工程项目运行必要的其他各种电器用电的情况，进行总用电量的统计计算，再根据总用电量情况进行整体的室内电气工程的匹配安装设计。装饰装修工程施工应有完整的电气安装施工设计图，工程应按图施工，禁止无图施工，以保证工程项目的正常用电和用电安全。一个工程项目的总用电量不通过匹配计算，不按照有关规范进行整体电气线路布放设计，在没有完整的电气线路安装施工设计图的情况下进行施工，其装饰装修工程中的电气施工质量与工程竣工后的安全用电是没有保障的。装饰装修工程中电源线、缆的敷设安装设计，电器件、照明灯具的选用、安装设计，在保证工程投入使用后能正常、安全用电的前提下，才能满足室内装饰美化特殊性的要求。照明及其他用电耗能设计还应执行国家有关建筑节能规范，节能效果应符合建筑节能的有关要求。

本章是根据室内装饰装修工程的特殊性，即从装饰装修工程的装饰美化效果，增强室内用电的安全性，保障室内的正常用电，照明开关及电源插座的使用便捷，强弱电同一地点线管布放时而互不干扰等方面提出的新的施工要求。

一、复核工程电路设计图、放线

装饰装修中室内电气工程施工前，施工单位应对电气安装施工设计图进行复核，对设计所使用电源线、电缆的线径截面大小、导线的架设或敷设方法、电源自动控制开关的设计配备与用电负荷的匹配等应进行复核计算；核对供电线、缆的敷设与电器件的安装要求等。电线敷设及电器件的安装设计标准，如低于国家民用电气使用设计规范的，施工企业应要求设计人更改设计方案，达到国家民用电气使用设计规范的要求。严格控制室内电气安装工程的设计标准不低于国家的规范或标准，保证用电安全。

施工应按照达标的装饰装修工程电路设计图，在各楼层标出主电源电线或电缆敷设高度及走向标志线。弹出墙面照明、电源插座等隐蔽敷设电线的预埋标示线，标明配电箱的安装部位、电器件等的安装底盒预埋点等的标示墨线，墨线应清晰。

旧的改造装饰装修工程，在室内电气、照明安装施工前，应进行施工现场的断电处理后再进行施工，保证施工安全。

二、工程材料质量控制

电线、电缆、照明开关、电源插座、电源控制保护开关等电气产品，为国家强制检验的产品。对进入施工工地的电气产品、设备应进行严格的质量检查。要核对产品的品牌、规格型号，检查产品的外观、查验电器产品的出厂合格证、查验国家质监部门对产品质量的有效抽查检验报告等。在保证电线、电缆以及其他电器件产品安装施工质量的同时，应严格控制电线、电缆及其他电器件等产品的质量。装饰装修工程中应严禁使用铝芯线或铝芯电缆。

三、楼层主电源线或电缆敷设

楼层主电源线或电缆宜使用桥架敷设安装；照明、空调、通风等，以及其他动力线应分别专线敷设，分路控制，分户进入房间。桥架的支架或吊架应用型钢制作，做防锈处理。桥架安装固定的支架或吊架的间距，不宜大于 3 000mm，能有效承载桥架及线缆的重量，确保桥架安装牢固。强、弱电线缆的桥架应分开架设，其间隔距离不小于 300mm。桥架与蒸汽管、热水管等的平行或交叉敷设时其间隔距离不小于 500mm。

四、预埋隐蔽电线、天棚内线缆及其他隐蔽结构内暗敷电线敷设

（1）室内墙、地面隐蔽电线敷设，按照预埋标示线进行墙、地面沟槽开凿。墙面开凿预埋安装槽，槽深为：阻燃护套管外径 +10mm，槽宽为阻燃护套管的外径 +20 ~ 30mm；地面预埋槽深不宜大于找平层的厚度，槽宽为：阻燃护套管外径 +20 ~ 30mm。预埋沟槽开凿应平直，开凿时严禁伤及建筑物的主体结构，隐蔽预埋线管应横平竖直布放。墙面插座、室内照明电源线严禁在地面穿越预埋敷设，应在天棚中暗敷安装。

（2）隐蔽电线必须穿入金属管或聚氯乙烯（PVC）阻燃管内敷设，阻燃护套管应用专用连接件连接。阻燃护套管不得有砸扁、破裂、破洞等缺陷。线管入预埋沟槽应使用管卡固定。穿入阻燃管内电线的总截面面积（包括电线的绝缘层），不宜超过阻燃圆管内截面面积的 50%。

（3）隐蔽电线敷设，预埋沟槽应水泥砂浆抹平，不得有线管外露。墙面水泥砂浆覆盖厚度不小于 8mm，地面水泥砂浆覆盖厚度不小于 6mm。隐蔽电线敷设后，隐蔽部位应弹墨线予以明确标志，控制后续施工时损伤隐蔽线路。

（4）天棚内、隔断内隐蔽敷设电线，必须穿入金属管或聚氯乙烯（PVC）阻燃管内敷设。阻燃护套管用专用连接件连接。阻燃护套管不得有破裂、破洞、砸扁缺陷，线管在天棚内应整齐布放，使用管卡固定于楼板下，扎带绑扎或管卡固定于天棚架金属吊筋之上。线管离装饰天棚面层板的距离不小于 150mm。

（5）配电箱输出线阻燃护套管前端至配电箱，尾端至开关或插座安装底盒；照明灯具线的阻燃护套前端至开关底盒，尾端至灯头位。线头根据实际情况适当预留余量，但长度不得大于 150mm；线头用绝缘胶布包扎绝缘，线头卷曲放置备用。

（6）墙、地面内预埋隐蔽敷设电线或天棚内隐蔽敷设电线时，强电线路与弱电线路同一地点或平行敷设时，两线之间应间隔300mm以上，控制或消除电源导线的磁场对视频、音频、通信、网络等传输的干扰和影响，不得影响电视、音响、通信、网络的收看收听和建筑智能化设施的使用效果。

五、配电箱及照明开关、电源插座等电器件安装

（1）配电箱安装。配电箱体的型号，安装地点、安装高度应符合电气工程施工设计要求；箱体安装牢固，不松动；箱体中输入、输出线缆的布放，应符合《民用建筑电气设计规范》；箱体内导线排布应规整、绑扎紧密，导线颜色、相位接入正确，相位功率匹配平衡；箱体内动力控制开关、照明控制开关、电源控制开关排放安装，紧密有度不松动；箱体内应能有效散热。多股铜芯线的线头应经扎头扎紧或锡焊后接入控制开关安装，导线颜色与控制开关的相位相对应，线头裸露部位应用防水绝缘胶布包扎，包扎绝缘胶布颜色与导线颜色相对应。控制开关的接入、输出的导线紧固螺丝应旋紧固定不松动。插座电源应使用2P漏电保护型空气开关控制。配电箱安装调试完毕，应及时在空气开关的手柄上用标签标明控制线路。

（2）照明开关、电源插座底盒安装。盒体安装牢固不松动，接线盒内的导线应留有余量，长度不大于120mm，线头绝缘胶布包扎绝缘，卷曲后放入底盒内待用。照明开关火线进开关，零线进灯头。

（3）照明开关、卡式取电器、声光控制开关及其他电器件的控制开关安装高度在1 300mm为宜，即从开关安装底盒的底口至地面的距离1 300mm，多个平行排列安装应高度一致，高低差不大于1.5mm，横向排列间隔整齐。照明开、关的控制灵敏有效，安装牢固不松动。楼道、公用过道等处的照明控制开关应安装使用节能型声光感应控制开关。

（4）电源插座安装。面向插座，单项两孔插座的左侧应接零线（N），右侧接相线（L）；单项三孔插座中间上方接保护地线（PE）。插座安装高度离地面的距离不得小于300mm。多个平行排列安装高度一致，高低差不大于1.5mm，横向排列间隔整齐。卫生间及潮湿或有水的室内空间电源插座的安装高度在1 300mm为宜，即开关安装底盒的底口至地面的距离1 300mm，并加装防水罩。室内电源插座的设置数量必须满足室内各种工作、营业、学习，以及家庭生活等的需要。普通电源插座导线的截面不得小于4mm^2；一般家用型室内空调、热水器、电热取暖器等应设置的专用电源插座导线的截面不得小于6mm^2。

（5）照明开关、电源插座底盒与弱电模块插座同一地点安装时，相互之间的间距不得小于300mm，严禁紧密相连排列安装。

六、照明灯具、组合发光件安装

（1）室内照明或透光美化在不影响装饰效果的前提下，装饰装修工程应设计、安装使用节能型照明灯具，或配用节能型灯泡及其他节能型发光光源，以及节能型灯具照明启动装置。室内照明功率密度值（W/m^2），即照明综合电能耗用标准，应符合国家建筑节能标准的要求。室内照明功率密度值（W/m^2）应参阅《公共建筑节能设计标准》（GB50189—2005）的国家标准。

（2）公共场所的紧急逃生通道指示灯、应急照明灯，安装数量或安装部位应严格按照消防设计规范设置，并在紧急情况下能有效启动，可供使用。

（3）多灯头大型吊挂照明灯具安装。多灯头大型吊挂照明灯具严禁直接悬挂安装于装饰天棚架上，必须制作独立支（吊）架安装。独立安装支（吊）架应在装饰天棚架吊装时制作安装好。

(4) 嵌入式格栅灯（又称盘灯、盆灯）安装。嵌入式格栅灯可在石膏板、扣板、浮搁板天棚上安装。多套排列安装的应拉通线，进行间隔间距计算排列定位，宜在天棚架上先用木龙骨制作好预留安装灯孔。嵌入式灯具安装孔掏挖，应以灯具嵌入盒体的外观尺寸制作模块后掏挖，灯孔边缘应切割整齐。灯具预留安装灯孔掏挖操作，严禁伤及天棚主副龙骨或艺术造型骨架，龙骨与灯具安装位出现互相干扰时，应严格按第四章中天棚龙骨架面层封板安装应兼顾照明灯具、消防喷淋头等协调统一的要求调整（见第39页、第40页中图4－65、图4－66）。

(5) 小型嵌入式点光源灯具（筒灯、射灯等）安装。小型嵌入式点光源灯具可直接安装固定于天棚面层板上。多套或多盏灯具组合成星点状或长条线状安装的，应拉通线，进行间隔间距计算排列定位。嵌入式灯具安装孔掏挖，应以灯具的嵌入盒体的外观尺寸制作模块后掏挖，方孔掏挖四角要正，圆孔掏挖应正圆，灯孔切割孔洞边缘应整齐。灯孔掏挖操作严禁伤及天棚主副龙骨或艺术造型骨架，天棚主副龙骨与灯具安装位出现互相干扰时，应严格按第四章中天棚龙骨架面层封板安装应兼顾照明灯具、消防喷淋头等协调统一的要求调整（见第39页、第40页中图4－65、4－66）。

(6) 吸顶灯安装。吸顶灯安装应先在天棚龙骨架定位点上用木龙骨或木板制作好预留安装固定位，在天棚架龙骨架面层板安装后及时作出标记，以利吸顶灯盒体固定安装。多套灯具安装的应拉通线，进行间隔间距计算排列定位。

(7) 室内多套或多盏灯具组合通过玻璃、有机玻璃片、透光石等隐蔽安装而成的装饰照明灯槽或发光灯槽、发光装饰墙、照明装饰天棚或发光装饰天棚中的灯具安装：

隐蔽透光照明或发光灯槽的灯管、灯带、灯泡，应整齐的安装固定于灯槽底部；隐蔽发光装饰墙，以及隐蔽照明或发光装饰天棚内的灯管、灯带、灯泡安装，应使用绝缘阻燃材料制作横向或竖向支撑绑扎或金属卡固定安装。灯管、灯带、灯泡布放应均匀、整齐，保证发光面均匀。隐蔽发光或照明装饰天棚或装饰墙内的灯管、灯带、灯泡严禁使用金属丝、绳索悬挂安装，包括装饰装修工程施工中涉及的发光广告灯箱中的灯具安装。

室内多套或多盏灯具组合通过玻璃、有机玻璃片、透光石等隐蔽透光照明或发光的灯槽、隐蔽发光的装饰墙、隐蔽照明或发光的装饰天棚，应根据组合灯具的数量，分设多回路开关控制启动照明，包括10个及以上灯头组合的大型吊挂照明灯具。

(8) 密闭装饰玻璃柜内的发光或照明灯具安装。密闭装饰玻璃柜内一般都要求安装灯具发光或照明，柜内的发光或照明宜安装LED灯具、灯带或其他冷光光源灯具、灯带照明。

(9) 室内外地面发光装饰灯安装。地面发光装饰灯俗称地灯，应使用专用地灯，不得使用普通灯具代替。地面安装孔洞内应水泥砂浆抹面硬化，洞口应平整，灯体固定支架安装应牢固，封闭罩封闭洞口应紧密，孔洞内电线套管端头应封口封闭，不得有地面雨水、污水渗漏到地灯孔洞内。

(10) 壁灯的安装。壁灯的安装高度不宜低于1 800mm。长廊走道的夜间墙脚照明灯应使用嵌入式隐形灯，灯罩不得凸出墙面，安装高度不宜低于300mm。

(11) 大型公共娱乐场所，大型商场、超市，开放式办公室等处，宜根据楼层面积或实际情况在每个楼层设置一盏或几盏夜间长明灯，独立开关控制，以利夜间通行照明并节能。

七、其他施工要求

(1) 室内电线、电缆、照明开关、取电插座、电源控制保护装置等的匹配、连接、调试、用电安全等的安装施工，应严格执行国家相关的现行电气技术规范或标准。

(2) 照明灯具、照明开关面板、电源插座面板、卡式取电盒等的安装工期，应安排在装饰装修工程最后的施工工序中，以利照明灯具及开关、电源插座孔面板等的保护，同时在施工安装时应加强工程中其他成品的保护。

（3）舞美艺术灯与其控制系统、霓虹灯等，应由专业施工单位按照设计要求安装、调试。在保证灯光艺术效果的前提下，应使用节能型照明灯具。

（4）室外霓虹灯、广告灯等的线路应穿管敷设，启动变压器等应有有效防雨、防冰雪的遮盖防护措施。

八、装饰装修工程中的弱电施工

随着科学技术的进步，室内各种办公现代化网络、住宅建筑智能化网络等弱电工程施工已成为装饰装修工程中不可缺少的配套施工项目，与装饰装修工程密不可分。弱电工程的安装设计是根据建筑装饰设计方案进行的辅助设计，弱电工程施工贯穿于天棚装饰施工、墙面装饰施工、地面装饰施工之中。所以，弱电工程施工应属于装饰装修工程统一施工的整体范畴。装饰装修工程设计与施工企业一般不具备弱电工程的设计与施工的资格或能力。因此，室内弱电工程中的各种施工项目应由具有相应专业资质的设计与施工单位完成。装饰装修工程在进行施工质量验收时，应按照设计要求或相关的现行弱电工程施工规范，对其工程的施工质量进行验收，以保证装饰装修工程的整体施工质量。

第二十九章 室内墙、地面防水工程

室内墙、地面防水工程施工，属装饰装修工程的辅助性施工项目，目的是为了保证室内有水浸湿或浸泡的装饰地面、装饰墙面不向下或向外渗漏水，而先行对楼地面或墙裙面，以及各种管道穿越楼板或墙体的孔洞进行的防水涂层涂布封闭施工，即防止室内楼地面污水向下渗漏、防止墙面水渗入墙体内，造成不必要的损失。在室内装饰装修工程项目施工中，一般都要涉及楼地面或墙裙面，以及其他室内用水设施的防水、防潮处理，如公用建筑内的卫生间、洗浴间、盥洗间、茶水间的墙、地面；住宅内的卫生间、厨房的墙、地面；室内花卉景观花池、山水景观池、观赏鱼池，喷泉瀑布流水墙面及储水池；酒楼、宾馆等的厨师料理间地面、室内地面污水排放明沟；室内游泳池；档案、票证库房的墙、地面，以及石材钢挂装饰幕墙的基层墙体等，都需要实施防水层施工，进行防水渗漏或防潮处理。防水施工工程量虽然不大，但它是装饰装修工程整体中不可缺少的重要施工项目。

室内装饰装修工程中墙、地面防水工程施工，对装饰工程的装饰效果没有直接的影响。室内墙、地面防水施工，虽然是室内装饰装修工程的辅助性施工项目，但楼地面或墙裙面的渗漏水，会对整体装饰装修工程的施工质量或工程的装饰效果造成直接的、重要的影响或损坏，甚至延误工程的施工工期，造成工程的预算造价成本增加。因为，室内墙、地面防水层施工属隐蔽工程项目，当隐蔽后的防水层出现质量问题，如墙、地面出现污水渗漏是很难修复的，必须拆除墙、地面装饰饰面层后才能修复，而且整改维修难度大、费用成本较高。所以，在室内装饰装修工程中，对室内墙、地面防水工程的施工质量不可忽视。

一、防水材料的品种

随着建筑防水材料生产技术的进步，用作装饰装修工程室内外防水、防潮处理的材料品种多种多样。但从防水材料的结构、原理上划分，大致可分为两种：卷材型粘贴类防水材料和聚合物涂料型类防水材料。

1. 卷材型防水材料

卷材类防水材料的品种有：SBS、APP 改性沥青防水卷材；聚氯乙烯（PVC）防水卷材；再生橡胶防水卷材；玛琋脂玻璃纤维防水卷材；沥青纤维布防水卷材；以及薄型的聚乙烯丙纶高分子防水卷材等。一般较厚的卷材型防水材料适宜室外屋面等部位的防水。

2. 聚合物涂料型防水材料

聚合物涂料型防水类材料的品种有：HB 聚合物水泥基防水涂料；JS 复合防水涂料；丙烯酸高分子防水涂料；聚氨酯防水涂料；氯丁胶防水涂料；HPE 渗透防水液；SBS 改性沥青防水涂料；802 聚氯乙烯（PVC）橡塑防水涂料等。聚合物涂料型防水材料，一般要配以玻璃纤维布等其他无纺布作为衬胎筋布施工。聚合物涂料型防水材料，大致有两种类型的涂料：一种是聚合物水泥基涂料型类防水材料（防水涂料浆中添加水泥），如 HB 聚合物水泥基型防水材料、JS 复合防水涂料、

HPE 渗透防水液等；另一种是高分子聚合物涂料型类防水材料（防水涂料浆中不添加水泥），如丙烯酸高分子防水涂料、聚氨酯防水涂料、氯丁胶防水涂料等。

HB 聚合物水泥基型防水材料、JS 复合防水涂料、HPE 渗透防水液、丙烯酸高分子防水涂料和聚氨酯防水涂料型防水类材料的防水涂层较薄，防水涂层在防水基层上有较好的附着力，防水涂层不宜起壳脱落，且不含沥青成分，没有有毒物质释放，比较适宜做室内墙、地面的防水层。丙烯酸高分子防水涂料除了在水泥砂浆面上有较好的附着力外，在其他的材质基层面也具有较好的黏结性能，而且还具有较好的耐候性，更适于用作装饰装修工程中的室外部位防水。

在装饰装修工程中有水浸湿或浸泡的室内房间的地面或墙面，一般都使用石材或瓷砖、马赛克等耐水饰面材料进行地面铺贴或墙面镶贴装饰饰面。为了保证装饰饰面材料的粘贴质量，室内地、墙面的防水一般多选用薄型、附着力强的防水材料做防水层。室内地、墙面的防水，在实际的装饰装修工程中主要使用的是聚乙烯丙纶高分子防水卷材，聚合物水泥基涂料型类、高分子丙烯酸涂料型类的防水材料做防水层，即薄型防水材料做防水层。有利于石材、瓷砖或马赛克在地面上铺贴和在墙、柱面上镶贴饰面装饰。装饰装修工程中常见的室内使用薄型卷材型防水材料、聚合物水泥基涂料型防水材料做的墙、地面防水层见图 29－1、图 29－2。

图 29－1　室内卫生间墙、地面在垫高回添前使用聚乙烯丙纶高分子卷材施工完成的防水层

图 29－2　室内景观水池内使用 JS 聚合物水泥基型防水材料施工完成的防水层

二、防水基层检查处理

（1）防水涂料或防水筋布卷材应在平整、坚硬、洁净、干燥的混凝土楼地面，或水泥砂浆抹灰面墙壁上涂布，以及钢质楼板上的水泥砂浆过渡层上涂布。

（2）地、墙面进行防水防潮施工前应铲除地、墙面空鼓，砂化面，以及凸出硬物。空鼓或砂化铲除面，或局部孔洞、凹坑、裂纹等应用水泥砂浆修补平整。需要找平的地面应先进行水泥砂浆找平后再进行防水防潮层施工。

（3）穿过防水层的管道，管道外壁与楼层板或墙体之间的缝隙，应用水泥砂浆或其他专用密封材料填入封堵密实。密封材料填入的厚度不宜小于楼板的厚度，钢质楼面宜另行套管加固。

（4）其他回添垫高而需要防水的楼地面，如使用陶粒等轻质混凝土做回填垫层的，必须振捣夯实。回填地面应坚硬、平整、不塌陷。达到施工条件后，再进行防水层施工，以保证防水层的质量。

（5）清除施工面上的垃圾，扫净施工面。干燥的地面宜适当洒水潮湿。

三、工程材料质量控制

室内外装饰装修工程施工中，墙、地面的防水施工可根据工程设计要求或现场的实际情况选用相适应的防水材料，选用的防水材料产品质量应符合国家的相关标准。对进入施工现场的防水材料进行严格查验，查验相关产品的合格证、有关质检机构出具的产品合格检测报告。核对配套使用专用胶料的有效日期，并检验配套专用胶料的质量，粉状胶料应无结块；液体胶料无沉淀物、无结块。杜绝不合格产品进入工地，确保防水工程的施工质量。

四、室内墙、地面防水工程施工

这里主要介绍装饰装修工程中常用的聚乙烯丙纶高分子类等薄型防水卷材、聚合物水泥基涂料型类的防水材料、丙烯酸等高分子防水涂料型类等防水材料的防水施工。随着防水技术的不断进步，防水性能更好，施工更简便、更环保的新型防水材料，将会不断地研发生产出来。新的防水材料，按照新的施工技术或按照新的施工方法进行施工。

1. 聚乙烯丙纶高分子等薄型防水卷材施工

（1）聚乙烯丙纶高分子卷材型防水材料施工，在光滑的墙、地面上做防水层，光滑的墙、地面应适当做打毛处理。防水卷材铺贴施工前，宜在基层面上按卷材的铺贴方向，弹出每幅卷材的铺贴线，控制卷材铺贴不歪斜。保证卷材的拼幅搭接平整、整齐、宽窄一致。

（2）室内进行防水卷材施工时要保证室内有良好的通风换气，施工人员应着有效的劳动防护用品作业。

（3）防水卷材黏结涂抹料浆的调配。防水卷材的黏结涂抹料浆一般为水泥基涂料型双组分（粉料或液体胶料）调制料浆。双组分防水黏结涂抹料浆中的水泥配比用量的调配，应严格按照产品说明书要求的配合比准确计量调配，或根据防水基层的实际情况咨询生产厂家指导意见配比准确计量调配。用水作稀释剂的应使用洁净水拌和，严禁使用污水拌和防水涂抹料浆。防水黏结涂抹料浆应使用洁净的容器拌和，并搅拌均匀。防水涂抹料浆的黏稠度，以涂刷到墙壁上后不流挂为宜。黏结涂抹料浆的调配量应估准用量，短时间内一次性（一般两小时内）涂抹用完。

（4）卷材型防水材料与防水基层应采用全部黏结法施工（即满粘辊涂胶粘剂），防水层基层部位的防水黏结料浆必须涂抹均匀。在卷材辊压赶平过程中应有防水料浆从卷材边缘溢出，以保证卷材黏结牢固，边缘封口严密。

（5）防水卷材铺贴应平整顺直，卷材的裁剪边应整齐，卷材拼幅重叠搭接不得小于100mm，卷材歪扭应及时调整。墙面粘贴拼幅对接时上幅应在外向下重叠覆盖下幅。卷材铺贴后及时辊压排尽卷材下面的空气，以免形成空鼓或鼓包，及时擀压抚平皱折。卷材边缘翘起部位应及时补胶黏结牢固，使用重物板块压盖，防止再次翘起。在墙、柱脚处的阴角等特殊部位，应在墙、地面涂层的基础上增加一层。卷材型防水地面防水层的厚度不宜小于2mm。工程设计要求防水进行两层施工的，两层之间的施工间隔时间不宜少于24小时。装饰装修工程中常见的室内墙面、地面使用聚乙烯丙纶高分子薄型防水卷材施工完成的防水层，见图29－3、图29－4。

图 29－3　用聚乙烯丙纶高分子薄型防水卷材施工的卫生间墙、地面防水层

图 29－4　用聚乙烯丙纶高分子薄型防水卷材施工的厨房墙、地面防水层

2. 聚合物水泥基涂料型类防水材料施工

（1）室内进行聚合物水泥基涂料型防水材料施工时，室内应有良好的通风换气条件，施工人员应着有效的劳动防护用品作业。

（2）聚合物水泥基涂料型类防水材料的防水涂抹料浆的配置。涂抹料浆中的水泥配比用量，应严格按照产品说明的添加量计量调配，使用洁净水拌和，严禁使用污水拌和涂抹料浆；涂抹料浆的黏稠度以涂刷到墙壁上后不流挂为宜；涂抹料浆应使用洁净的容器拌和，应搅拌均匀；防水涂膜料浆的调配量应估准用量，短时间内一次性（一般一小时内）涂抹用完。

（3）聚合物水泥基涂料型类防水材料施工。在光滑的墙、地面上做防水层，光滑的墙、地面应适当做打毛处理。防水涂膜料浆宜薄层多遍涂刷完成。第一个涂层完成后，在防水料浆干燥之前，在涂层上应及时铺贴玻璃纤维布增强筋布或其他防水施工专用的无纺纤维布增强筋布。防水涂抹料浆干燥后，第二次涂刷防水料浆并铺贴第二层增强筋布。在第二层纤维布防水料浆干燥后再次涂刷第三遍防水料浆（简称两布三涂），每个涂层的间隔施工时间为 12～24 小时。增强筋布防水层铺贴后应及时擀刮平整，增强筋布之间的搭接拼幅不得小于 150mm，墙面粘贴拼幅对接时上幅在外向下重叠覆盖下幅。地面防水层两布三涂的厚度不宜小于 2.5mm，在墙脚的阴角等特殊部位，应在墙、地面涂层的基础上增加涂层，即三布五涂。室内装饰装修工程中常见的聚合物水泥基型防水材料的防水层施工见图 29－5、图 29－6。

图 29－5　室内墙地面使用聚合物水泥基型防水材料，以玻璃纤维作为增强筋布的防水层施工做法

图 29－6　聚合物水泥基型防水材料，以玻璃纤维作为增强筋布对地面管道部位进行防水的做法

（4）丙烯酸高分子防水涂料的涂抹料浆的调配应严格按照产品说明执行，施工与聚合物水泥基涂料型防水材料的施工基本相同，按照聚合物水泥基涂料型防水材料的施工方法施工。

3. 室内墙、地面聚乙烯丙纶高分子卷材型防水材料、聚合物水泥基涂料型类防水材料施工的其他要求

（1）墙脚阴角处的防水卷材、防水筋布卷材应做成90°折角，紧密粘贴。在墙脚处的阴角等特殊部位，应增贴一层相同的材质卷材，增贴层的宽度不宜小于400mm。

（2）穿过防水层的管道及外露的其他金属构件，在与地面或墙、柱的接触处应增加涂布层处理，即不少于三布五涂，使其严密封堵。常见的以聚合物水泥型防水材料、玻璃纤维作增强筋布对穿过楼板的下水管道处进行防水的做法见图29－6。

（3）防水施工时，防水层覆盖的照明开关及电源插座的安装底盒、给水预留孔等部位，应及时作出标记，防水涂膜料浆凝固后及时划开防水层，修剪整齐外露口。防水层覆盖的电线、水管暗敷预埋的标示线应重新弹线标示。

（4）其他室内回填垫高而需要防水的地面，如：卫生间蹲坑式大便器安装、室内排水明沟等回填地面，应先在垫高的回填仓底内做一道防水层后，再进行陶粒等轻质材料混凝土回填，在回填层的水泥砂浆结面层上再做一道防水层，即双层防水层。

（5）室内需要进行防水、防潮的楼地面或墙裙面的施工，地面、墙裙面的防水层不得有遗漏，应百分之百进行防水层封闭覆盖。一般室内墙裙面防水层的高度做到1 800mm为宜，不得低于1 200mm。但室内游泳池墙裙面的防水层等，应百分之百进行防水层封闭覆盖。

（6）室内墙面设计为瓷砖、石材镶贴装饰饰面的，防水层施工完后，宜在防水层面进行拉条做毛处理，使防水层表面形成糙面，以利提高瓷砖、石材的镶贴质量。

五、防水层的试水检验与保护

（1）地面防水层施工作业完成在防水层硬化后应做蓄水密闭渗漏试验。密闭蓄水的深度不宜小于150mm，密闭时间不少于48小时。48小时后在楼板下用工作灯或手电照看检查，如有渗漏问题，查明原因及时整改。因非施工原因发生的渗漏，应咨询生产厂家。装饰装修工程中常见的地面防水层蓄水密闭渗漏试验检测的做法见图29－7、图29－8。

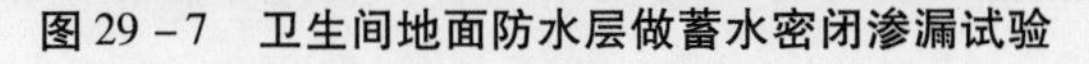

图29－7 卫生间地面防水层做蓄水密闭渗漏试验

图29－8 卫生间回填仓地面防水层做蓄水密闭渗漏试验

（2）地面防水层密闭渗漏试验检测后，宜在防水层上抹一道4～6mm厚的素水泥浆覆盖保护，以防止地面瓷砖或石材铺贴等施工时造成防水层的损坏，而导致地面漏水。

（3）防水层施工闭水试验检测合格后，应及时做好成品保护，不得凿打防水层；不得在防水层上堆码施工材料及放置施工机械等物品；后续施工人员应穿软底鞋在防水层上施工作业，严禁穿鞋底坚硬或穿有鞋钉的鞋在防水层上施工作业。

第三十章 室内 PP－R 管供水管网及其他管道工程

在装饰装修工程的设计、施工中，室内供水管网的安装设计与安装施工是不可缺少的配套项目。装饰装修工程施工应进行完整的 PP－R 管冷、热水供水管网的安装设计，科学、合理的冷、热水供水管网的设计与安装，对完善或增强建筑物室内供水设施的使用功能具有重要的体现作用。装饰装修工程中冷、热水供水管网的布局设计、给水点的设置，管网的安装施工质量，将直接影响到装饰装修工程的质量，以及供水设施的便捷使用。

装饰装修工程施工中室内 PP－R 管网的设计，在设计前应计算或复核室内用水的需求总量，根据用水的总量确定给水主管的大小。室内供水管网的设计必须满足工程投入使用后室内正常的用水供给需求。建筑物的每一楼层或面积较大室内分隔区域内的供水主管的出口应设置控制总阀。家装工程中的支管安装，及给水口的设置点，宜根据业主的要求或者以使用方便等情况安装。应方便或满足各种生活设施、卫生洁具的用水使用要求。

由于室内供水管网施工属于隐蔽工程项目，工程安装出现质量问题很难修复，有的部位必须拆除墙、地面装饰饰面层后才能得以修复，修复、整改难度大，费用成本高。因此，室内供水管网工程应按图施工，禁止无设计图施工。供水管网安装应按照室内 PP－R 管供水管网施工规范施工，以保证工程的施工质量。

PP－R 管是一种新型节能、环保的给水工程材料，具有质量轻、管体无锈蚀、内壁光滑、不易结垢、清洁；安装简单、管网易维修，价格低廉等优点。PP－R 管适宜在室内常温条件下、中低压力环境中使用。但阻燃性能不高，可燃烧，不能用于消防管网。PP－R 管在室内常温条件下、中低压力环境中的使用年限可达 50 年，完全能满足各种室内普通供水管网的安装要求。由于 PP－R 管有着接缝镀锌钢管不可比的优点，所以在室内装饰装修工程供水管网的设计中，已基本淘汰了镀锌钢管的使用。

一、工程材料质量控制

（1）装饰装修工程中室内供水管网设计或施工，应选用符合国家标准的 PP－R 管材、管配件规格产品。应对进入施工现场的管材和管件的品牌、规格进行核对，查验管材和管配件的有效产品生产合格证、有毒物质限量释放检测报告；复核冷、热管的压力等级与使用场合。杜绝不合格产品进入工地，确保施工质量。

（2）一个工程的供水管网宜使用同一厂家、同一材质的管材及管配件安装，以保证施工质量。不宜混合使用多个厂家或不同材质的管材及管配件安装。

二、PP－R 管供水管网安装施工

（1）装饰装修工程施工中，室内 PP－R 管供水管网一般采用暗敷安装。暗敷安装又分为直埋安装和非直埋安装。直埋安装，即嵌入墙体内和地坪面层水泥砂浆内的敷设安装。非直埋安装，即在管道井内、吊顶天棚内、装饰板的后面、地坪架空层内的敷设安装。装饰装修工程中 PP－R 管嵌入墙体内敷设安装，宜配合土建预留凹槽施工。无预留凹槽的，安装前应按照设计图要求，拉线弹出供水支管的安装标示线、给水口的预留设置点，以及主水管控制总阀的设置点或控制总阀关、闭操作的活动口。

（2）PP－R 管供水管网管道预埋安装开凿沟槽，严禁伤及建筑物的主体结构或剪力墙，以及混凝土浇筑楼板。墙面开凿管道安装沟槽，槽深为：外径 DN＋20mm，槽宽为：外径 DN＋40mm。地面槽深不宜大于找平层水泥砂浆的厚度，槽宽为：外径 DN＋40mm。沟槽应横平竖直开凿，沟槽内应平整，不得有尖角物凸出造成管道损伤。PP－R 管供水管网管道及管配件直埋暗敷安装，应注意控制预埋深度，过浅会影响墙面装饰面板的镶贴，如瓷砖、石材的镶贴。

（3）PP－R 管延长连接安装应采用电热熔连接，包括管道与给水口管件等的连接安装。PP－R 管的电热熔连接方法有对接式热熔连接、插入式热熔连接。（注：插入式热熔连接，即将 PP－R 管插入配套专用的连接管件中连接安装的方法。）室内 PP－R 管供水管网的供水系统管道，应采用后一种方式连接，不得采用丝扣和法兰连接。

（4）PP－R 管供水管网管道外径超过 32mm 及以上规格的不宜直埋暗敷安装，应以支架、管卡使用非直埋法固定安装。

（5）PP－R 管道直埋暗敷于墙体或地坪面层内，可不考虑纵向伸缩补偿，但必须管卡固定安装，管卡的安装间距不得大于 1 000mm，以保证直埋敷设管道在承受压力或水体流动时不得有抖动。直埋敷设在地坪上的管道，宜沿墙脚敷设，当有可能遭到损坏时，局部管道应加套管保护。

（6）PP－R 管非直埋管道安装，管道应排列布放整齐、支架固定牢固，管道承受压力或水体流动时不得有抖动。固定管道的支、托架不得伤及管道。寒冷地区管道外壁应有有效地防冻保温措施。PP－R 管非直埋管道固定支架的安装间距，应符合“PP－R 管非直埋管道安装支、托架间距表”的要求，见下表：

PP－R 管非直埋管道安装支、托架间距表

外径 DN（mm）	40 及以下	50	63	75	90
横管（mm）	1 000	1 200	1 500	1 500	1 800
立管（mm）	1 200	1 500	1 500	1 800	2 000

（7）PP－R 管道安装时不得有轴向扭曲，穿越墙壁或穿越楼板时的轴向扭曲，不应强制校正。

（8）热水管与冷水管同一地点、同一方向敷设时，应适当留有间隔距离。聚丙烯给水管道与其他金属管道平行敷设，应留有一定的距离，净距离不小于 100mm。聚丙烯管应布放在金属管的内侧。

（9）PP－R 管预埋敷设管网，给水嘴（水龙头）、阀门安装的外露接口管件的外露预留长度，应考虑墙面瓷砖或石材装饰镶贴层厚度的尺寸，否则将影响水嘴、阀门的安装。管道安装时应将外露接口管件调校平整，与墙面成 90°直角后管卡固定，水泥砂浆镶嵌密实。

（10）PP－R 热水管穿越地面或墙体时，应设置钢管套，套管宜高于地面或墙面 50mm。管道穿越屋面时，应采取严格的防水措施，穿越前端应设置固定支架。

（11）PP－R 管道安装，管道的标记应面向外侧，处于显眼位置。安装过程中，管道的外露口应及时封堵。

(12) 水池、水箱连接浮球阀或其他进水设备，应有可靠的固定措施。浮球阀等进水设备的重量，不应作用在管道上。

三、PP－R管供水管网试压、隐蔽

(1) 装饰装修工程中PP－R管供水管网安装施工完成，在隐蔽前一定要进行试压检验。试压宜按楼层分层或局部管网区域逐一进行。

(2) 冷水管试验压力应为管道系统工作压力的2倍。热水管试验压力应为管道系统工作压力的2.5倍。热熔连接管道的水压试验应在管道安装完成24小时后再进行。水压试验前，管道应固定，接头必须明露。水密性检查必须排除管内空气，加压宜使用手动加压泵，升压时间不少于10分钟。在测试压力状态下，稳压两小时，压力下降不得超过0.03Pa，同时检查各连接处有无渗、漏水，并做好试压记录。

(3) 管道系统试压检验合格后，直埋敷设管道应及时用水泥砂浆抹平沟槽隐蔽保护管网。直埋敷设的管道在水泥砂浆抹平隐蔽后，应在管道隐蔽面上弹墨线或用直尺彩笔画线标明其部位，热水管以红色标志、冷水管以蓝色或黑色标志，以防止后续施工造成供水管网的损伤。

四、室内PP－R管供水管网清洗消毒

一般的给水管道系统，在整体工程施工质量验收前，应进行待用水源水冲洗。每个给水点龙头打开不留死角，管网最低点应设出水口。清洗时间控制在出水处的水质与待用水源水质相当为止。

有特殊消毒要求的生活饮用供水管网系统，经待用水源水冲洗后，再按设计规定或要求的消毒方法进行消毒。消毒后一般再用待用水源水冲洗，冲洗至符合待用水源水质后交付使用。

五、室内煤气、集中供热管道施工

较多的装饰装修工程涉及煤气管道、集中供热管网的管道安装施工。煤气管道、集中供热管道的施工，对装饰装修工程的装饰效果有着重要的影响，属装饰装修工程的统一整体施工的范畴。室内煤气管道、集中供热管道具有高危性，设计与施工专业性较强，其工程施工质量直接关系到人们的生命与财产安全。装饰装修工程设计与施工企业一般不具有煤气管道、集中供热管网管道的设计与施工资质或能力，不得从事装饰装修工程中的煤气管道、集中供热管网管道的设计与施工。为保证煤气管道、集中供热管网管道的施工安装质量，装饰装修工程中室内煤气管道、集中供热管道的施工安装，应由具有专业资质的设计和施工单位完成。装饰装修工程施工中不得擅自更改煤气管道、集中供热管道及设施。室内煤气、集中供热管网，如与装饰装修工程同时或同步施工的，室内煤气、集中供热管网的施工安装质量，应在装饰装修工程整体竣工质量验收前，按照相关现行的施工规范或施工质量验收标准进行质量验收。

第三十一章　室内聚氯乙烯（PVC）管排污管网工程

民用建筑室内污水排放管网的安装设计、施工，属装饰装修工程中不可或缺的施工设计项目与施工工程，室内污水排放管网安装后一般都会被装饰饰面结构层隐蔽，对装饰装修工程的装饰效果没有直接的影响。在装饰装修工程施工中，室内污水排放管网的施工工程量不大，但污水排污管网的安装质量非常重要，如果管网渗漏污水，轻者会造成装饰构件的损坏，重者可能造成重大的财产损失。严重的管网污水排泄不畅或管网堵塞，可造成公装项目无法正常使用，给家装业主的居家生活带来不便，带给业主的是无尽的烦恼。室内污水排放管网安装属隐蔽工程项目，施工安装出现质量问题，维修整改难度较大，费用成本较高。所以，装饰装修工程施工应进行科学的室内排污管网安装设计，有完整的排污管网施工设计图指导工程施工，确保排污管网的安装质量，保证室内污水排放畅通、不堵塞、不渗漏。管网安装应按图施工，禁止无设计图随意安装施工。现在民用建筑室内污水排污管网的安装设计，有两种材质的管材可供安装设计使用，一种使用铁合金精密铸铁排污管安装，另一种使用聚氯乙烯（PVC）排污管安装。

铁合金精密铸铁排污管，是通过铸铁熔炼铸造工艺生产出来的金属管，管材产品的生产耗能较高。铁合金精密铸铁排污管是老式的承插式铸铁排污管的改进升级产品。由于铸造生产工艺的改进，管的内壁平整光滑；在铸铁中加入了其他金属合金，提高了管壁的防锈性能，但管的外壁仍然需要涂刷防锈漆做防锈处理。铁合金精密铸铁排污管通过特制的不锈钢管箍、配用橡胶密封套连接安装。室内排水介质连续排放时60℃及以下的温度对铸铁排污管网的影响不大。铸铁排污管的价格及施工安装费用较聚氯乙烯（PVC）排污管要高。铸铁排污管多见于大型、高层公共建筑内的排污管网设计使用安装。铁合金铸铁排污管及铸铁管配件（弯管、三通、大小管变通等）的重量较大，管网安装固定的金属支、吊架，特别是横向管道安装的支、吊架的制作安装要求较高。管道与管道、管道与管配件之间平直对口套入橡胶套内后，通过不锈钢管箍紧管道外壁固定连接安装。铸铁排污管网的安装施工难度相对较大，特别是主管与支管之间的连接安装。室内铸铁排污管网安装的密封质量，与橡胶套的密封质量及抗老化性能有关，密封胶套是保证管网不渗漏污水的主要配件之一。

聚氯乙烯（PVC）排污管属新型的节能排污管网材料，通过挤塑工艺生产，具有生产能耗低、产品生产质量稳定、管材质量轻、管壁不锈蚀、管道内壁光滑、隔音、传热系数低；安装简便、易维修、管网系统免漆涂刷维护保养；管材价格及施工安装费用低廉等优点。符合国家产品质量标准的聚氯乙烯（PVC）排污管及管配件，可在室内排水介质连续排放，介质温度在45℃以下、瞬间排放80℃以下的环境中使用，使用年限可达50年。聚氯乙烯（PVC）排污管及管配件的规格、品种丰富多样，完全能满足民用建筑物室内外生活污水排放管网的安装要求。聚氯乙烯（PVC）排污管的抗外力碰撞性能较差，但碰损后宜修补或更换管道。聚氯乙烯（PVC）排污管还可以通过不断地改性提高其性能，新型节能的聚氯乙烯（PVC）排污管应该是铸铁排污管的替代品。装饰装修工程中室内外排污管网的设计或施工宜使用聚氯乙烯（PVC）排污管。

一、工程材料质量控制

装饰装修工程中室内排污管网设计，应使用符合国家质量标准的聚氯乙烯（PVC）排污管及管配件。室内排污管网安装施工中应使用聚氯乙烯（PVC）管专用粘胶剂、管道固定件安装施工。管网安装施工前，应对进入工地的管道及管配件的规格型号、管壁的厚度、粘胶剂的有效期等质量进行检查，确保排污管网的安装质量。

二、室内污水排放管网的排污主管安装

（1）民用建筑物室内的污水大致可分为三大类：（A）大、小便洁具冲洗污水。（B）厨房、洗涤以及其他清洗等污水。（C）屋顶、室外阳台等雨污。大、小便洁具冲洗产生的污水应排入化粪池沉淀；厨房、洗衣及其他清洗等产生的污水排入排污沉淀池系统；雨水排入中水收集管网系统。室内污水排放应根据以上三大类污水的排放要求分别设计、安装排污管网。严禁便器洁具冲洗污水，厨房、洗衣以及其他清洗污水及雨水混合排放设计、安装排污管网。室内污水排放管网的设计、安装应做到有效配合城市市政污水的排放处理。家装工程中宜推广使用洗菜、洗衣等排放水收集设施，将收集起来的中水用于浇花、擦地、冲洗便器洁具等。推进室内生活污水循环利用，环保用水、节约水资源。

（2）民用建筑物室内污水排放管网的排污垂直主管，应根据室内瞬间用水所产生的污水排放总量，确定排污主管的管径，或设置排污主管的数量，以满足室内各种污水畅通排放、不堵塞的要求。但高层建筑的垂直排污主管的管径最小不得小于160mm。

（3）室内污水排放管网的垂直排污主管，宜在有污水排放的房间内穿越楼板安装。多层楼房垂直排污主管疏通口的安装设置，至少每两层必须设置一个疏通（检修）口。商业楼、写字楼、宾馆等应每层设置伸缩活接头，伸缩活接头宜靠近三通部位安装。以便管道疏通、维修或改造。高层建筑宜每5层设置消能器，控制或减少室内污水排放时的噪音，或使用新型的聚氯乙烯（PVC）中空管壁隔音排污管。50m及以上高度的高层建筑的雨污排水管安装，应考虑瞬间雨量较大的因素，宜使用管壁加厚型专用聚氯乙烯（PVC）雨污管。聚氯乙烯（PVC）中空管壁消音排污管见图31－1、图3－2。

图31－1　图中左为普通的聚氯乙烯（PVC）排污管，右为聚氯乙烯（PVC）中空管壁隔音排污管

图31－2　新型内螺旋聚氯乙烯（PVC）中空管壁隔音排污管

（4）室内污水排放管网的垂直排污主管安装，应穿越建筑物的顶层楼板安装，设置通气管，保

证排污畅通。污水排污主管顶端的通气口应伸出室外，管道留置的高度不得小于800mm，并加装过滤罩。雨污管顶端雨水流入口宜低于地面5mm，地面洞口应做成漏斗状，地面洞口上部加装过滤罩，防止屋面上的渣物落入管内堵塞管网。

（5）建筑物土建混凝土楼板浇注施工时，无预留排污管安装管孔的，排污管道穿越楼板开孔时，应考虑主管支架安装位置等因素后进行穿孔定位；穿越楼板打孔，宜使用专用开孔电钻钻孔；管道穿越楼板后，管道与楼板之间缝隙应用水泥砂浆或专用填缝剂镶嵌密实。

（6）室内污水排放管网的垂直排污主管道宜沿着墙面阴角处，或柱面自下而上穿越楼板安装固定，不宜在墙面中间凸出安装，以利于装饰施工时将其隐蔽和墙面装饰饰面处理。

三、室内污水排放管网的排污支管安装

（1）室内污水排放管网的横向排污支管安装。横向排污支管的管径不得小于160mm，安装长度不宜超过5 000mm。横向安装应有30～50mm的高低差坡度，以利污水顺畅排除。污水入口最前端应设置疏通检修活动口。

（2）室内污水排放管网中的各种洁具的垂直排污支管安装。洗浴类洁具安装，如洗面盆、洗手盆、清洗池、浴盆等的垂直排污支管安装前，应根据洁具设计要求先确定安装定位点进行楼板开孔。便器类洁具安装，如落地式小便器、蹲坑式大便器的垂直排污支管穿越楼板开孔前，应先确认设计使用洁具的规格尺寸（便器洁具类的规格型号见第三十二章便器类洁具安装中的便器洁具类的规格型号介绍部分），再进行安装位置定位。地面地漏（地面排水栓）的排污支管宜靠房间内侧墙面安装，以利于地面装饰铺贴时放坡排水，保证地面污水顺畅排放干净，使地面能较快干燥。洗面盆、洗手盆、清洗池、浴盆、小便器、地漏等的垂直排污支管的管径不得小于75mm，必须设置存水弯。大便器的垂直排污支管管径不得小于110mm，使用带有存水弯大便器的，排污管可不设置存水弯。垂直排污支管设置存水弯，可有效地封堵排污管网中的臭气溢出释放，控制或减少室内污染。

（3）室内污水排放管网中的各种洁具的垂直排污支管的垂吊长度不宜大于500mm，垂直排污支管的下部应设置疏通检修活动口。垂直排污支管高出地面的管口帽口预留，应考虑地面找平层、地面装饰层的厚度。除地漏口外，其他各种洁具的垂直排污支管的管口应高出地面（装饰后的地面）50mm及以上，管口应锯切平整。

（4）各种洁具的垂直排污支管穿越楼板，应使用专用开孔电钻钻孔，管道穿越楼板后的缝隙应用水泥砂浆或专用填缝剂镶嵌密实。

四、其他特殊装饰装修工程中的室内排污管网安装

（1）医院装饰装修工程中的污水排放管网安装，应按照有关的特殊要求进行设计安装。

（2）彩照冲洗扩印经营场所装饰装修工程中的污水排放管网安装，对冲洗扩印排放的废液宜设置安装回收装置进行回收集中处理，不得直接排放到市政污水排放系统。

（3）酒店、宾馆、酒楼、饭馆、公共食堂等的厨师操作间或餐饮料理间，是室内的一个污水排放量大、水质污染严重的污染源。在酒店、宾馆、酒楼、饭馆、公共食堂等的装饰装修工程中，排污管网的设计或安装，应在厨师操作间或餐饮料理间的地面排污管污水入口前端安装油脂污水分离槽或其他油脂污水分离收集装置，进行油脂污物、污水分离收集排放。油脂污水分离槽，或其他油脂污水分离收集装置的投资并不大，也不占用室内空间，污水通过分离槽进行油脂污物分离后排放，同时也能有效进行油脂污物的收集打捞，以利于“地沟油”的集中收集并进行无害化处理，减

少油脂污物对环境的污染。

酒店、宾馆、酒楼、饭馆、公共食堂等装饰装修工程中，厨师操作间或餐饮料理间排污管网中常用的不锈钢油脂污物、污水分离槽与安装见图 31－3、图 31－4。

图 31－3　不锈钢油脂污水分离槽的结构与原理

图 31－4　不锈钢油脂污水分离槽的安装

五、室内污水排放管网聚氯乙烯（PVC）排污管道的连接安装

（1）室内聚氯乙烯（PVC）排污管管网的主管与主管、主管与支管、支管与支管之间，应使用质量合格的管道连接件，使用聚氯乙烯（PVC）管专用配套的粘胶剂黏结安装。黏结前应检查黏结剂的质量，不得使用过期或变质的胶粘剂。

（2）室内聚氯乙烯（PVC）排污管管网管材的断料锯切下料，应先用尺量准确，锯切断面应光洁平整。聚氯乙烯（PVC）排污管在黏结前，应用铅笔在管道的外壁划出相应管件承插口的深度标示线。

（3）室内聚氯乙烯（PVC）排污管网管道的黏结安装。管材与管件在黏结前，应用干净的抹布将承插口内侧和插口外侧擦拭干净。在管道外壁、管件内壁均匀涂抹胶粘剂，胶粘剂涂抹不得超过标示线。胶粘剂涂抹时应严格防止胶粘剂渗入管内造成管道内壁“溶剂破裂”现象。胶粘剂涂抹后迅速将管道插入管件承插口内至底端，保持位置不动 20 秒以上，不得有胶粘剂挤压外露在管壁上。在黏结完后 60 分钟内，管道和管件不得受外力影响，直至接口胶粘剂固化。聚氯乙烯（PVC）排污管在承插安装（注：承插安装，即将管道插入专用配套的管道连接件中对接安装的方法）过程中，严禁使用锤子等击打管道端口插入，伸缩活动节应以承插口迎水流方向连接安装。

六、室内污水排放管网的安装固定

（1）室内排污管网管道可以管道码卡、支架底座、角铁支、吊架，或其他标准的定位件或挂接件在墙、柱上、楼板下安装固定。施工中应根据横、竖管的实际安装情况使用固定件固定。定位固定件不得过分紧迫管道，应留有管道热胀冷缩的间隙，固定支架不得伤及管道外壁。

（2）室内聚氯乙烯（PVC）排污管网管道的固定支架安装间距，应符合《聚氯乙烯（PVC）排污管网支、吊架安装间距表》规范（见下表）。

聚氯乙烯（PVC）排污管网支、吊架安装间距表

外径 DN（mm）	40	50	75	110	160 以上
横管（mm）	800	1 000	1 200	1 600	2 000
立管（mm）	1 000	1 200	1 500	2 000	2 500

（3）室内排污管网固定施工完成后，在管网管道有疏通口的设置部位，应及时作出标志或进行有效提示，以利后续装饰进行排污管封闭隐蔽施工时留出检修口或制作疏通检修活动门。

七、室内排污管网试漏检验及保护

（1）室内聚氯乙烯（PVC）排污管管网试漏检验宜采用气囊检验，即将气囊塞入排污管中，用打气筒充气，使气囊堵塞排污管，再向排污管中注满水，存放 24 小时后进行检验。试漏检验时应仔细查看管网有无渗漏，并做好试漏检验记录，高层楼房宜分层检验。

（2）室内排污管网试漏检验完成后，排污管网的外露口应及时封闭，防止施工垃圾等其他物体落入管内堵塞管道。

第三十二章 卫生洁具工程

卫生间又称洗手间，还有“第三空间”的称谓。卫生间的室内空间装饰设计，卫生洁具的选用，卫生间的室内空间以及各种洁具使用的舒适度等，是我国过去民用建筑中的薄弱环节。随着人们生活水平的不断提高，人们在建筑装饰装修中对卫生间的室内空间环境及卫生洁具有了更高的要求。卫生洁具安装施工是进一步完善或增强建筑物内生活设施的使用功能、体现舒适性的重要施工项目。各种室内卫生洁具设施的设计选用与施工安装质量，直接影响着装饰装修工程的施工质量、装饰效果或装修档次。装饰装修工程中卫生洁具的安装大致可划分为便器类洁具安装和洗浴类洁具安装两大类。卫生洁具一般在整体工程施工完成后安装。但有部分便器类洁具则须在整体工程的施工过程中安装完成，如蹲坑式大便器的安装。卫生洁具的安装工程量虽不大，但它是室内装饰装修工程中不可或缺的重要施工项目，卫生洁具应按照相应的施工规范安装。

一、装饰装修工程中卫生洁具的质量要求

卫生洁具可以陶瓷、玻璃、不锈钢、玻璃钢等多种材料生产制作。室内便器洁具以陶质制品为最好，装饰装修工程中应设计使用陶质类便器洁具。我国卫生洁具产品的设计和生产已接近或达到了发达国家的水平，足可满足各种档次的装饰装修工程的要求。市场上的卫生洁具品种繁多，产品质量良莠不齐，差异较大。但对其卫生洁具产品的共同要求是：表面光滑、漂亮、耐腐蚀、耐冷热、经久耐用；易冲洗、节水；不结污垢或污垢宜清洗；使用方便、舒适；便于安装等。

二、检查排污管网、洁具安装定位、卫生洁具质量检查

（1）卫生洁具安装前，清除排污管网外露管口的封闭堵头。查看管内有无异物堵塞；检查排污管与楼板连接缝是否镶嵌密实与有无渗漏污水情况；检查排污管网安装是否牢固；核对排污支管的管径，应能保证污水或排泄物顺畅排除；检查排污支管存水密封防臭功能。不符合要求的排污管网应进行整改或更换。

（2）便器类洁具安装。便器类洁具安装前，应检查地面排污管口与墙面的距离，确定蹲坑式大便器冲水箱、挂壁式小便器的悬挂高度定位等。蹲坑式大便器污水出口与排污管为承插方式连接，座式大便器、落地式小便器污水出口与排污管一般为对口连接，不再通过其他管件连接排污，便器类洁具的污水出口在排污管内可调节的距离不大。由于目前市场上大、小便器的尺寸规格尚无统一标准，各洁具厂家生产的大、小便器外观不同、排污口的定位尺寸各异。蹲坑式大便器又分为有存水弯和无存水弯两种；有存水弯的蹲坑式大便器又有前下水口和后下水口之分。便器类的洁具安装宜在排污管安装前选定大、小便器的品种规格或型号，再根据大、小便器的规格尺寸，确定排污管口与墙面的安装距离，以利大、小便器能顺利安装。否则将出现大、小便器的出口与排污管口的对接错位而无法安装的问题。蹲坑式大便器的冲水箱安装高度不宜低于800mm（水箱上盖至地面距离），过低将影响冲洗压力，包括座式大便器的冲洗水箱。挂壁式小便器的高度不宜高于600mm，即斗口下部至地面的距离。

（3）洗浴类洁具安装。洗浴类洁具安装前，应根据设计要求，先确定洗面盆、洗手盆、清洗池、浴盆等洁具的安装点及安装方法后，再进行洁具安装。

（4）对进入施工场地的洁具产品应核对其规格型号，进行外观质量的检查。查验各种洁具的配套冲洗水箱、手动延时冲洗阀、脚踏延时冲洗阀、红外线感应自动控制冲洗阀、热冷水混合阀等给水器具产品的质量合格证，以及合法的质检机构出具的有效产品质量检验与节水测试合格报告；并了解其性能、安装与调试方法。杜绝不合格的洁具进入施工流程。

三、卫生洁具安装

（1）蹲坑式大便器在坑槽中应用水泥砂浆黏结安装；坐便器可用玻璃结构胶或石材胶粘剂黏结安装；立柱式、挂壁式小便器应使用不锈蚀膨胀螺钉安装固定。大、小便器的排污口与排污管应采用承插法连接安装，连接处间隙应使用配套的专用胶垫镶嵌密实，保证连接处不漏水、不渗水。

（2）无存水弯蹲坑式大便器的价格低廉，安装后排污管内壁外露面积大，有臭味释放，属淘汰产品。装饰装修工程中不宜使用无存水弯蹲坑式大便器，应使用带有存水弯密封防臭功能的大便器，控制室内排污管网中的臭气释放。

（3）陶瓷立柱式洗面盆，型钢支架结构的洗面台、洗手盆等，应使用不锈蚀的膨胀螺栓固定于墙面。安装应牢固，钢质支架应涂刷防锈漆进行防锈处理。

（4）浴盆、浴缸安装应按照产品说明书施工安装。安装应牢固，不得对使用人构成安全隐患。

（5）地面排水应使用具有防臭功能的地漏，地漏采用承插法连接安装。地漏口宜低于地面2～3mm，插接缝用水泥砂浆嵌缝密实，及时抹平挤压外露在管内的水泥砂浆，使其内壁光滑，不得在管壁内形成毛刺而影响污水排放，或造成污物滞留，造成排污不畅或排污管堵塞。

（6）客运汽车站、火车站、机场、港口候船室、大型商场、大型超市、影剧院、医院、学校等装饰装修工程中的公共场所的卫生间内，应设置安装残疾人专用蹲位，体现社会对残疾人的关爱、助残。肢体残疾人专用蹲位的扶手或支架宜用不锈钢制作，扶手表面、焊缝接头应打磨光滑、无毛刺，扶手或支架结构安装应牢固，下蹲、站立抓扶时不得晃动。

（7）各种洁具配套使用的冲洗水箱、手动延时冲洗阀、脚踏延时冲洗阀、红外线感应自动控制冲洗阀等给水器具，应设计、安装使用符合国家节水要求的产品，或调试到符合国家的节水标准要求，各种洁具在使用时应能有效地达到节约用水，有效控制水资源浪费，减少污水排放的效果。

装饰装修工程中各种洁具给水器具的限量节水要求：

蹲式、座式大便器的冲洗水箱应为两档冲洗，水箱总容量应控制在6L及以下，即一次性的冲洗用水量限定在6L以下，出水与闭水灵敏；大便器手动延时冲洗阀或脚踏自动延时冲洗阀，一次的冲洗用水量限定在4L以下，出水与闭水灵敏；小便器手动延时冲洗阀或感应式冲洗阀，一次的冲洗用水量限定在2.5L以下，出水与闭水灵敏；大便器、小便器严禁使用普通球阀、普通闸阀作为冲洗控制开关。

洗面（手）盆等的感应式冲洗阀一次出水量限定2L以下，出水与闭水灵敏，不滴漏；洗面（手）盆、盥洗池、清洗池等使用水嘴给水的，必须安装使用节水型快开水嘴或快开型冷热水混合阀，严禁安装使用丝杆旋扭柄水嘴。

（8）便器洁具的冲洗水箱，及洗浴类洁具的给水器具与给水管网应柔性连接，即使用耐压软管连接，但耐压软管不得长距离两根或多根延长连接安装给水。给水耐压软管连接前端应加装三角控制阀，以便于冲洗水箱及洗浴类洁具的安装或维修。

（9）便器类洁具安装、调试完成后，应进行封闭保护，蹲式大便器坑口面加盖板封闭（见第二十九章图29－3，第216页）、小便器围挡封闭、坐式大便器用封条封闭，防止后续施工垃圾落入其中堵塞排污管网。工程移交前不得使用。

第三十三章　现代建筑装饰工程材料简述

关于现代建筑装饰工程材料，在实际装饰装修工程的设计与施工中，人们习惯的将建筑装饰工程材料俗称为装饰材料或装修材料。对装饰装修工程材料知识的学习了解，是装饰装修从业者的基础知识课，是高校装饰装修相关专业人才教育、培养的必修课。装饰装修工程设计师、建造师（项目经理）、造价师、预算员、施工员、质检员，以及装饰装修工程其他相关的技术管理人员，包括施工人员，除了拥有丰富的装饰装修工程施工工艺知识、工程质量知识外，还应具备丰富的装饰装修工程材料知识。学好装饰装修工程材料基础知识课，有利于从业者在装饰装修行业中更好地、全面地发展。现代建筑装饰装修施工涉及使用的工程材料的种类、品种、规格繁多，可以说成千上万种都不夸张。对于纷繁复杂的装饰装修工程材料的认知与了解，作为专业学习的高校学生或初入行者是有一定难度的。但只要从各种装饰装修工程材料的生产原料，各种材料的分类、作用、性能、特点等知识方面加强学习，获取丰富的装饰装修工程材料的专业知识也并非难事。现代建筑装饰装修是一项综合性非常强的施工工程，一个装饰装修工程项目的施工涉及的或需要使用到的各种材料可能达到数百种。但现代建筑装饰装修工程施工中所使用的材料从本质上划分，无非是两大类：即天然材料类和人造材料类。

一、天然材料类

天然材料，是指直接用天然的原材料加工而成的装饰工程材料。天然的装饰工程材料一般无有害、有毒物质释放，环保，具有较好的装饰效果，装饰效果彰显档次。由于天然类装饰工程材料的加工、成品的规格尺寸、花色品种、施工等的局限性较大，材料价格一般又较高，所以天然的装饰材料在装饰装修工程中用量很少，所占比重不大。

天然的装饰装修工程材料按照生产原料相对性的划分主要有以下几大类。

1. 岩石类材料（不可燃无机材料）

岩石类材料：花岗岩、大理石、火山岩、砂岩、玉石等板材或块料，以及雕刻花饰等。

2. 木材类材料（可燃有机材料）

木材类材料：实木地板、实木板、实木方、木龙骨、实木线条、实木雕刻花饰等。

3. 竹子类材料（可燃有机材料）

竹子类材料：竹子、竹子地板、竹编装饰帘、竹篾编织品等。

4. 各种天然纤维材料（可燃有机材料）

天然纤维材料：真丝、棉麻纤维布料，墙布；各种纯羊毛地毯；动物皮革等。

5. 天然漆料（可燃有机材料）

天然漆料：生漆（俗称国漆）、桐油等。（注：生漆是天然漆树所产的一种漆料。在施工涂刷中所释放的气味会导致人的皮肤过敏或生疮。其施工技术要求较高，价格也较高。生漆属高档漆料，漆膜干燥后不再有有毒物质释放，自然环保，具有良好的耐候性。生漆主要用于高档的实木家具和其他高档实木木质器皿、工艺品的饰面，现代建筑装饰装修工程中使用很少。桐油，是桐油树分泌出的油脂物。主要用于生漆的调制，以及木桶等木质容器或其他木质器皿的防水渗漏、防腐涂刷。）

二、人造材料类

人造材料，是指通过以人工的方法合成生产的装饰工程材料。有些人造装饰材料可能容易出现所含的有毒、有害物质的含量限量释放超标的问题，但只要人们在各种人造材料的生产合成过程严格按照国家的有关生产标准进行控制生产，以及在装饰装修工程的设计、施工中控制得当，人造装饰材料是可以与天然装饰材料相媲美的。毋庸讳言，天然资源总是有限的、是不可再生的。装饰装修行业的材料耗用总量之浩瀚，从国民经济需要可持续发展的观点看，装饰装修工程的设计与施工，使用各种再生资源生产的人造工程材料，可以有效地节约各种自然资源、节约能源，有效地保护生态环境，更有利于国民经济的可持续发展。人造装饰工程材料的尺寸规格、花色品种基本可根据装饰装修工程的设计或装饰美化的需要加工生产。人造装饰材料在工程的施工中局限性小，可以满足各种类型、各种档次装饰装修工程的需要，价格又相对较低，所以在装饰装修工程中使用的材料，主要以各种人造装饰工程材料为主。

人造的装饰装修工程材料按照生产原料相对性的划分主要有以下几大类。

1. 硅酸盐类材料（不可燃无机材料）

硅酸盐类材料：各种瓷砖；各种玻璃；各种人造石；各种瓷质或玻璃马赛克；埃特板、玻镁板；水泥；包括石子、沙以及各种混凝土等。

2. 轻质碳酸钙类材料（不可燃无机材料）

轻质碳酸钙类材料：石膏板及各种石膏制材、制品，包括其他轻质碳酸钙板、矿棉板等。

3. 木质类材料（可燃有机材料）

木质类材料：细木工板（又称大芯板、木芯板）、纤维板、刨花板、胶合板（俗称夹板）；木质胶合饰面板、木质或复合饰面板、实木胶合地板、强化复合地板等；包括以科技方法生产的其他含有植物纤维混合或合成的材料。

4. 黑色金属类材料（不可燃无机材料）

黑色金属类材料：各种型材、管材（圆管、方管、矩形管）、板材、彩钢；天棚轻钢龙骨、隔断轻钢龙骨，包括塑钢复合材料等。

5. 各种有色金属类材料（不可燃无机材料）

各种有色金属类材料：以不锈钢、铝合金等金属为原料生产的型材、管材（圆管、方管、矩形管）、板材、金属扣板、金属装饰线条，有色轻金属龙骨等；以及其他各种铜材及铜制品、金银箔等。

6. 各种化学纤维类材料（可燃有机材料）

各种化学纤维类材料：化纤机织地毯、化纤无纺地毯、化纤布料，以及以化学纤维生产的墙纸、无纺布料等。

7. 塑料类材料（可燃有机材料）

塑料类材料：各种塑料型材、板材、管材；塑料扣板；塑料地毯、地板；塑料墙纸，塑料装饰贴膜，人造革等，以及有机玻璃，铝塑复合板等；包括以科技方法生产的其他含有塑料混合成分或塑料与其他复合成的材料。

8. 各种化工类材料（可燃有机材料）

各种化工类材料：油漆、涂料、胶粘剂等，以及硅胶泥。

三、装饰装修工程材料的种类

鉴于装饰装修工程的材料种类、品种、规格、型号、花色繁多，数不胜数；加之各种新材料的研发、生产又层出不穷、日新月异的情况，对装饰装修工程材料的种类进行相对的或抽象的分类，更有助于读者对装饰装修工程材料知识的学习或理解。

1. 装饰装修工程材料按照施工工种项目分类

按照施工工种项目分类可分为木工类材料、泥工类材料、涂料漆工类材料、裱贴工类材料、玻璃安装工类材料、给排水管道安装工类材料、电工类材料、防水工类材料、电焊工类材料、打胶工类材料等。

2. 按照装饰装修工程材料的阻燃性能分类

按其阻燃性能分类分为可燃材料，即有机材料；不可燃材料，即无机材料。

3. 按照装饰装修工程材料的外观或性能分类

按其外观或性能可分为板材类材料、金属型材类材料、喷涂类材料、卷幅类材料、线条类材料、黏结类材料、电线水管类材料，电器件、五金件类等材料。

4. 按照材料的作用和材料的价值分类

（1）工程主材：在装饰装修工程中用于装饰艺术造型基层制作的、起主要作用的、价值相对较高的材料，包括各种饰面材料，一般称之为工程主材。

（2）工程辅材：在装饰艺术造型制作中各种起辅助制作、安装、固定作用的，用于基层打底或找平、吸音隔音、隔热保温等作用的，价值较低的材料，一般称之为工程辅材。

5. 按照装饰结构的构成分类

（1）各种装饰艺术造型结构材料或装饰基层的制作材料。这里主要指用于各种装饰艺术造型骨架制作，或装饰艺术造型骨架面层，以及饰面层的安装或固定、过渡或打底的材料，总体称之为装饰结构材料或装饰基层材料。

（2）各种装饰饰面材料。指可用于各种装饰面或装饰部位覆盖美化的材料，总体称之为装饰饰面材料。

四、用于装饰艺术造型结构或装饰基层制作的材料

1. 各种装饰艺术造型骨架制作主要使用的材料

（1）木质材料类：主要使用各种厚度的大芯板、密度板、刨花板、胶合板，包括各种规格的木龙骨。

（2）黑色金属型材料类：主要使用各种小规格的角钢、圆钢、扁钢、方钢、槽钢、工字钢、圆管、方管、矩形管等，包括各种中、薄型板材。

（3）有色金属材料类：主要使用各种规格的铝合金圆管、方管、矩形管，包括幕墙专用型材。

2. 各种装饰艺术造型骨架面层主要使用的材料

各种装饰艺术造型骨架面层主要使用的材料有大芯板、密度板、刨花板、胶合板、石膏板、埃特板等。

3. 用于各种装饰面层安装固定、过渡或基层打底的主要材料

用于各种装饰面层安装固定、过渡或基层打底的主要材料有大芯板、密度板、刨花板、胶合

板、石膏板、埃特板等。

五、用于装饰饰面的材料

1. 天棚面、墙柱面镶贴饰面使用的材料

天棚面、墙柱面镶贴饰面使用的材料包括各种木质类胶合饰面板、木质复合类饰面板以及各种实木板；各种防火板、塑料板、铝塑板；玻璃、有机玻璃板；各种吸音功能饰面板；不锈钢、黄（紫）铜、铝合金、彩钢等金属板；各种装饰贴面膜；各种软包布料及无纺布、人造革、皮革；各种天然石材、人造石材；各种瓷砖；各种马赛克等。

2. 地面铺贴或铺垫饰面使用的材料

地面铺贴或铺垫饰面使用的材料包括各种天然石材，混凝土人造石（水磨石）；各种瓷砖、陶瓷锦砖马赛克；各种玻璃、玻璃马赛克；各种实木地板、实木复合地板、强化复合地板、竹子复合地板；各种纤维地毯；各种塑料、橡胶地板、地毯等。

3. 喷涂饰面使用的材料

喷涂饰面使用的材料包括各种油漆、内墙乳胶漆，外墙涂料、地面涂料等。

4. 裱糊、裱贴饰面使用的材料

裱糊、裱贴饰面使用的材料包括各种墙纸、墙布；装饰贴膜；各种仿（真）树皮，竹编及竹子提帘，竹篾、草、藤、柳编等；金、银箔或仿金、银箔等。

5. 各种装饰花饰件

各种装饰花饰件包括各种实木、人造木；天然石、人造石材、青砖、瓷砖；玻璃；石膏、GRC、玻璃钢；各种金属等，制作的各种花饰件。

6. 各种装饰线条

各种装饰线条包括各种实木装饰线条、人造木（纤维模压或雕刻等）装饰线条、塑料装饰线条、橡塑发泡模压装饰线条、石膏装饰线条、GRC 装饰线条、玻璃装饰线条、瓷砖装饰线条、石材装饰线条，不锈钢、钛金板、铝合金、铜等各种金属装饰线条等，以及复合材料装饰线条。

六、电气材料、给排水管网材料、卫生洁具、防水材料

1. 电气工程安装工程材料

电气材料：各种电线、电缆、线缆架设桥架、阻燃护套管；各种照明灯具或配饰灯具；灯具开关、电源插座；电路保护控制开关、配电箱（柜）、电表等。

2. 给水管网安装工程材料

给水管网材料：PP－R 管给水管及管配件、水表，管道固定支、吊架；各种阀门、水嘴、手动延时冲洗阀、脚踏延时冲洗阀、自动感应控制出水阀、触摸式感应控制出水阀、热冷水混合阀等。

3. 排污管网安装工程材料

排污管网材料：聚氯乙烯（PVC）排污管及管配件、聚氯乙烯（PVC）管黏结剂、地漏（又称排水栓）。排污管道固定支、吊架。

4. 卫生洁具

（1）便器类洁具：小便器、蹲式大便器、座式大便器、便器冲洗水箱。

（2）洗浴类洁具：洗面盆、浴缸、喷淋头；盥洗池、清洗池（池又称水槽）等。

5. 防水工程材料

防水工程材料：各种卷材型粘贴防水材料，聚合物水泥基涂料型防水材料，高分子聚合物涂料

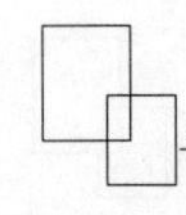

型防水材料，包括各种防漏的密封胶等。

七、工程辅材

装饰装修工程中主要的常用辅材有以下几类。

1. 木工类辅材

木工类辅材：各种钢钉、射枪钉、自攻螺钉、膨胀螺栓等；白乳胶、快干胶、填缝胶、玻璃胶、密封条；其他小型金属五金件，以及吸音隔音，隔热保温作用的材料。

2. 泥工类辅材

泥工类辅材：水泥、沙子；石材胶、结构胶、植筋胶、马赛克粘贴剂；离缝码卡、勾缝剂、填缝剂、各种密封胶条；金属绑扎丝、水泥砂浆抹灰面金属挂面网；去污剂、防护蜡等。

3. 涂料漆工类辅材

涂料漆工类辅材：各种批底腻子粉、腻子调和腻子液、防裂带、砂纸等。

4. 裱贴工类辅材

裱贴工类辅材：各种糊浆、黏结剂等。

5. 玻璃安装工类辅材

玻璃安装工类辅材：玻璃胶、玻璃结构胶、双面结构胶、胶条等。

6. 电工类辅材

电工类辅材：线管固定卡、线管固定扎带、胶带、绝缘胶布、铁丝、焊锡等。

7. 管道工类辅材

管道工类辅材：管道固定卡、生料带等。

8. 电焊工类辅材

电焊工类辅材：电焊条、氧气、乙炔气、防锈漆等。

八、装饰装修工程材料质量

每一种装饰装修工程材料，特别是工程主材，都应该有一定的质量要求或质量标准。装饰装修工程在设计与施工中使用质量不合格或没有质量要求的工程材料进行施工，其工程质量是没有保障的，也不可能有好的装饰效果。装饰装修工程材料的质量问题，存在着外观质量问题和内在质量问题两个方面。

1. 装饰装修工程材料的外观质量问题

装饰装修工程材料的外观质量问题主要表现在，如材料的板边的平直度偏差、角直度偏差、厚薄偏差、平整度，材料的规格尺寸偏差、色差，以及裂纹或表面的其他瑕疵等外观质量缺陷，包括有些材料的有效期使用期等。工程材料的外观质量瑕疵一般可通过人们的目测或触摸，以及简单的尺子或量具、简单的仪器能检测判断出来。

2. 装饰装修工程材料的内在质量问题

装饰装修工程材料的内在质量问题主要表现在，如工程材料的强度、硬度、耐磨性能、耐老化性能、抗冻融性能；工程材料中的有毒物质、放射性核素限量释放超标质量；有关工程电器产品、电器设施等的使用安全性能质量等。工程材料的内在质量问题，通过人们的目测或触摸、感观，以及简单的尺子或量具，或简单的仪器是难以检测判断出来的。

3. 装饰装修工程材料质量的控制

装饰装修工程材料的质量，除了在设计源头上进行选用控制外，施工时应通过正规渠道采购，还应对进入施工现场的工程材料质量进行严格的验收检验控制。杜绝不合格的材料或问题材料、配套设施、配套用品等进入施工工地，从工程材料质量上为工程施工提供质量保障。

装饰装修工程施工中对进入施工现场的工程材料进行质量控制通常的做法：对装饰装修工程材料的外观质量，按照有关产品的质量标准，按规定进行抽检控制。在装饰装修工程材料的内在质量问题方面，目前，由于装饰装修施工企业没有能力，也不具备资格进行工程材料的检测复查，对于进入装饰装修工程施工工地的材料，施工企业应严格要求材料生产厂家或者供应商提供合法有效的材料生产出厂合格证、生产标准；有关合法质检机构出具的、有效期内的相关材料质量的质检合格报告，进行工程材料质量的核对验收。对有关重要的或关键部位的、有特殊要求的工程材料品种，必要时应进行就地封存按比率抽样送有关的质检机构进行复检或测试，来保证工程材料的质量。

九、装饰装修工程材料的选用及重要性

1. 装饰基层结构材料的选用

用于装饰艺术造型骨架制作或装饰艺术造型骨架面层，以及饰面层安装、裱糊、喷涂等饰面过渡或打底的基层制作材料的特点，即装饰基层材料的基本特点，相对于装饰饰面材料而言，材料的种类、品种、规格、型号不多，相对稳定，周期性变化不大；材料的使用具有一定的通用性。各种设计较为复杂的装饰艺术造型骨架基层，应根据装饰艺术造型结构制作、安装的安全要求，选用相应的装饰装修工程基层结构材料制作。如可以选用型钢、铝合金等金属材料，大芯板、密度板、木龙骨等材料制作。各种设计较为简单的饰面层安装，裱糊、喷涂饰面过渡或打底的基层，宜使用大芯板、密度板、刨花板、胶合板等人造木质类板材，以及各种石膏板或埃特板等。

2. 装饰饰面材料的选用

装饰装修工程中的装饰饰面材料的基本特点是，材料有多种材质的，材料的品种、规格、型号、花色等繁杂，有成千上万种；装饰效果千变万化、绚丽多彩，装饰效果或装饰风格各异；材料的使用通用性不强，研发生产的新品层出不穷，周期性变化频率快，包括有些品种的时尚性流行变化、过时淘汰率较高。装饰装修工程中各种装饰面或装饰部位的覆盖美化设计或施工，具体到某种饰面材料的选用，如：石材、瓷砖、玻璃、木质胶合饰面板、木质复合饰面板、墙纸、雕刻装饰花饰件、装饰线条、地毯、地板、油漆涂料等具体的饰面材料的选用，应根据装饰装修工程的设计要求或需要，必须到市场上去进行考察了解，去选定（俗称订样）。通过市场考察了解到的饰面材料的选样或订样，再进行工程的设计与施工。（注：对于使用量大的装饰工程的饰面订样材料，特别是一些新开发出的新品材料，包括成品门及门窗套，成品隔断、卫生洁具，装饰灯具等，必然是生产厂家正常产量的可供产品，能保证工程施工的使用需求，而绝不能是材料生产厂家仅仅研发推出的试生产特定型的产品或单件样品，应进行验证核实。否则，工程的设计将发生较大变更，工程的装饰效果难以达到原设计的要求，工程的施工工期、工程的施工质量难以得到保证，工程的造价也可能发生较大的滚动变化。）关于装饰饰面材料的了解，平时要善于收集各种装饰材料的信息，包括各种新材料的信息，组建装饰饰面材料的样本信息库或信息源，广泛地掌握装饰饰面材料的信息，以备使用时之需。

3. 装饰装修工程的设计或施工中材料选用的重要性

（1）装饰装修工程装饰饰面材料的设计选用决定着工程项目的装饰效果、装饰档次、外观质量，当然也包括施工工艺或施工技术的水准。

（2）装饰装修工程装饰饰面材料的选用、各种装饰艺术造型结构的设计与制作材料的选用决定着工程的造价，决定着工程投资人（甲方）或家装业主的投资额度。直接影响着工程项目投标的中

标结果或商务洽谈的接单成功与否。

（3）装饰装修工程中，各种装饰饰面材料的选用、装饰艺术造型制作材料的合理选用与结构的合理或巧妙设计，以及各种装饰艺术造型基层结构的制作方法或施工工艺的科学确定，与工程造价成本控制有着紧密的联系。当然也包括施工过程中物料消耗量的控制等。决定着工程施工造价成本的控制；决定着装饰装修工程设计、施工经营的效益。

（4）装饰装修工程设计或工程施工中应选用节能环保、节水、节电型的材料或配套设施、设备；应选用有害物质限量释放达标合格的材料。从工程材料源头进行工程的节能、环保控制，做到低碳环保的装饰装修工程的实施。